皖江文化与中国现代化丛书

20世纪安庆美学家

20 Shiji Anqing Meixuejia

何池友　蔡洞峰　编著

合肥工業大學出版社

图书在版编目(CIP)数据

20 世纪安庆美学家/何池友,蔡洞峰编著.—合肥:合肥工业大学出版社,2011.4

ISBN 978-7-5650-0455-1

Ⅰ.①2… Ⅱ.①何…②蔡… Ⅲ.①美学—社会科学家—评传—安庆市—20 世纪 Ⅳ.①B83-092

中国版本图书馆 CIP 数据核字(2011)第 045596 号

20 世纪安庆美学家

何池友 蔡洞峰 编著 责任编辑 朱移山 郭娟娟 霍俊橦 王钱超

出 版	合肥工业大学出版社	版 次	2011 年 4 月第 1 版
地 址	合肥市屯溪路 193 号	印 次	2011 年 6 月第 1 次印刷
邮 编	230009	开 本	710 毫米×1010 毫米 1/16
电 话	总编室:0551-2903038	印 张	17.5
	发行部:0551-2903198	字 数	227 千字
网 址	www.hfutpress.com.cn	印 刷	合肥星光印务有限责任公司
E-mail	press@hfutpress.com.cn	发 行	全国新华书店

ISBN 978-7-5650-0455-1 定价:35.00 元

◎ 安徽省高校重点教学改革项目“全面推进素质教育与大学生文化素质教育基地建设”研究成果
◎ 人文教育国家级教学团队建设成果
◎ 人文教育国家级特色专业建设成果
◎ 人文教育省级人才培养创新实验区建设成果
◎ 安庆师范学院“人文之旅”系列通识课程建设成果

皖江文化与中国现代化丛书

编　委　会

总 序

赵晓和

一

安庆是国家历史文化名城，历史悠久，人文资源荟萃。薛家岗和张四墩等新石器时代文化遗址，见证了安庆的祖先自古就在这片美丽富饶的土地上繁衍生息。东周时期安庆是古皖国所在地，安徽省简称“皖”即由此而来。南宋绍兴十七年（1147）改舒州德庆军为舒州安庆军，“安庆”自此得名。安庆城始建于公元1217年，至今已有近800年的历史。东晋诗人郭璞曾称“此地宜城”，故安庆又别名“宜城”。从清乾隆二十五年（1760）到民国二十六年（1938），安庆一直是安徽省省会和全省政治、经济、文化中心，是中国最早接受近代文明的城市之一。清咸丰十一年（1861）曾国藩创办的安庆内军械所，制造了中国第一台蒸汽机和第一艘机动船；清光绪年间陈独秀在安庆举办藏书楼演说、创办《安徽俗话报》，第一次举起“新文化”的旗帜；光绪三十三年（1907）、三十四年（1908）先后发生在安庆的徐锡麟巡警学堂起义和熊成基炮马营起义，接连打响了辛亥革命第一枪和新军起义的第一枪；安徽省的第一座发电厂、第一座自来水厂、第一家电报局、第一部电话、第一条官办公路、第一个飞机场、第一个现代图书馆、第一所大学、第一张报纸……都诞生在这里。安庆素有“文化之邦”、“戏剧之乡”、“禅宗圣地”的美誉，是《孔雀东南飞》、“大乔小乔”、“不越雷池一步”、“六尺巷”等著名故事的发生地，是统治中国文坛近300年的“桐城派”的故里，是京剧鼻祖程长庚为代表的徽班成长的摇篮，是黄梅戏形成和发展的地方，是20世纪中国现代美学奠基人和开拓者朱光潜、宗白华、邓以蛰的故乡，也是中国新文化运动先驱陈独秀、佛教领袖赵朴初、道教领袖陈撄宁、“两弹元勋”邓稼先、中国“计算机之父”慈云桂、“将军外交家”黄镇、黄梅戏表演艺术家严凤英、通俗小说大师张恨水等影响中国、闻名世界的杰出人物的故乡。

安庆山川秀美，物产丰饶，是中国优秀旅游城市。境内不仅有天柱山、花亭湖等国家4A级风景名胜区，有大龙山、小孤山、浮山、白崖寨、鹞落坪、妙道山、薛家岗等数十处国家级风景名胜区、国家自然保护区、国家森林公园、国家地质公园或国家文物保护单位，而且是黄山、九华山、庐山等世界著名风景区之间的交通枢纽。潜山县境的古南岳天柱山，一柱擎天，万岳归宗，以雄奇灵秀著称；岳西县境的司空山，为佛教禅宗二祖慧可“遁迹修禅”之处，是著名的佛教圣地；宿松县境的小孤山，耸立大江之中，世称“海门天柱”；“白崖寨”则有“南国小长城”之名；枞阳县境的浮山，幻若水上蓬莱，是典型的火山地质公园；市区的迎江寺振风塔，塔影横江，有“过了安庆不说塔”之誉。

古皖文化、禅宗文化、戏剧文化、桐城派文化、科技文化、近代工业文化、新文化、现代美学和这里的名山秀水交相辉映，形成了独具特色的安庆地域文化。

二

安庆历史文化孕育了安庆师范学院这所百年老校。作为安徽近代高等教育的发源地，不仅有自己较长的发展历程，而且有百年积淀的办学传统。安庆师范学院的前身是清代安徽省学“敬敷书院”。1897年“敬敷书院”移建于学校菱湖校区，桐城派大师刘大櫆、姚鼐等先后担任过敬敷书院山长；1901年后，改为安徽大学堂和安徽高等学堂，揭开了安徽近代高等教育的序幕；著名启蒙思想家严复担任学堂监督即校长。1928 年，省立安徽大学在此建立；1946 年，改为国立安徽大学。今天，校园内的敬敷书院、安徽大学红楼，被命名为安徽省级文物保护单位。当年刘大櫆、姚鼐、严复等学术大师在这里传道授业，郁达夫、陈望道、周建人、朱湘、王星拱等学者在这里传播文化。百年老校的办学理念和学术传统，通过传承发扬，对当代大学生已经和正在产生潜移默化的作用。这些，业已成为安庆当代文化的有机组成部分。因此，弘扬安庆地域文化，是我们的责任。

近年来，安庆师范学院做出了不平凡的业绩。这些业绩，为全面推进素质教育，提供了学术积淀、学科积累和人才支撑，也正因为如此，我们才有能力为弘扬安庆的特色文化作出自己的贡献。2006 年 4 月，教育部批准安庆师范学院为“国家大学生文化素质教育基地”。这为学校实现发展战略提供了一个较大的舞台，也为宣传和弘扬安庆历史文化提供了较高的平台。我一直认为，深入发掘、充分利用和弘扬好安庆历史文化，是建设好国家大学生文化素质教育基地的基础性工作。因此，在基地建设过程中，我们既将它作为提升我校学生文化素质的基地，同时，也将它作为宣传、弘扬安庆和皖江文化，服务地方经济和社会发展的平台。将安庆或皖江文化平台建设和国家大学生文化素质教育基地建设融为一体，将安庆地区的文化建设工程和学校的素质教育工程结合起来，是我们基地建设的主要目标之一。根据基地建设需要，2006 年 5 月，我们申报了“全面推进高校素质教育与大学生文化素质教育基地建设”课题，当年 7 月，作为省级重点教学研究项目立项。我们经过多次论证，制订切实可行的研究规划，凝练研究方向，将我校文化素质教育研究与增强地方文化“软实力”的任务结合起来，充分挖掘、利用地方文化资源，以期实现学生素质教育提升和服务地方文化建设相结合的目标。为了实现这个目标，我们彰显研究的系列性、特色性、校本性，在追求研究质量的同时，使这项研究充分体现地方文化特色和学校办学特色的有机融合。

三

因此，如何弘扬安庆地域文化，建好国家大学生文化素质基地，进一步全面推进素质教育，就成为摆在我们面前的时代课题。

为加强大学生文化素质教育，促进学生全面发展，学校重视校内外文化素质教育基地建设。一方面凸显安庆师范学院的发展成就和发展优势，另一方面展示安庆市国家历史文化名城的风采。在校内，将敬敷书院、安徽大学红楼、百年校史展馆和文化碑廊作为对大学生文化素质教育的重要场所；新校区按照“深林含古校，碧水荟文华”的规划开展人文环境建设。在校外，学校先后与安庆市文化局、潜山县博物馆、桐城县博物馆等共建文化素质教育实践基地，开展革命传统、古皖文化、桐城派文化、新文化和艺术文化教育，为不同专业学生的专业实践创造条件。

近年来，我们高度重视和加强文化素质教育工作，注重创新。制订了文化素质教育工作方案，深化人才培养模式改革，开展校园特色文化活动。根据形势发展需要，提出“三进”和“三结合”的文化素质教育工作思路：文化素质教育“进课堂”，实现文化素质教育与专业教育相结合；文化素质教育“进社团”，实现文化素质教育与大学生的自主教育活动相结合；文化素质教育“进社会”，实现校园文化与社会资源互动相结合，开创大学生文化素质教育新局面。学校还提出文化素质教育基地建设的“三个工程”：文化素质教育教学改革工程、文化素质教育研究工程、大学生文化素质教育读书工程。学校把文化素质教育与教师教育作为一个整体来推进，初步构建了地域特色与师范特点的文化素质教育体系，获得了一系列的国家和省级特色专业、教学团队和大批研究项目，相应的也做出了许多令人欣喜的成绩。这套丛书就是其中“全面推进高校素质教育与大学生文化素质教育基地建设”课题的最终成果。

这一课题的成果，第一次系统、广泛地研究和介绍了安庆历史文化。它包括《安庆戏剧文化》、《从方以智到邓稼先：安庆科学文化》、《灵山秀水：安庆宗教文化》、《桐城派学术文化》、《安庆近代中西交流》、《陈独秀与中国现代化》、《古城安庆与中国近代化》、《20世纪安庆美学家》、《安庆书法艺术》等9种著作，加上《大学生文化素质教育研究与实践》论文集，共10册，涵盖了文学、历史、哲学、艺术、宗教、经济、教育、文化、学术史等诸多学科门类，囊括了安庆历史文化的方方面面。它们既是对学生进行素质教育的教材，也是宣传安庆的一项文化工程。这套丛书的研究对象都生于安庆、长于安庆并走出安庆，影响海内外的安庆本土文化及其精神，曾经丰富和发展着中华文化，哺育过千千万万的皖江儿女，使得他们能够为国家、民族振兴作出并继续作出重要或杰出的贡献。今天，弘扬安庆文化，不仅是为了传承它，更是为了创造安庆乃至安徽的美好明天。编写这套丛书的作者，都是我们安庆师范学院的教师、干部和研究人员，他们怀着对安庆文化的热爱，带着对教育事业的忠诚和全面推进素质教育的责任感，选择自己较为熟悉的领域，写出了各自的著作，有些作者甚至还要进行跨学科的思考。当然，书中难免有许多不成熟之处，还请专家和读者批评指正。

我从地方调到高校工作时，就有将高校和地方资源进行整合，进而实现共享的愿望。学校多次举办校企协作论坛，校地合作也有了实质性的进展，学校与地方实现了“双进工程”。随着高等教育改革和发展的深入，地方经济和社会科学发展、和谐发展、创新发展的要求也越来越高，在这样的形势下，我们认识到，高校推动社会进步，除了显性的服务以外，更应该以其大学精神、大学文化孕育社会的进取心，为社会提供正确的思维方式和不竭的精神动力。所以学校与地方高质量、深层次的合作，高等教育服务地方的终端成果，应该主要是文化层面的成果。因为无论学校还是地方的最终发展，依赖的都是“软实力”，依赖的是一种生生不息的文化精神。

2010年6月

于安庆师范学院龙山校区

目　录

绪　论

就地域文化而言，谈论中国现当代美学的形成和发展，任何人都无法回避安庆，无法绕过耸立在美学领域的四座大山。这四座大山分别就是深深浸润安庆地方文化底蕴，为中国现当代美学的创构作出开拓性贡献的朱光潜、宗白华、邓以蛰与方东美四位著名美学家。他们四位均出生在安庆，其中，朱光潜、宗白华、邓以蛰三位美学家从50年代起又长期共同执教于北京大学，被誉为“北大三大著名美学教授”。综观他们的人生经历和学术研究，我们可以发现一些有趣的现象。

一、历史人生的巧合与必然

朱光潜、宗白华、方东美与邓以蛰四位，虽然其中两位出生在桐城、一个在安庆、一个在怀宁，但从大的区域来说又都是安庆人。这既是偶然巧合，也有必然的原因存在。“安庆出文人”。安庆本身是一座著名的历史文化古城，又是激荡清朝文坛两百余年的文学流派“桐城派”的故乡，民国时期它作为安徽省的省会，还是全省的政治、经济、文化中心，这些都可能是它比别的地方更容易人才辈出的原因。更显机缘巧合的是，中国现当代美学领域双峰并峙的朱光潜和宗白华两位是生于同年，死于同年。尽管这纯属偶然，并没有什么特别意思，但这种巧合还是给人带来许多联想的空间和谈资的兴味。

二、学术研究的专攻与互补

朱光潜、宗白华、方东美与邓以蛰四位，虽然都同样是研究美学和文艺学的大家，但他们个人的学术主攻方向却各有侧重、互较互补；虽然都曾有游学海外的知识背景，都是自觉地在学术研究上采用了中西比较的方法，但他们在中西对流或回流的选择上，各有不同。正如鲁迅所说："比较既周，爰生自觉。取今复古，别立新宗。"

朱光潜在西方美学方面独领风骚，其美学思想侧重于对艺术美感经验哲学心理学研究，在中西美学比较研究上，自觉选择以中国传统美学为内在参照，对西方近代美学进行补苴罅漏，引申发挥。朱光潜美学从《悲剧心理学》起步，随之在《文艺心理学》、《谈美》、《诗论》及《谈文学》等一系列著作中，以艺术美为中心对象，把文艺的创造和欣赏当作心理的事实去研究，采用哲学心理学方法，并遵循批判综合的原则，建构了以美感经验论、审美对象论、艺术境界论和艺术人生为基本内容、最终指向人生艺术化的美学体系。

宗白华在中国古典美学方面开宗立派。与朱光潜美学偏重心理学不同，宗白华美学具有浑厚的形而上学意味，侧重运用基于气论的中国传统生命哲学来对中国艺术的形而上学本质进行文化批判。以西方美学为内在参照，对中国传统的生命哲学和美学作创造性的阐释，从而使中国艺术的美丽精神、中国美学的精思妙义，豁然展现在今人面前。宗白华美学从《新诗略谈》起步，立志做一个文化批判家，鼓吹新文艺。他留学回国后，却一改前衷，重新发现中国传统艺术的美丽精神，在《论中西画法的渊源与基础》、《中西画法所表现的空间意识》、《中国艺术意境之诞生》、《中国诗画中所表现的空间意识》、《论〈世说新语〉与晋人的美》、《中国艺术表现里的虚与实》、《中国书法里的美学思想》以及《中国古代的音乐寓言与音乐思想》等文章中，通过对中西哲学、艺术、文化的反复比较，发现了中国传统艺术中独特的时空意识，因此对中国艺术意境的哲学本体、创构过程和功能意义作了精湛绝伦的阐发，并进而有计划地对中国美学史展开系统研究，揭示了中国艺术不同于西方艺术的独特生命哲学的意蕴、内涵和精神，把中西艺术的方法论差异上升到宇宙观的高度，建构起深远闳达的境界美学。

方东美在儒家传统美学精神的现代转换上蜚声四海，尽管他的学术思想给一些急于为中国传统文化现代化寻找出路的人以“一种逡巡于历史现实之外的印象”。方东美的一生，出处东西哲学 50 年，早期留学美国专攻西方哲学，海归后长期讲授西方哲学，最终却“从西方回到东方”，致力于中国传统哲学研究。作为思想活跃的诗人、哲学家和博学多识的文化学者，方东美在东西方哲学、美学与文化的比较研究领域都提出了一些独到见解，留下了丰厚的学术遗产，但从其整个学术生涯来看，他的学术活动最终还是归宗于对中国传统哲学——尤其是儒家哲学、美学之精神，以及中华民族思想智慧与生命情调的阐释与弘扬。方东美在其学术研究历程中自始至终对“美”倾注着热情，“美”的灵魂统帅着他的思想体系，其美学思想主要反映在《坚白精舍诗集》、《方东美先生演讲集》、《科学哲学与人生》、《生生之德》、《华严宗哲学》、《新儒家哲学十八讲》、《原始儒家道家哲学》、《中国大乘佛学》，以及英文著作中译本《中国人生哲学》与《中国哲学之精神及其发展》等著作中。

邓以蛰在中国书画理论的现代阐释方面遨步学坛。他受到温克尔曼、黑格尔、克罗齐、柏格森等人思想的影响，基于西方现代美学理论，对中国传统书画学进行精辟深刻的研究。作为一个美学家和美术史家，邓以蛰的学术贡献有二：一是体现在五四运动以后对“新文艺”的理论倡导，所著文章主要收集在《艺术家的难关》一书；二是体现在 30 年代初旅欧归国后对中国书画的潜心研究，在

《以大观小》、《气韵生动》、《画理探微》、《六法通诠》、《辛巳病馀录》等主要著述中，邓以蛰结合对中国书画作深入的资料考证整理，对中国古代的书画学理论作明晰周详的发见与诠释。同是运用现代西方哲学与美学的修养对中国古代书画作美学阐释时，邓以蛰与宗白华的研究视角却大有悬殊。宗白华主要是从审美欣赏的角度对中国书画作感性直观的把握，从审美体验中勾勒中国书画的审美特征，并从文化哲学的高度揭示中国书画艺术的深层意境；而邓以蛰主要是从审美创造的角度，结合书画史与书画学，运用西方现代美学理论来对中国传统书画学，尤其是书画创作技法作哲理性的研究，建构相当完整的书画美学理论体系。

三、人文精神的分化与整合

就文化群落来看，安庆的人文底蕴是复合杂糅型的，"儒、道、释、艺"四方面的精神思想兼收并蓄。而方东美、宗白华、朱光潜与邓以蛰四位，各自学术的精神风貌，恰好与"儒、道、释、艺"这四大文化支流暗合，并分别从传统文化中的救世情怀、避世情怀与游艺情怀、淑世情怀这四方面共同完成对当下生存的人文关怀。

朱光潜出身破落的地主家庭，早年教育中自然不免桐城乡野文化中的佛教思想的潜浸，留学海外时又渐渐留心并偏好尼采的哲学精神，他的学术风格可用"佛陀世容"来指称。他立足于超脱世俗、艺术慰情的人文情怀，倡导无所为而为，以不争的超然态度处世，用出世的精神做入世的事业。一方面要严肃认真地追求应做、愿做、能做的事功，朝抵抗力最大的方向走；另一方面要懂得豁达，用艺术的观世法来观照与忘怀现实中不可避免的痛苦，用艺术来补偿生活并升华境界。慢慢走，欣赏呵！在享受既有的生活现实的同时，用艺术来解放情感与眼界，让人生的歉然得到抚慰与超脱。

宗白华与桐城方家有深刻渊源，自小就在桐城文风中被陶养成诗人气质，留学德国时受文化哲学批判对东方文化的赏识有加的影响，转而发现中国传统书画艺术中的宇宙生命精神，其学术风格可用“天际真人”来指称。他立足于艺术的人生观，以隐逸诗人的文学功底，采用中西比较法，主要对中国传统书画进行文化哲学批判，目的在于借别人的镜子来照自己，揭示美的最高境界在于中国传统艺术对宇宙生命的启真。他创立的境界美学，意在引领人离开无谓的世俗纷扰，潜心观照玩味世间殊相，游心天际，皈依天道，追求人生最高的心灵节奏与宇宙时空生生而具条理的生命节奏的冥合，以宇宙的和谐秩序美为基础实现人生美。

方东美是桐城派始祖方苞的第16代孙，自小耳濡目染于传统儒家文化，他站在儒家为本的立场上通研中、西、印、诸子百家典籍，企图融合中西，贯穿今古，统摄百家，以建新儒家文化。他把《周易》的“生生”观与柏格森的“创化论”和怀特海的“创生论”结合起来，立足于宇宙生生之理。从生命情调来探寻中国美感类型，并将之比照于古希腊以及近代欧洲的艺术理想，试图综观博取，开创未来文化生命的崇高境界，尽管这一期盼仍停留在观解的层次上，而难以具体落实。逡发于天人之际，方东美主张在沉醉于“物我一体”、“与道冥合”的澄明之境以外，更应积极寻求“乐夫天命”、“人能统道”的人生担当，其学术风格可用“儒学巨擘”来指称。

邓以蛰出身金石世家、书香门第，自小就受传统书画艺术的潜移默化，从革命到书斋、从狂生到狷士的人生经历，以及醉心艺术的欧美游历，使他在学术研究上自然而然地潜心于中国书画，其学术品格可用“艺海乘桴”来指称。他在对中国书画进行深入的史料考证的同时，尤其着重于传统书画技法理论的现代阐释，主张为人生为民众的艺术，希冀通过艺术所表达的理想与绝对境界，来摆脱现实世界的琐屑繁乱，以求得人的生命灵性的寄托。

佛陀世容——朱光潜

立足于超脱现实、艺术慰情的人文情怀，倡导无所为而为，以不争的超然态度处世，用出世的精神做入世的事业。一方面要严肃认真地追求应做、愿做、能做的事功，朝抵抗力最大的方向走；另一方面要懂得豁达，用艺术的观世法来观照与忘怀现实中不可避免的痛苦，用艺术来补偿生活并升华境界。慢慢走，欣赏呵！在享受既有的生活现实的同时，用艺术来解放情感与眼界，让人生的歉然得到抚慰与超脱。

一、朱光潜生平与学术成就

朱光潜（1897—1986）笔名孟实、盟石。1897 年 10 月 14 日出生在安徽省桐城县阳和乡吴庄（今枞阳县麒麟镇岱鳌村朱家老屋人）一户破落的地主家庭。父亲是个颇有声望的乡村私塾教师，家教极严。朱光潜从 6 岁到 14 岁，在父亲的私塾馆里受到较为严格而系统的启蒙教育，熟读并大半背诵了传统国学经典。1912 年，朱光潜 15 岁时走出父亲的私塾馆，进入家乡实行新式教育的“洋学堂”——孔城高等小学。在小学只读了一个学期，就升入当时赫赫有名的桐城中学。1916 年桐城中学毕业后，他在家乡桐城大关北峡小学当了半年小学教师，就想考北京大学国文系，但家贫拿不起路费和学费，只好就近考进了武昌高等师范学校中文系。一年之后，北洋政府教育部在全国选派 20 名学生到香港大学学习，朱光潜被录取。从 1918 到 1922 年他在这所英国人办的大学里整整学了 5 年。1925 年他又出国留学，先后在英国爱丁堡大学、伦敦大学、法国巴黎大学和斯特拉斯堡大学学习 8 年，先后获得硕士、博士学位。1933 年回国，时任北京大学文学院院长的胡适聘他任北大西语系教授。抗日战争爆发后，朱光潜到四川大学任文学院院长，后又任武汉大学教务长。抗战胜利，他回到北京大学，曾任北京大学文学院代理院长。新中国成立后，他一直是北京大学一级教授，并任中华全国美学学会名誉会长。历任全国政协委员、常委，民盟中央委员，中国美学学会会长、名誉会长，中国作协顾问，中国社科院学部委员。朱光潜是我国现代美学的开拓者和奠基者之一，是第一个在中国广泛介绍西方美学的人，也是我国现代比较美学和比较文学的拓荒者之一。朱光潜的《我与文学及其它》、《诗论》等著作都是在对比中西美学思想的基础上，来探讨中国诗歌的特点的。

朱光潜最早的一本著作是 1929 年由开明书店出版的《给青年

的十二封信》，这本谈青年修养的小册子以优美的散文笔调讲述深刻的人生哲理，是当年最畅销的书，给朱光潜带来巨大声誉。随后他接连出版了两本心理学著作，即1930年由开明书店印行的《变态心理学派别》和1933年由上海商务印书馆印行的《变态心理学》。1932年，开明书店又出版了他通俗叙述美学知识的读物《谈美》，同样极获时誉。1933年，法国斯特拉斯堡大学出版社还出版了他至今仍颇受推崇的博士论文、英文专著《悲剧心理学》。1936年，上海良友图书公司出版其《孟实文钞》；开明书店出版其美学名著《文艺心理学》。1943年，重庆国民图书出版社出版其另一美学名著《诗论》，重庆中周出版社同年还出版其论文集《谈修养》。1946年，他的另一本论文集《谈文学》由上海开明书店出版。1947年，他翻译的意大利著名学者克罗齐的名著《美学原理》由上海正中书局出版；次年，正中书局又出版了他的专著《克罗其哲学述评》。新中国成立后，朱光潜最著名的著作是60年代出版的《西方美学史》上下卷，还有《美学批判论文集》、《美学拾穗集》、《谈美书简》等；其他还有大量译著，如柏拉图的《文艺对话录》、黑格尔的《美学》、莱辛的《拉奥孔》、爱克曼辑录的《歌德谈话录》、维科的《新科学》等等。季羡林先生曾高度评价朱光潜在西方美学方面的翻译成就，他说："这些著作内容深奥，号称难治，能承担这种翻译工作的，在世没有第二人，孟实先生以他渊博的学识和精湛的外语水平，兢兢业业，勤勤恳恳，争分夺秒，锲而不舍，'焚膏油以继晷，恒兀兀以穷年'，终于完成了这项艰巨的工作，给我们留下了宝贵的财富，得到了学术界的普遍赞扬。"

朱光潜在30年代至40年代期间认为，在美感经验中，心所以接物者只是直觉，物所以呈现于心者只是形象。因此美感的态度与科学的和实用的态度不同，它不涉及概念、实用等，只是聚精会神地对于一个孤立绝缘的意象的观赏。新中国成立后，朱光潜系统接触到马克思主义。经过对自己以前的唯心主义美学思想的批判，1950年以后提出主客观统一说，认为美必须以客观事物作为条件，此外还须加上主观的意识形态或情趣的作用，使物成为物的形象，然后才是美。60年代，他强调马克思主义的实践观点，不断丰富和发展自己的美学思想，把主观视为实践的主体“人”，认为客观世界和主观能动性统一于实践。《西方美学史》是这个时期最重要的一部著作，也是我国学者撰写的第一部美学史著作，代表了中国研究西方美学思想的水平，具有开创性的学术价值。著作编有《朱光潜全集》，共20卷，前10卷为专著、论文、书信、手稿，基本包括《文艺心理学》、《悲剧心理学》、《谈美》、《诗论》、《谈文学》、《克罗齐哲学述评》、《西方美学史》、《美学批判论文集》、《谈美书简》、《美学拾穗集》等；后10卷为译著，基本包括《歌德谈话录》、柏拉图的《文艺对话集》、G. E. 莱辛的《拉奥孔》、G. W. F. 黑格尔的《美学》、B. 克罗齐的《美学原理》、G. B. 维柯的《新科学》、路易哈拉普的《艺术的社会根源》等，其中他对黑格尔 110 万字的巨著《美学》的翻译，为他赢得了历史性的崇高声誉。

朱光潜不仅著述甚丰，他本人更具有崇高的治学精神和高尚的学术品格。朱光潜熟练地掌握了英、法、德语，几十年来，翻译了 300 多万字的作品。他勇于批判自己，执著地求索真理：当他认识到以往在唯心主义体系下研究美学"是在迷径里使力绕圈子"，就开始用更先进的马克思主义指导自己的研究，使自己的美学思想向真理趋进；他反对老化僵化，提倡不断进取。他通过系统认真的研究，对马克思主义经典《关于费尔巴哈的提纲》、《资本论》、《自然辩证法》的一些译文提出了具有重大价值的修改意见。为方便研究马列主义原著，他在花甲之年开始自学俄语，更在 80 高龄之际写出《谈美书简》和《美学拾穗集》，翻译近代第一部社会科学著作——维科的《新科学》，学习研究一生不辍。

朱光潜学贯中西，博古通今。他以自己深湛的研究沟通了西方美学和中国传统美学、旧的唯心主义美学和马克思主义美学。他是中国美学史上一座横跨古今、沟通中外的"桥梁"，是我国现当代最负盛名并赢得崇高国际声誉的美学大师，堪称为中国现当代美学的代表人物。他的美学思想集中体现了美学学科发展的历史趋势，"走向现代之中国美学"应当从朱光潜"接着讲"已为学界认同。

二、朱光潜的学术历程与学术概貌

朱光潜的一生，是不倦探索美学真谛的一生。从20年代的美学处女作《无言之美》到80年代的美学反思之作《谈美书简》，为中国现当代美学学科建设奠定了坚实基础。然而，他前后各时期美学思想变化发展之大与美学基本观点坚持延续之久，形成了鲜明对照。美学思想的变化之大，可从他美学探索的三次超越之中见出；美学观点的持续之久，可从他坚持美学研究以艺术家为中心对象的主张中找到答案。

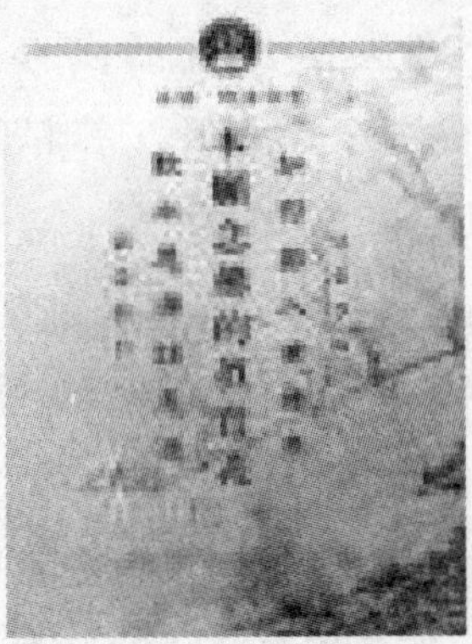

（一）60年的求索创新

1. 美学道路的选择

朱光潜在中年时期回顾自己的美学道路时说：“从前我决没有梦想到我有一天会走到美学的路上去。”其实青年朱光潜走上美学道路看似偶然，却是必然。说它偶然，是他当了14年大学生，其中留欧8年，却从未听过一次美学课；说它必然，是其求索精神、学问兴趣和人生态度的必然结果。

首先，是其学问兴趣与求索精神的必然。朱光潜是从文学、哲学尤其是心理学的兴趣走上美学研究道路的。因为他发现研究文学、艺术、心理学和哲学时如果忽略美学，那是一个很大的欠缺。走上美学研究道路之后，他又表示，研究美学的人如果不学一点文学、历史、哲学、艺术以及心理学，那会是一个更大的欠缺。朱光潜的两次自白不仅道出了他走上美学之路的一个重要原因，也道出了一个美学研究者必备的学识修养。

其次，青年朱光潜走上美学之路，还与他当时“超脱现实”的人生态度和“艺术慰情”的审美观念密切相关。朱光潜早年的超脱现实的人生观、自由主义的文化观和安慰现实的艺术家观，给他一生的美学思想烙上了深深印记。1923年朱光潜对五四落潮后青年中普遍存在的苦闷心情，发表了《消除烦闷与超脱现实》一文，认为面对理想与现实的冲突，青年人不应悲观失望、自暴自弃，而应努力在精神上超脱现实，不使自己的精神被现实屈服，养精蓄锐以待将来再征服现实。他进而推出了超脱现实的三条途径，与“宗教信仰”和“保存孩子气”相比，唯文艺超脱法最为纯粹也最富效果。“美术能引起快感，而同时又不会激动进一步的欲望；一方面给心灵以自由活动的机会，一方面又不为实用目的所扰。”1924年他发表了充满青春诗意的美学处女作《无言之美》，从超脱现实的角度揭示了无言之美的独特魅力。他指出，“美术作品的价值高低就看它超脱现实的程度大小，就可它所创造的理想世界是阔大还是窄狭”；而无言之美的艺术品的价值和魅力就在于能“借极少量的现实界的帮助，创造极大的理想世界出来”。可以说，在《消》中表述的超脱人生观是其最初的超脱审美观的思想基础；而《无》是其超脱审美观的初次表述。后来，他在旅欧期间之所以走上美学之路，并被“从康德到克罗奇一派相传的形式派美学”吸引，从早年的这种超脱审美观中也可窥见消息。

2. 三四十年代的美学研究

三四十年代是朱光潜美学研究的第一个丰产期。他接连完成并出版了《悲剧心理学》（1927—1933）、《文艺心理学》（1931—

1936)、《谈美》(1932)、《诗论》(1932—1942) 及《克罗奇哲学述评》(1947—1948) 等一系列著作，其中《文》是其当之无愧的美学代表作。而从《文》的初稿到定稿以及《克》的完成，朱光潜实现了美学探索的第一次超越，这是对克罗奇美学思想由尾随到怀疑、再到超越的过程。朱光潜常把自己的美学研究称为“补苴罅漏”，这一时期的补苴罅漏主要表现在三个方面。

首先是对克罗齐美学思想的批判扬弃。早期朱光潜重在审美心理学的建构，即从悲剧快感入手过渡到一般审美经验的心理学研究。然而正如朱光潜自己所说：“我学美学是从学习克罗奇入手的，因为本世纪初期克罗奇是全欧公认的美学大师，我是在当时英美流行的美学风气之下开始学美学的。”《文》作为早期美学代表作，就是从克罗奇的直觉说出发的。他把美感经验解释为“形象的直觉”，否认美感只是快感，排斥狭义的“为道德而文艺”的主张，肯定美不在物体不在心而在表现，都是跟着克罗奇走。同时，他对克罗奇美学作了批判和扬弃。他“否认艺术的活动可以挤入美感经验的窄狭范围里去，承认艺术家与知觉联想仍有相当的关系，反对把美感的人和伦理的人、科学的人分割开来，主张艺术的独立自主是有限制的，这都是与克罗奇背道而驰的”。朱光潜在批驳了克罗齐“抹煞传达”和“抹煞价值”的偏激之论后，进而指出克罗奇美学的第三大毛病，即他的机械观和分析方法。朱光潜主张科学有机整体观和综合方法，明确指出：“现代学者所采取的是有机观，着重事物的有机性或完整性，所研究的对象不是单纯的元素，而是综合诸元素成为整体的关系。”

其次从有机综合的方法论出发，朱光潜引进现代心理学来弥补克罗奇直觉论对美感经验解释的罅漏。他把克的直觉视为美感的起点，引进布洛的距离说以说明直觉产生的前提和条件，引进立普斯的移情说和谷鲁斯的内模仿说以展开美感中物我之间的双向关系。由此，美感经验被描述为一个有机的动态心理过程：首先，审美主体必需确立自觉的审美态度（距离说），进而美感中物我之间展开双向交流（移情说和内模仿说），同时主客体由物我交流而物我同一，美感在刹那间显现（直觉说）。通过这种批判综合、补苴罅漏，朱光潜建构了中国现代美学史上第一个独创的审美心理体系。

再次，朱光潜对克罗齐及整个西方美学的批判综合与补苴罅漏，这是以中国传统美学为内在参照系的，通过中西美学观点和审美事实的相互阐释，故使得体系显现着传统美学色彩。如“诗言志”与艺术即抒情的表现；“诗可以群”与艺术表现的情感最易“感通”；“无所为而为的玩索”与“从心所欲而不逾矩”的审美创造；移情和内模仿与“目既往还，心亦吐纳，情往以赠，兴来如答”的传统观物态度；以及禅悟与灵感；刚性美、雄伟、劲健与“崇高”；柔性美、典雅、秀美与“优美”等等都通过相互阐释而收到相互照明的效果。

朱自清在《〈文艺心理学〉序》中写道：“他这书虽然并不忽略重要的哲人的学说，可是以‘美感经验’开宗明义，逐步解释种种关联的心理的，以及相伴的生理的作用，自是科学的态度。在这领域内介绍这个态度的，中国似乎还无先例。”这也可视为对朱光潜整个早期美学的评价。对哲人学说的批判扬弃、多元化综合的开放心态和中西互证的比较美学意识，为建设现代中国美学确立了方法论的范例。

3. 五六十年代的美学研究

五六十年代的美学大讨论，朱光潜实现了美学上的第二次超越。这次超越是从审美直觉论转向审美意识论和审美实践论，侧重于哲学美学或美学的哲学基础的建构。发表于1950初的答辩性短文《关于美感问题》，表达了朱光潜新的学术意愿，并正确指出：“建立新美学是一件重大的工作，我们需要更谦虚的学习和更严谨的批判。我们需要学习马列主义，学习新时代的现实情况，也需要学习古典的和美学史的发展，认清我们所应该否定的和应该接受的。”

批判的综合的基本主张不变，而哲人的学说则由前期康德到克罗奇一派的形式主义转向了马列主义，其美学探索的自我超越表现在破与立两大方面。

破的方面。继《文艺心理学》定稿、《克罗齐哲学述评》(1948) 完成之后，他在《克罗齐美学的批判》(1958) 一文中，以马克思主义观点从三方面对克唯心主义哲学美学再次进行了批判。关于认识论问题，批判克以感受、情感取代物质，以直觉取代感觉，把直觉看作不假外物的心灵活动的观点；关于方法论问题，批判克从概念出发，把直觉活动从完整的人生活动中抽取孤立起来的形而上学方法；在美学问题上，批判了克过分看重艺术表现的心灵性和整一性，抹煞艺术传达和艺术价值的形式主义观点。但朱光潜坚持认为克的美学不应全盘否定，因为一是克的美学著作对欧洲美学思想有着渊博的了解并进行了中肯的批判，二是克主张的艺术的整一性、意象表现的情感性以及创造与欣赏的统一性有其合理性。总之在朱光潜看来，建立新美学除了需要马列主义哲学基础外，仍需要学习古典美学和美学史的发展。

立的方面。他超越了审美直觉论而转向审美意识论和审美实践论，力求使美学确立一个新的哲学基础。在《论美是客观与主观的统一》(1957) 一文中，朱光潜指出："我认为马克思主义的美学必须建立在四个基本原则的基础上，这就是：一、感觉反映客观现实，二、艺术是一种意识形态，三、艺术是一种生产劳动，四、客观与主观的对立和统一。"朱光潜美学的第二次超越的出发点就在于他根据第二、三这两条马克思主义原理来研究美感和美。

朱光潜首先从审美意识论出发，认为："所谓美感就是发现客观方面的某些事物、性质和形状适合主观方面意识形态，可以交融在一起而成为一个完整形象的那种快感。"所谓美，"则是客观方面某些事物、性质和形状适合主观方面意识形态，可以交融在一起而成为一个完整形象的那种特质"，"美是既经过美感影响又经过美感察觉的一种特质”。这种“美是客观与主观统一”的观点，仍然可以说是朱光潜30年代借克罗奇表述的美学观的变形。他又据此解释自然美，认为自然美就是自然物的某些属性投合主观意识，二者霎时契合成一体而呈现的具体形象。

不久，他转而从审美实践论出发，在美本质研究上取得了重大进展和突破。在《生产劳动与人对世界的艺术掌握——马克思主义美学的实践观点》（1960）这篇重要论文中，朱光潜认为艺术掌握方式与实践精神掌握方式的联系，是马克思美学观点的中心思想；坚信“实践观点就是唯物辩证法观点，它要求把艺术摆在人类文化发展史的大轮廓里去看，要求把艺术看作人改造自然，也改造自己的这种生产实践活动中的一个必然的组成部分”。接着朱光潜发表了《美感问题》（1962），根据马克思主义实践观对美和审美所做的历史发生学的论证，并结合自己对西方美学史的系统考察和总结，提出了一个新的美学体系的构架。《美感问题》可视为朱光潜经过美学大讨论后，在审美实践论基础上的一个学术总结，尤值得重视。

4. 70年代末以后的美学研究

从70年代末开始，朱光潜更潜心钻研马克思主义，尤其是与美学有关的经典著作，深化和完善自己美学理论的哲学与心理学的双重建构，从而实现了美学思想的第三次超越。《谈美书简》和《美学拾穗集》是这位美学老人留赠给20世纪中国美学的最后的重要美学遗产。他在这两部著作中以精深的思辨和渊博的学识，对实践观点作为美学的方法论基础、劳动生产与“美的规律”、美感与艺术起源于劳动、形象思维作为美感的特征，以及实践观点作为历史发展观点与人道主义理想等问题作了进一步的阐发。

歌德在《搜藏家和他的伙伴们》中有句名言：“艺术作品必须向人这个整体说话。”朱光潜在强调审美与艺术的功能目标时，最爱引此语。事实上，晚期的朱光潜并未满足于审美意识论向审美实践论的转向，而是在实践观点基础上更进一步，重视审美实践过程所追求的更宏远的目标，即人的全面发展、人的自由解放和人与自然的和谐统一。从这个意义上说，持审美人生论的晚期朱光潜，表现出向持人生艺术化的早期朱光潜回归的趋向。应当说，积极的审美人生论是贯穿朱光潜美学探索历程的一根主线，他始终把艺术人生化和人生艺术化作为根本的价值取向。朱光潜在美学上走的是一条融贯中西综合建构的道路，这一价值取向，以中国传统美学精神为底蕴，着重借取西方美学中合理成分融会贯通，最后在马克思主义人道主义的指引下得到强化和升华。

（二）60 年的持之以恒

朱光潜始终坚持美学以艺术为中心对象，美是主客观的统一。他指出："研究一门科学，首先就要界定它的对象，它的研究范围，它所要解决的问题，这样才能有的放矢。"换言之，对象的界定制约着对问题的解答。朱光潜始终坚持的"美是主客观的统一"这一观点，正是与他所坚持"美学以艺术为中心对象"的研究立场密切相关。

1. 美学以艺术为中心对象

朱光潜这一立场，在给《文艺心理学》一书命名时已确立："它的对象是文艺的创造和欣赏，它的观点大致是心理学的，所以我不用《美学》的名目，把它叫做《文艺心理学》。"到 60 年代初，鉴于此前参加美学讨论者对"美学的对象"缺乏具体明确的认识，"大家都纠缠在'美'这个概念上"，造成许多无谓的争论，朱光潜发表了《美学研究些什么？怎样研究美学？》一文，重申"美学研究应以艺术为中心对象"，并作了充分论证。

首先，从美学的历史发展看，西方美学思想一直侧重文艺理论。从古希腊起到俄国现实主义美学都是从文学艺术出发的，德国古典美学家黑格尔、谢林则明确把美学称为艺术哲学。朱光潜认为，西方近代美学"几乎毫无例外地从分析审美的主观心理活动去寻求美的本质，结果是人言人殊，把美的概念愈弄愈糊涂。这是理所当然的，因为美的本质只有在弄清艺术家的本质之后才能弄清，脱离艺术实践而去抽象地寻求美，美是永远寻不到的”。应当指出，为强调美学研究应以艺术为中心对象而否定美感经验分析的研究途径，并非衷心之言。因为不久后朱光潜在《美感问题》中仍坚持“美感的角度”是美学研究的一个重要的角度。确切地说，朱光潜的美学研究对象，是以艺术美感为中心对象的，在艺术中又以文学的创作欣赏经验为主。其次，从社会功用看，文学艺术是用艺术方式掌握现实的最高度发达的方式，是人类的一种极其普遍的精神活动，对人民群众可以发生极深刻的教育影响，美学放弃这样重要的对象不去研究，还研究什么呢？再次，从方法论上看，马克思说过，人的解剖使我们有可能理解猴子的解剖。研究了最高级的发达完备的形式，就不难理解较低级的不完备发达的形式，了解了艺术美，就有助于认识自然美和现实美。

2. 美是主客观的统一

基于上述原因，在朱光潜看来，美学研究必须以艺术美为中心对象。而艺术美是心知物的结果，是人们用“艺术方式掌握世界”的产物。“离开‘用艺术方式掌握世界’，离开人的认识和实践活动，不能有所谓美，自然美也好，艺术美也好，它总是主观与客观的辩证的统一，纯粹主观的美和纯粹客观的美都不存在。”

现代美学认为，在美学研究范围内，“美”这个词至少有三种含义：审美对象、审美性质和美的本质。就审美对象而言，美是主观意识情感与客观对象的统一；就审美性质而言，美是对象的客观自然性质或客体的情感价值形式；就美的本质或美的根源而言，美是人类实践的产物，是自然的人化。由此看来，朱光潜对美的研究，不是美的本质或美的根源之美，而是作为审美对象的艺术之美。可以说，他谈美就是谈艺术，谈艺术就是谈美，他所谓美是主客观的统一的观点，也主要是就作为审美对象的艺术而言的。

（三）60 年的美学贡献

美学对美的研究是多层面的。美学家可以在不同的层面上揭示美的不同规律。美学史家则应把握美学家不同的理论个性，评价其功过得失，若以一把尺子衡量所有人，难免求全责备，甚至隔靴搔痒。恩格斯指出："一个人如果想研究科学问题，首先要在利用著作的时候学会按照作者写的原样去阅读这些著作，不把著作原来没有的东西塞进去。"照原样阅读著作，按原意评价得失，这种实事求是的精神，也是我们评述朱光潜美学应有的态度。

朱光潜把自己的美学思想的发展，分为解放前和解放后两个时期，对自己前后期的学说思想曾做过截然相反的两种评价。他在 1979 年的一封信中认为前期著作重要："我研究美学主要是解放前的事，无论从质看还是从量看，解放前的著作都较重要。这当然是个人敝帚自珍的看法。"1982 他在《关于我的〈美学文集〉的几点说明》中，又认为后期工作重要："解放后特别是美学批判和讨论以后，我才开始认真地钻研马列主义，并且试图运用历史唯物主义和辩证唯物主义来探讨一些关键性的美学问题。《西方美学史》、《谈美书简》就是这种尝试的见证。从敝帚自珍的眼光来看，我自以为我的解放后实际上不到 20 年的工作比起解放前大半生的工作远较重要。"值得注意的是，前者在较为私人化的场合，特别强调"无论从质看还是从量看"解放前的美学著作都较重要；后者则是就运用马克思主义进行美学研究的尝试而言，虽说 20 年的工作重要，实际的成果却只有《西方美学史》和《谈美书简》，且在另外场合甚至表示"建国以后，我唯一重要的著作就是《西方美学史》"。仔细体会这两种不相一致的自我评价，不难发现，晚年朱光潜回首 60 年美学历程时，他更重视的是解放前的美学研究和美学著作。这绝不是说朱光潜自觉转到马克思主义实践观点后的美学业绩不值得重视，而是说作为中国现代美学学科的奠基人，朱光潜前期的美学研究和美学著作影响更大，更值得后人重视和研究。

朱光潜在西方美学方面独领风骚，其美学思想侧重于对艺术美感经验哲学心理学研究，在中西美学比较研究上，自觉选择以中国传统美学为内在参照，对西方近代美学进行补苴罅漏，引申发挥。朱光潜美学从《悲剧心理学》起步，随之在《文艺心理学》、《谈美》、《诗论》及《谈文学》等一系列著作中，以艺术美为中心对象，把文艺的创造和欣赏当作心理的事实去研究，采用哲学心理学方法，并遵循批判综合的原则，建构了以美感经验论、审美对象论、艺术境界论和艺术人生为基本内容、最终指向人生艺术化的美学体系。朱自清说得好："孟实先生引读者由艺术走入人生，又将人生纳入艺术之中。这种'宏远的眼界和豁达的胸襟'，值得学者深思。"

三、美在心物婚媾的意象——审美对象论

（一）美是什么

美是什么？从美的产生看，美是心物关系呈现的价值，从美的成果看，美是心物婚媾诞生的意象；然而无论其作为审美价值还是审美意象，美都是主客观的统一。这是朱光潜美论的基本观点。从这个意义上说，朱光潜的美论实质上是审美对象论。

1. 美学史上美论的不足

美是难的。美的问题的难点就在于，它一方面是主观的价值，一方面又离不开客观事实的条件和属性。历来讨论美的见解可分为两类：一类着重客观的事实，以为美全是物的一种属性，艺术美也还是一种自然美，物自身本来就有美，人不过是被动的鉴赏者；一类着重主观的价值，以为美是一种概念或理想，物表现这种概念或理想，才能是美。前者是机械唯物论的美论，后者是唯心派哲学家

的主张，这种二元对立的观点都不能寻出美的真面目。为什么呢?因为“如果美全在物，则物之美者人人应觉其为美，艺术上的趣味不应有很大的分歧；如果美全在心，则美成为一种抽象的概念，它何必附丽于物，固是问题，而且在实际上，我们审美并不想到人化抽象的概念”。

据朱光潜看来，在以往美学家中只有康德是同时兼顾到美的客观性与主观性两方面的。康德超出一般美学家的高明之处在于他看到，美必须借心都能感觉到，但物亦必须具有升华心理机能的一个条件，才能使心感觉到美。尽管如此，康德对于美感经验中的心与物的关系似仍不甚了解。他之所以最终走到极端的形式主义，就是由于把美感经验中的心看作被动的感受者。据此，朱光潜认为，只有克服康德美学中存在的主客二分的问题，从主观与客观、对象与主体的关系入手，才能真正探寻到美的真面目。他进而从以下两个方面论证了他的美学观点。

2. 美是心物关系呈现的价值

从美的产生看，凡是美都要经过心灵的创造，美是意象情趣化与情趣意象化两者恰到好处时呈现的价值。朱光潜写道：“美不仅在物，亦不仅在心，它在心与物的关系上面；但这种关系并不如康德和一般人所想象的，在物为刺激，在心为感受；它是心借物的形象来表现情趣。世间并没有天生自在、俯拾即是的美，凡是美都要经过心灵的创造……创造是表现情趣于意象，可以说是情趣的意象化；欣赏是因意象而见情趣，可以说是意象的情趣化。美就是情趣意象化或意象情趣化时心中所觉到的‘恰好’的快感。”这是朱光潜美学对美的最集中的正面回答，包含几个要点：一是强调“美不仅在物，亦不仅在心，它在心与物的关系上面”，这与后期美学坚持“美是主客观的统一”是一致的；二是强调“凡是美都要经过心灵的创造”，这是后期美学提出“美感能影响美”的基础；三是认为“美就是情趣意象化或意象情趣化时心中所寄到的‘恰好’的快感”，也就是说美是“觉到”的快感，美生于美感经验，美就是审美价值，这表明朱光潜是就艺术美或艺术审美经验来谈美的。

3. 美是心物婚媾的意象

美既然都要经过心灵的创造，那么从创造的心灵成果看，美是“心物婚媾”而产生的意象。朱光潜说：“美不完全在外物，也不完全在人心，它是心物婚媾后所产生的婴儿。”这审美心灵所生的婴儿就是审美意象。例如，拿欣赏古松的例子来说，松的苍翠劲直是物理，松的清风峻节是人情，松的意象就是这苍翠劲直的物理与清风峻节的人情的契合，这是一方面；另一方面，“松所生的意象和柳所生的意象不同，和癞蛤蟆所生的意象更不同。所以松的形象这一个艺术品的成功，一般是我的贡献，一半是松的贡献”。

美是心物契合而在审美心灵里诞生的意象。简言之，美在意象。朱光潜前期美学虽未明确得出这一结论，但已呼之欲出。后期美学所坚持的“物的形象”或“物乙”说，则对此作了更明确阐述。在美学论争中，他坚持“美是主客观的统一”的主张，将物（物甲）与物的形象（物乙）相区分。朱光潜说：“物甲是自然物，物乙是自然物的客观条件加上人的主观条件的影响而产生的，所以已经不纯是自然物，而是夹杂着人的主观成分的物，换句话说，已经是社会的物了。美感的对象不是自然物而是作为物的形象的社会的物，美学研究的也只是这个社会的物如何产生，具有什么性质和价值，发生什么作用，至于自然物（社会现象在未成为艺术形象时，也可以看作是自然物。这里所谓的自然物包括自然与社会中存在的物理与事理）则是科学的对象。

朱光潜的“物乙”说至少包括两方面涵义：一是表明“物的形象”即审美意象。朱光潜明确提出美感的对象不是物而是物的形象。这物的形象即物乙不同于物的“感情印象”和“表象”，而是心物婚媾的意象。借用郑板桥的说法，物的形象不是眼中之竹，而是胸中之竹。朱光潜说：“‘表象’是物的模样的直接反映，而物的形象（艺术意义上的）则是根据‘表象’来加工的结果……物本身的模样是自然形态的东西。物的形象是‘美’这一属性的本体，是艺术形态的东西。”这样一来，朱光潜美论诸概念包含这样一个等式：“物的形象”=审美意象=审美对象=广义的美。二是将物甲、物乙和美感描述为审美之链的三个主要环节：物甲是感觉的根据，艺术的素材；物乙是客体事物的性质和形状升华主观意识形态，两者交融而创造的完整形象；美感则是主客交融创造物乙时所体验的快感。在这三者之中，作为审美对象的“物的形象”最为重要，处于居间地位，充当整个审美过程的重要中介。

4. 朱光潜美论的价值

朱光潜的美论是以艺术美为内在依据的审美对象论，这同西方现代现象学美学，尤其是杜夫海纳的美学颇有相似之处。杜同样把美视为一种价值，认为美即是审美对象，审美对象必须伴随审美态度而呈现，只有在审美经验产生的同时才可能形成。他说：“审美对象不是别的，只是灿烂的感性。……这里，审美对象仍然构成独特情况，因为它双重地与主观性相联系。一是与观众的主观性相联系：它要求观众去知觉它的鲜明形相；二是与创作者的主观性相联系：它要求创作者为创作它而活动，而创作者则借此表现自己。”朱光潜的意象论和物乙说所反复阐述的也正是类似的思想。

如何看待朱光潜的美论呢?

如前所述，美是一个多层次的结构体，它包含审美对象、审美性质和美本质三个层面。审美对象作为感性现象层，存在于个体的审美经验中；审美性质作为价值层，存在于群体的审美需要之中；美本质作为本体层，存在于人类劳动生产实践之中。这表明，美在社会实践中产生，为人类而存在，是通过个体的审美经验而显现；美本质离不开人的本质，美的性质离不开人的价值，美的现象离不开人的经验。一种完整的美学体系应对此做出系统的论证。从这个角度看，朱光潜美论的欠缺是明显的。尽管他后期试图用马克思主义实践观点来阐释美的产生，却仍未能对美本体问题从人类物质实践这个根源之地，从历史发展的过程本身做出正面解答。但就其理论本身看，朱光潜力主美学研究必须以艺术美为中心对象，从而以丰富的审美经验为基础，对审美对象和审美意象的产生和性质、价值和作用等一系列问题作了精彩的论述，使这一理论达到空前的深度和系统性，其贡献是不可低估的。

（二）审美形态

克罗齐从直觉表现论出发，否定艺术的分类，也否定审美形态的划分，把悲剧的、喜剧的、雄伟的、秀美的、激烈的、娇媚的等等，一概称为“假充审美的概念”。朱光潜从艺术事实和审美经验出发，与克罗齐背道而驰，认为事物的形态不同，它们所引起的美感反应往往不一致，因此可以对审美对象和美感反应加以分类。他糅合中西审美范畴，把审美对象分为四种形态，即崇高与秀美、悲剧性与喜剧性，并联系中外审美事实对之作了生动分析。

1. 崇高与秀美

朱光潜从审美现象说起，认为自然界本有两种美，老鹰古松是一种，娇莺嫩柳又是一种，凡是配用“美”字形容的事物，不属于老鹰古松之美，就属于娇莺嫩柳之美。从前人有两句诗：“骏马秋风冀北，杏花春雨江南。”你遇到任何美的事物，都可以拿它们做标准来分类。说到骏马秋风冀北，你会想到“雄浑”、“劲健”；说到杏花春雨江南，你会想到“秀丽”、“典雅”；前者是气概，后者是神韵；前者是刚性美，后者是柔性美。刚性美是动的，柔性美是静的，动如醉，静如梦。西方艺术也可以作刚性美与柔性美之分，尼采在《悲剧的起源》里说艺术有两种：一种是醉的产品，音乐和跳舞是最显著的例子；一种是梦的产品，一切造型艺术如图画、雕刻等都是。他拿日神阿波罗和酒神奥尼苏斯分别来象征这两种艺术，恰好暗合了刚性美与柔性美之区分。

中国美学中的阳刚之美和阴柔之美，在西方美学中则称为崇高

(雄伟）和秀美。对象之被称为崇高，必要条件之一在于它引起崇高感。崇高感或雄伟感是因对象的伟大霎时不可抗拒而觉得自己渺小产生的“震惊”，发现它不可了解而突然产生“惊奇”，总带有几分痛感；而后又聚精会神地审视、接受、吸收、模仿，心灵完全被伟大印象占领住，进而幻觉自己的伟大而欣喜。朱光潜用“先惊后喜”来描述崇高感或雄伟感的特点：“总之，在对着‘雄伟’事物时，我们第一步是惊，第二步是喜；第一步因物的伟大而有意无意地幻觉到自己的伟大。第一步心情就是康德所说的‘霎时的抗拒’，它带有几分痛感。第二步心情本已欣喜，加以得到霎时痛感的搏击反映，于是更显得浓厚。”可以看出，崇高感是交织着人格伦理和理性认知的复合情感，含有景仰与敬佩。

秀美，又称清秀或幽美。如果说米开朗琪罗在性格上和艺术上都是刚性美、崇高美的代表，那么达·芬奇恰好替米做了一个反衬，其作品在对柔性美、秀美的反映，从《米罗爱神》以后，就不得不推《蒙娜·丽莎》了。对象之所以被称为秀美，其必要条件之一也在于它引起秀美感。秀美感因对象柔弱而亲近我们，从而向它表示“怜爱”，由物理同情引起的精神的同情。关于秀美，西方有斯宾塞的“筋力节省”说和顾约的“欢爱”说。在斯看来，秀美的印象起源于筋肉运动时筋力的节省，运动愈显出轻巧不费力的样子，愈使人觉得秀美。“动作以节省筋力者为秀美，动作形状以便于得到筋力节省者为秀美，状态以无须费力维持者为秀美。”法国顾约在《现代美学问题》中对秀美表现欢爱的道理说得极为透彻：“在生物中‘秀美’的动作总是伴着两种相邻的情感，一是欢喜，一是亲爱。欢喜是由于觉到生活美满，和环境恰相谐和；既与环境谐和，就已有同情的倾向。‘秀美’表现两种心境：一种是自己的满意，一种是要旁人也满意。”秀美都带有自舍的样子，人不是在爱的时候不会完全自舍；因其表现爱情，所以“秀美”最易动人；它向人表示爱，所以人也爱它。年轻的姑娘在没有尝到爱的滋味时，就还没有比“美”更美的绝顶的“秀美”。柏格森也曾经注意到这个问题，他兼采这两个学说，提出了著名的“物理的同情引起精神的同情”的命题。朱光潜认为“柏格森的说法比较圆满”。例如，我们描写女性美时通常用“幽闲”、“轻盈”、“温柔”、“娇弱”等字样，这些特征可以说是“不露费力痕迹的”（斯说），也可以说是“引起同情的”（顾说）。因为它是现出不费气力的样子，所以我们觉得它弱，觉得它不抗拒我们而亲近我们，因此向它表示怜爱。

2. 悲剧性与喜剧性

关于悲剧性和悲剧感，朱光潜始终坚持的主要观点有三，即悲剧感产生的“心理距离”说、悲剧快感的“混合情感”说、及悲剧效果的“净化宣泄”说。前两说已作介绍，这里再对朱光潜所理解的“净化宣泄”说略作说明。

亚里士多德《诗学》在悲剧定义中论悲剧效果时说，悲剧“激起哀怜和恐惧，从而导致这些情绪的净化”。这里所提的“净化”（katharsis）原义主要有三个：作为宗教术语，是“净罪”的意思；作为医学术语是“宣泄”的意思；作为伦理术语是“陶冶”的意思。我国学者对净化的解释大致可分为两派：以罗念生为代表的“陶冶”说，和以朱光潜为代表的“宣泄”说。

罗认为，亚里士多德在《政治学》中讨论音乐时曾把净化作为治疗的同义语，但悲剧的治疗作用应从他的伦理思想中去求得解释。亚里士多德伦理学的核心是中庸之道，即德性须求适中，情感须求适度；情感的强弱适度不是天生而是由习惯养成的。罗根据亚里士多德的伦理学思想，主张把卡塔西斯译为陶冶，而悲剧的净化作用就是使过强的怜悯与恐惧得以疏导，使过弱的怜悯与恐惧受到激发，从而在戏剧的引导下达到适度，多次反复后这种适度的感情就会成为习惯，因而保证心理健康并培养起伦理德性。

朱光潜则坚持净化的真正解释要在《政治学》卷八中去找。亚里士多德在谈到音乐的净化作用时说："像哀怜和恐惧或是狂热之类情绪虽然只在一部分人的心里是很强烈的，一般人也多少有一些。有些人受宗教狂热支配时，一听到宗教的乐调，就卷入迷狂状态，随后就安静下来，仿佛受到了一种治疗和净化。这种情形当然也适用于受哀怜恐惧以及其他类似情绪影响的人。某些人特别容易受某种情绪的影响，他们也可以在不同程度上受到应用的激动，受到净化，因而心里感到一种轻松舒畅的快感。"朱光潜认为，从亚里士多德所举的净化的例子看，其要义在于通过音乐或其他艺术，使某种过分强烈的情绪因宣泄而达到平静，恢复和保持住心理的健康，因此悲剧的净化功能也就在于，"人生来就有哀怜和恐惧两种情绪，如果不发泄，也可以淤积起来，酿成苦闷。悲剧给这两种情感以发泄的机会，所以引起喜感"。晚年的朱光潜进而指出，亚里士多德的悲剧净化宣泄说，成为"近代心理分析派弗洛伊德的'欲望升华'或'发散治疗'说的"。弗洛伊德从这种观点出发，对西方神话、史诗、悲剧乃至近代一些伟大艺术家的作品进行心理分析来证明文艺是"原始欲望的升华"。朱光潜认为："这一说貌似离奇，但其中是否包含有合理因素，是个尚待研究的问题。"他所坚持悲剧效果的净化宣泄说，是与早年所受的弗洛伊德学说的影响密切相关。

喜剧性与喜剧感都是传统美学较少涉及的问题。朱光潜对它的论述，同样采用了批判综合方法。首先他对霍布斯的“突然荣耀感”说和柏格森的“生命的机械化”说作了肯定性的介绍。霍持性恶论，他在《人类本性》中断定，“笑的情感只是在见到旁人的弱点或自己过去的弱点时，突然念到自己某优点所引起的‘突然的荣耀’感觉”，之所以突然，是因为“可笑的东西必定是新奇的，不期然而然的”。柏在《笑——论滑稽的意义》中认为，笑与喜剧都起于“生命的机械化”，即把“机械的东西硬套在有生命的东西之上”是产生笑和喜剧的根本原因。例如有一个退伍老兵改充堂倌，旁人戏向他喊：“立正！”他就慌忙地垂下两手，把捧的杯盘全部撒落，这就引起旁人大笑。无论是个人的行动或是社会的风俗制度，一到了变成呆板不合时宜的时候都可以成为笑柄。笑因此有了警告和惩罚的实用目的，笑的情感不纯是美感，喜剧也不能归到纯粹的艺术里面。接着，朱光潜指出霍所讨论的只是笑的一种，不能解释一切事实，而柏只解释了笑的起源和功用，而没有解释笑时何以发生快感，把笑完全看作理智的产物而忽略了笑的情感价值。因此，他依据克罗齐的“直觉即表现”的观点对霍、柏的学说进行了批判地综合，认为“一言以蔽之，笑虽非一种纯粹的美感，而它的存在都须先假定美感的存在。把生命当作艺术看，言动的丑陋也引起我们的嫌恶和讪笑，就这个意义说，喜剧的情感自然可以说是一种美感了。……笑都是突如其来的，不假思索的，所以见到可笑的事物而发笑，自然可以说是直觉形象的结果”。

如果说朱光潜在《文艺心理学》中对喜剧性的阐释主要是对西方学说的调和补充，那么在《诗论》中他对“谐趣”的论述更多的是基于传统理论的创造发挥。朱光潜指出，诙谐就是说笑话，它是喜剧的雏形。作为一种最原始的普遍的美感活动，谐趣可以定义为“以游戏态度，把人事和物态的丑拙鄙陋和乖讹当作一种有趣的意象去欣赏”。朱光潜进而揭示了谐的几个特点：首先，谐最富于社会性。刘勰的《文心雕龙》中有《谐隐》篇，专论诗文中的谐隐之趣。他释“谐”说：“谐之言皆也：辞浅会俗，皆悦笑也。”这就是重谐的社会性。社会的最好的团结力是谐笑，所以擅长谐笑的人在任何社会中都受欢迎。其次，从美学观点看，谐趣是美感的而又不尽是美感的。说它是美感的，因为丑拙鄙陋乖讹在为谐的对象时，就是一种情趣饱和独立自足的意象；说它不尽是美感的，因为谐的动机都是道德的或实用的，是对人事物态的不圆满表现的惊奇和告诫。最后朱光潜把谐趣分为“悲剧的诙谐”和“喜剧的诙谐”。悲剧的诙谐是豁达者的诙谐，他在悲剧中参透人生世相，对人世的悲悯多于愤嫉，其诙谐有时出入于至性深情，所以表面滑稽而骨子里沉痛；喜剧的诙谐是滑稽者的诙谐，他在喜剧中见出人事的乖讹，同时觉得这种发现是他的聪明和优胜，于是加以嘲笑以取乐，这种诙谐有时不免流于浅薄。以此观察中国诗人，“陶潜和杜甫是于悲剧中见诙谐者，刘伶和金圣叹是从喜剧中见诙谐者，嵇康和李白则介乎二者之间”。在这里，朱光潜不仅对古代的“谐”思想作了创造性的阐发，深化了传统的喜剧理论，对诗歌欣赏以及诗史的研究也提供了一种新的视角。

四、直觉、距离、移情与内模仿——美感经验论

美感经验是近代美学的核心问题，美学上的最大任务就在分析这种美感经验。为什么？朱光潜追溯到近代美学与哲学的渊源关系：“我们在开始就着重美学和哲学的渊源，因为明白这一点，我们才能明白近代美学的倾向。第一，因为美学本来与知识论有密切关系，所以近代美学所侧重的问题是：在美感经验中我们的心理活动如何？至于‘事物如何才能算美’这一个问题还在其次。这第二个问题并非不重要，不过先知道什么是美感经验，才能知道什么样的事物可以引起美感经验，所以关于美感经验的问题是较为基本的。第二，因为美学是侧重直觉式的‘知’的一部分哲学，所以近

代美学有抹杀概念联想诸心理活动。”正是在这个意义上，我们说从美感经验入手的朱光潜美学，集中体现了美学学科发展的历史趋势。同时，他又清醒地看到近代西方美学的褊狭，因而保留了对之进行补苴罅漏的权利。

（一）从悲剧快感起步

朱光潜是从悲剧快感的研究开始起步的，这并非一时兴起，而是基于多方面的考虑。首先，悲剧向来被认为是最高的艺术形式，而杰出的悲剧家在心理科学流行之前就已是最深刻的心理学家，在他们的悲剧中积累了大量心理学智慧。因此对悲剧快感的研究既可以启发人们去解决许多一般性的心理学问题，更有助于认识一般审美经验的特点。其次，悲剧快感的研究对美学更是一个贡献。例如悲剧与崇高美有密切关系，但在美学史上除博克之外都未对其作任何论述。朱光潜深入研究悲剧美与其他形态的美、尤其是崇高美之间的关系，意在填补美学当中的一大空白。再次，为正确的艺术批评提供心理学基础。朱光潜认为：“一切正确的批评理论都必须以深刻了解侧重的心灵和鉴赏的心灵为基础。过去许多文学批评之所以有缺陷，就在于缺少坚实的心理学基础。”而这也是朱光潜《文艺心理学》的基本任务：“它丢开一切哲学的成见，把文艺的创造和欣赏当作心理的事实去研究，从事实中归纳得一些可用于文艺批评的原理。”

1. 悲剧为何给人快感

朱光潜把“心理距离”说作为悲剧理论的基础，用以解决表现苦难的悲剧为什么能给人以快感这一问题。因为无论是康德和克罗奇纯粹形式主义的美学，还是柏拉图、黑格尔和托尔斯泰明显道德论的美学，都不能作为合理的悲剧心理学的基础。

距离感是悲剧快感的前提。“增加理想成分，减少情节恐怖”，即是要求悲剧艺术家采用“距离化”，以保证观众具有适当的审美距离。戏剧艺术的特点是通过真正的人来表现人的行动和感情，这种写实的倾向容易在观众头脑里产生虚实难辨的心理印象。如果缺乏距离感，悲剧中的痛苦和灾难可能与现实生活中的痛苦和灾难混为一谈而难以给人审美快感。正如雪莱在其悲剧《钦契》序言中写道："这个关于钦契的故事的确阴惨可怖，把它不加修饰地表现在舞台上一定是难以容忍的。任何人要采用这一题材，都必须增加一些理想的成分，尽力减少实际情节的恐怖。只有这样，从存在于这些剧烈痛苦和罪恶里的诗意所获得的快感，才有可能减轻在看到造成这些痛苦和罪恶的道德缺陷时所产生的悲痛。"

朱光潜进而揭示了"在悲剧中使生活'距离化'的几种较重要的手法"，诸如时间和空间的遥远性，悲剧人物、情境和情节的非寻常性质，艺术程式和技巧、强烈的抒情意味，超自然的气氛，以及非现实而具暗示性的舞台演出技巧，等等。悲剧中的痛苦和灾难给人的感受之所以不同于现实生活，就在于通过一系列距离化手法把悲剧情节中原有的粗糙和鄙陋过滤掉。悲剧中可怖的东西因艺术力量的克制而改观，只剩下美和壮丽。朱光潜用距离概念来解释悲剧快感的根源，较符合常人的审美经验，也有一定的理论说服力。

2. 悲剧快感的独特性

亚里士多德说："我们要求于悲剧的不是各种各样的快感，而是它所独有的那种快感。"如何来确定悲剧快感的独特性质呢？从古希腊以来，悲剧快感曾被解释为情绪的缓和、艺术的力量、紧张感或努力感，以及精神有所寄托，等等。朱光潜认为，上述学说虽含真理，难免片面，实际上，"悲剧快感的独特性恰恰在于把情绪的缓和、努力感、好奇心、艺术力量等等共同的快感来源结合起来的特殊方式中"。

其一，悲剧的欣赏是一种活动，所以自然会产生一般人类活动所共有的快感。悲剧不仅是一种使精神有所寄托的东西，也是转移注意的方式。它使我们摆脱日常生活的单调乏味，并能使生命能量得到发挥，给人以紧张感、努力感或生命力感，这就是悲剧能给人快乐的原因。其二，悲剧欣赏是一种艺术活动，自然会有各种美感经验共有的快感。悲剧与其他艺术种类一样是现实的补偿，它为人们提供一个比现实更理想的想象空间。正如尼采所说，它是日神的光辉所照耀的一幅明朗的图画，在其中具有酒神精神的人忘掉他原初的痛苦，在美的外貌中得到补偿。事实上，人们在悲剧中感到快乐的原因之一，就是不会脱离其表现形式来孤立地看待痛苦和灾难。其三，悲剧和别的戏剧形式一样，与一般艺术的区别就在于它用真人为媒介，生动逼真地模仿一个行动。小说和史诗表现性格，而悲剧艺术表现行动。史勒格尔说得好："行动才是真正享受生活，才是生活本身。"戏剧正是表现活生生的行动，所以在看戏时就比读诗看画时，更强烈地感觉到生命的活力。其四，除上述艺术的共同性质，悲剧毕竟还有其特殊性。悲剧不同于其他戏剧形式在于它表现最严肃的行动。人生最严肃的方面不是天真的快乐或全然的幸福，而是受难和痛苦。悲剧表现的正是恶、不幸和灾祸，是人的伟大的痛苦或者是伟大人物的灭亡，将人提高到道德理性的高度，或是理解感悟或是人格激励。前者表现为悲剧的命运感，使人觉得宇宙间总有一种人的意志无法控制、无法理解的力量，这种力量不问善恶是非的区别，把好人与坏人一起摧毁，从而激起恐惧和怜悯的情绪，净化人的心灵；后者表现为悲剧的崇高感，让人体验一种有理由的痛苦，一种幸福的受动，它引发人的惊奇与赞美的情绪，催人奋进。总之，在朱光潜看来，悲剧感虽有特殊属性，在本质上却是一种"混合的情感"，"它是怜悯和恐惧中以及艺术中的积极快感，加上怜悯和恐惧中痛感部分转化成的快感，最后得到的总和。怜悯和恐惧中的痛感转化成快感，是缓和即表现的结果也就是亚里士多德所谓'净化'的结果"。

在悲剧快感的研究中，朱光潜确立了自己的美学研究的方法论原则。第一，美学研究必须以具体的审美事实为基础，反对从某种预拟的哲学体系中先验地演绎出理论。悲剧快感是最为复杂的审美经验，必须充分重视悲剧杰作、悲剧诗人、演员、读者、观众的印象和意见，同时也要以亲身的审美经验作基础。朱光潜指出："没有亲身的审美经验作基础的美学理论，几乎都是骗人的理论。"这是他始终坚持的信念，故朱光潜晚年仍谆谆告诫："不通一艺莫谈艺，实践真感是真凭。"第二，美学研究应当采用整体观照和批判综合的方法。悲剧欣赏是个复杂的现象，没有哪一种原因能够对之做出全面说明。"孤立的原因和孤立的结果都是形成逻辑和原子论心理学虚构出来的幻影，在实际的精神生活中并不存在。"因此，必须从审美与人生整体、审美与精神生活整体联系中去考察和理解悲剧快感和美感经验。同时，对从前的理论也应采取"批判的和综合的"态度。朱光潜曾反复强调，学问是天下公器，思想非无中生有，美学研究只有公平地检查以前的理论，取其精华，才可能消除偏见，形成一种全面系统的学说。第三，在《悲剧心理学》中初步尝试，进而在《文艺心理学》中较好地实现了哲学美学和心理学美学的综合与互补。它以康德到克罗齐的哲学美学为理论构架，以审美经验的心理分析为具体内容，一方面使哲学美学落实到具体审美现象的层面，减少了它的形而上的抽象性和空疏性；另一方面又使心理学在理论上有所皈依，避免了经验性描述的散漫性和凌乱性。

在《悲剧心理学》的"中译本自序"中，85 岁的朱光潜回顾自己的美学历程，写下了一段意味深长的话，高度评价这部书在其学术思想发展史上的意义。"这不仅因为这部处女作是我的文艺思想的起点，是《文艺心理学》和《诗论》的萌芽；也不仅因为我见知于少数西方文艺批评家，主要靠这部外文著作；更重要的是我从此较清楚地认识到我本来的思想面貌，不仅在美学方面，尤其在整个人生观方面。一般读者都认为我是克罗齐的唯心主义信徒，现在我自己才认识我实在是尼采式的唯心主义信徒。在我心灵里植根的倒不是克罗齐的《美学原理》中的直觉说，而是尼采《悲剧的诞生》中的酒神精神和日神精神。"这段话对深入认识朱光潜美学思想的真实面貌和特殊性质具有特别重要的指导意义和参考价值。总之，朱光潜的《悲剧心理学》既是其文艺思想的起点，并奠定了未来学术发展的基调，而且具有自觉的方法论意识，形成了较完备的方法论体系。这些方法在其后来的研究中不断得到丰富完善，对今天的研究者仍不乏启示意义。

（二）美感经验的分析

朱光潜最瞩目的美学成就是对美感经验的分析。他从克罗齐的直觉说出发，引入布洛的距离说和立普斯的移情说，把美感经验描述成一个动态心理过程。这也是继《悲剧心理学》之后的《文艺心理学》中最精彩最耐人寻味的篇章。从方法论上看，更是哲学美学和心理学美学综合互补的成功范例之一。

1. 美感起点：形象的直觉

何谓美感经验？美感经验就是形象的直觉。形象是直觉的对象，属于物；直觉是心知物的活动，属于我。在美感经验中心所以接物者只是直觉，物所以呈现于心者只是形象。这是朱光潜对于美感即形象的直觉的最基本的解释。例如，无论是艺术或自然，如果一个事物叫你觉得美，它一定能在你心眼中呈现出一种具体的境界，或是一幅新鲜的图画，而这种境界或图画必定在刹那间霸占住你的意识全部，使你聚精会神地观赏它、领略它，以至于把它以外的一切事物都暂时忘却。

为什么说美感经验即形象的直觉？这便涉及“直觉”的含义。据朱光潜解释，我们对同一事物可以用三种不同的“知”的方式来认识，即直觉、知觉和概念。见形象而不见意义的知是直觉；由形象而知意义的知是知觉；超形象而知意义的知是概念。直觉有一个重要特征，即它附着于一个具体形象。如克罗齐所说，直觉的知识是“对于个别事物的知识”。人们的美感，正来源于这种形象的直觉。总之，在美感经验中，心所以接物者只是直觉而不是知觉和概念；物所以呈现于心者是它的形象本身，而不是与它有关系的事项，如实质、成因、效用、价值等意义。

形象的直觉作为美感经验，有何具体规定？朱光潜归纳为三个特点。其一，物我两忘。一方面忘记物的效用和意义，如见到梅花把它和其他事物的关系一刀截断，使它只剩下一个赤裸裸的孤立绝缘的形象存在那里，无所为而为地观照它，赏玩它；另一方面，暂时忘记自我，摆脱意志的束缚，由意志世界移到意象世界，获得一种心灵的解放。其二，物我同一。观赏者在兴高采烈之际，无暇区别物我，于是我的生命和物的生命往复交流，在无意之中我以我的性格灌输到物，同时也把物的姿态吸收于我。总而言之，在美感经验中，我和大自然融为一体，一起生展，一起震颤。其三，直觉即创造。这里正如朱光潜自己所说，他把美感经验解释为“形象的直觉”，纯然是跟着克罗奇走的。美感是形象的直觉，美感经验的研究就是对直觉过程的研究，因而他曾建议把美学译为直觉学。

2. 美感态度：心理距离

美感即形象的直觉，而美感经验的产生离不开主体的审美态度。审美态度是面对实在对象，主体由日常感知向美感经验过渡的关键环节。朱光潜援引布洛的心理距离说，以阐明审美态度的性质和意义。

何谓“心理的距离”？这就是布洛要求审美主体从日常生活中摆脱出来，面对客体，保持一种与日常生活功利和实用目的无关的态度。布洛认为：“距离是通过把客体及其吸引力与人的本身分离开来而获得的，也是通过使客体摆脱了人本身的实际需要与目的而取得的。”从这个意义上说，心理距离说实质上是重申了西方近代美学中的审美非功利原则。

在美感经验分析中，朱光潜对心理距离说的应用有其独到之处。首先，他联系形象的直觉对心理距离在美感过程中的位置及特点作了进一步阐释。他说：“‘距离’含有消极的和积极的两方面。就消极的方面说，它抛开实际的目的和需要；就积极的方面说，它着重形象的观赏。它把我和物的关系由实用的变为欣赏的。就我说，距离是‘超脱’；就物说，距离是‘孤立’。”进而又以传统美学作互证互释：从前人称赞诗人往往说他“潇洒出尘”，说他“超然物表”，说他“脱尽人间烟火气”，这都是说他能把事物摆在某种距离以外来看。相反来说，心为形役，形为物役，凝滞于物，名缰利锁，都是说把事物看得太切身，不能在我和物中间留出距离来。传统美学思想成为朱光潜阐释心理距离的内在参照系。

其次，对布洛的“距离的矛盾”原理作了微妙的引申扩展。依布洛的看法，审美态度就是主体与客体之间保持一定的心理距离，但是距离是有尺度的，于是提出了“距离的矛盾”说。正如朱光潜所说“‘距离’太远了，结果是不可了解；‘距离’太近了，结果又不免让实用的动机压倒美感，‘不即不离’是艺术的一个最好的理想”。不过，布洛的距离说讨论的是审美中主客体关系问题，朱光潜则将这一关系扩展到艺术与现实人生、艺术与道德的关系。一方面，艺术和实际人生之间本来要有一种距离；另一方面，艺术与实际人生的道德的距离须配合得恰到好处，这是美感经验成立的必要条件。朱光潜的这一引申具有重要意义，一方面对布洛的距离说顺着原有逻辑向前推进了一步；另一方面冲破了克罗齐孤立绝缘的直觉说的禁令，最终将审美的个体直觉性和社会性联结起来，将个体心理和社会心理沟通起来，使被克罗齐抽象化片面化了的直觉说，重新回到整体生活之中。

3. 美感过程：移情和内模仿

在凝神观照的审美过程中，往往于不知不觉之中，由物我两忘进到物我同一的境界。但对美感经验中物我生命回返往复的情感交流过程，克罗齐的直觉说始终没有加以阐明。于是，朱光潜又援用移情说和内模仿说进行补苴罅漏，完成了美感经验动态过程的建构。

对美感过程中的移情现象，朱光潜作了精彩描述：在聚精会神的观照中，我的情趣和物的情趣往复回流，有时物的情趣随着我的情趣而定。例如自己在欢喜时，大地山河都随着扬眉带笑；自己在悲伤时，风云花鸟都随着黯淡愁苦。惜别时蜡烛可以垂泪，兴到时青山亦觉点头。有时我的情趣也随物的状态而定，例如睹鱼跃鸢飞而欣然自得，对高峰大海而肃然起敬，心情浊劣时对修竹清泉即洗刷净尽，意绪颓唐时读《刺客传》或听贝多芬的《第五交响曲》便觉慷慨淋漓。物我交感，人的生命和宇宙的生命互相回还震荡，全赖移情作用。正是基于这种理解，朱光潜概括道："所谓美感经验，其实不过是在聚精会神之中，我的情趣和物的情趣往复回流而已。"

朱光潜把移情作用理解为物我往复双向交流的心理过程，实质上已超出了立普斯的移情说。立普斯的移情说是建立在德国古典美学"生气灌注的原则"基础上的，侧重于情感表现或自然的人格化。物本无情，我自移注，物从而成为情感的表现或自我人格的象征。于是，"审美的欣赏并非对于一个对象的欣赏，而是对于一个自我的欣赏"。朱光潜将它同谷鲁斯等人的内模仿说相综合，指出移情作用不但由我及物，而且也由物及我，是双向的。谷鲁斯认为，人在观赏时可以用内心动作即意念活动去模仿对象的外形运动，这种模仿所产生的筋肉感和运动感，能使观赏者体验到某种快感。朱光潜赞同这种观点，认为谷鲁斯的内模仿说和立普斯的移情说可以综合互补：一重生理，一重心理；一为由物及我的影响，一为由我及物的投射。这样，移情作用就被朱光潜创造性地理解为物我之间的双向交流。

中国传统美学确认万物有其生命、有生气、有生意，它们源于大自然生生不息的生命运动。这种宇宙间普远周流的勃勃生机，正与人的生命活动声息相通。物我相互感发，物态物情与人心人情交融一片，这才是形成美感经验的根源。因此，传统美学的美感理论不重主体情感的单向投射，而力主物我情意的双向交流。“目既往还，心亦吐纳”；“情往似赠，兴来如答”。物我交感共鸣，主客体欣然契合。朱光潜把美感中的移情现象理解为物我交感的双向过程，也正得益于传统美学这种物感理论的启示。

朱光潜的美感论以“形象的直觉”为起点，融入距离说以强调自觉的审美态度，融入移情说以展开物我之间的交感共鸣，从而把美感经验描述为一个有机动态的心理过程。可以说，这是20世纪我国审美心理学研究的重要成果。从方法论上看，这又是哲学美学和心理学美学相综合，现代美学和传统美学相融合的结果。

（三）美感问题的反思

建国初，朱光潜的美感理论被视为唯心主义观点，遭到批评。朱光潜难以心服，在建国后写的第一篇美学短文《关于美感问题》中，他对自己的观点委婉地作了回护。首先，是否有一种特别的感觉叫做美感？如果有，它的特别性何在？近代美学史的答案是：美感经验中的心理活动是直觉，直觉的对象是一个孤立绝缘的意象。简言之，“美感是聚会去观照一个对象时的感觉。这种聚精会神的状态通常是不长久存在的，可是我们不能否认它的存在”。其次，建立新美学是否应对美学古典作批判融贯的工作？“比如‘移情说’和‘距离说’是否可以经过批判而融会于新美学呢？我愿意在对马列主义多加学习之后，再对美学作一点批判融贯的工作，现在还不敢冒昧有所陈述。”朱光潜表现了他一贯的谦虚和谨慎，同时也加紧了学习、钻研和探究的步伐。

1962 年，朱光潜美学已从审美直觉论转向审美实践论，这时他结合《西方美学史》的撰写，准备对美学讨论中引发的一些基本问题作一次小结。《美感问题》这篇重要论文，就是在这种背景下产生的。这篇文章受到研究者的广泛重视，但说法不一。有的认为朱光潜根据马克思主义实践观点，提出和设计了一个美学体系框架，在更深层次上完成了美学构建。有的则认为朱光潜以新的理论视野对萦绕心头的美感问题重新作了探索反思。从题目和内容看，显然以后者为主。

首先，朱光潜重申美感的角度是美学研究的“一个重要角度”。这与 30 年代强调“美学的最大任务就在分析美感经验”是一致的，但此文进一步阐述了美感问题在美学中的核心地位的理由。朱光潜认为，美学所涉及的问题很多，而从美学思想发展史看，基本问题只有一个，即“美是什么”的问题。这一问题可以从两方看：从客观对象看，这是内容与形式的关系问题；从主观心理活动看，这是感性认识与理性认识的关系问题；而“美感最突出地涉及内容与形式、理性与感性这两个对立面之间的关系问题”，从而也就成为美学研究的核心问题。

其次，他认为美感概念实有两种含义：一种指审美能力，一种指审美情感。这二者中，审美能力更为基本，审美能力问题解决了，审美情感问题也就会迎刃而解。

再次，在回顾总结了西方美学史上的美感问题后，他对第一意义的美感即审美能力，提出了有待解决的四大问题：（1）有没有审美的能力或是一种决定人爱好什么和不爱好什么的总的心理结构或心理倾向？假如有，它是怎样形成的？先天的还是后天的？（2）假如有一种总的心理结构或倾向，它包括哪些组成部分？应不应考虑到生理方面的动物性的情欲或本能？应不应考虑到社会实践对本能或情欲所造成的改变？（3）这种审美的能力或总的心理结构在具体场合是怎样起作用的？它完全是感性活动呢？还是也包括理性活动呢？如何理解这二者之间的组合关系和先后关系？在审美活动中，意识占什么地位？是否有下意识的作用存在？如果有下意识的作用，它是怎样起的？(4) 究竟是对象的哪一种或哪些性质会引起审美的情感？是否对象原已有美这种属性？如果有，它究竟如何界定？

最后，他对第二种意义的美感即审美情感作了界定，认为审美情感是审美能力起作用时所伴随的情感效果的调质，进而对审美情感的三个问题，提出了自己的看法：(1) 审美快感与一般感官快感的区别。朱光潜认为这两者有分别，但是在审美活动那一顷刻意识不到欲念，不等于说审美活动的根源或动力与欲念无关。(2) 审美快感的一般性与特殊性。从心理学看，每种情绪都伴有不同的调质。审美对象一般不只是引起一种单纯的快感和不快感，而是要打动情绪，快感或不快感只是作为所打动情绪的一种情感的调质，所以理应随情绪不同而有所不同。如崇敬英雄人物的情绪所伴随的快感就不同于爱慕美丽女人的情绪所伴随的快感。(3) 审美标准问题。朱光潜肯定审美标准存在个性差异，同时又承认个别差异中有一致性，而一致性标准又不是绝对的，这涉及审美活动中的共鸣问题。到了80年代，朱光潜对共同美感作了更多的肯定和强调。

诚如朱光潜所说，审美能力的问题是最为基本的，因而他就审美能力所提出的四大问题更值得重视。首先，他以自觉的理论形态提出了审美心理结构的问题，这在中国现代美学史上实属创举。其次，他对审美心理结构作了多层次多角度的初步试述。如上述四大问题，既涉及美感的深层动力心理（审美需要、本能情欲、下意识）、表层感知（感觉、创造想象、理解）和审美对象三个环节，又涉及审美能力的生理、心理和社会文化这三个需要探讨的层面。然而，正如朱光潜所说："这些问题都是有长久历史的老问题，大半还没有一致的意见，足见它仍是复杂的，困难的。它们都还有待进一步深入的研究。"现在看来，这些问题仍是21世纪中国美学所要解决的重要课题之一。

五、人生的艺术化——美感教育论

有一种看法认为朱光潜的美学理论“缺乏美育部分，即缺乏一种效应落实”，这其实是一种误解。从《文艺心理学》体现的早期美学体系看，他对文艺与道德关系的精辟论述已涉及艺术功能和美感效应的问题；从朱光潜的整个美学体系看，他关于人生艺术化的学说，不仅是其美学思想的闪光之处，还构成了渊源幽深、境界高远的人生美育理论。

（一）人生艺术化的内涵

“人生的艺术化”，“这是孟实先生自己最重要的理论”。朱自清在《〈谈美〉序》中写道：“他分人生为广狭两义：艺术虽与‘实际人生’有距离，与‘整个人生’却并未隔阂；‘因为艺术是情趣的表现，而情趣的根源就在人生。反之，离开艺术也便无所谓人生；因为凡是创造和欣赏都是艺术的活动。’他说：‘生活上的艺术家不但能认真而且能摆脱。在认真时见出他的严肃，在摆脱时见出他的宏大。’又引西方哲人之说：‘至高的善在无所为而为的玩索。’以为这‘还是一种美’。又说：‘一切哲学系统也都只能当作艺术作品去看。’又说：‘真理在离开实用而成为情趣中心时，就已经是美感的对象；所以科学的活动也还是一种艺术的活动。’这样真善美便成了三位一体了。孟实先生引读者由艺术走入人生，又将人生纳入艺术之中。这种‘宏远的眼界和豁达的胸襟’，值得学者深思。”这段评述，对理解朱光潜的人生艺术化理论极为重要。

何谓人生的艺术化？用朱自清的话说，就是“由艺术走入人生，将人生纳入艺术”。朱光潜认为，人生本来就是一种较广义的艺术。每个人的生命史就是他自己的作品。这种作品可以是艺术的，也可以是不艺术的，正犹如同是一块顽石，这个人能把它雕成一座伟大的雕像，而另一个人却不能使它成器，分别全在个人的性分和修养。知道生活的人就是艺术家，他的生活就是艺术作品。由此可见，人生的艺术化就是以艺术的态度对待人生，将生活当作艺术作品来创造，从而使一篇生命史成为一部艺术史。尼采在《〈悲剧的诞生〉前言》中写道：对于“严肃的人来说”，“艺术是生命的最高使命和生命本来的形而上的活动”。从此看来，朱光潜的人生艺术化的理论明显是受到尼采“艺术形而上学”的影响。朱光潜晚年曾表示，与其说他是克罗齐直觉说的信徒，毋宁说他是尼采学说的信徒。

人生艺术化或艺术化人生并不是抽象的，它既表现为艺术化的处世态度，也表现为艺术化的事业境界。

1. 艺术化的处世态度

艺术化的人生态度，应当是“严肃与豁达”兼备的态度。一般人认为艺术家是一帮最随便的人。其实在艺术范围之内，艺术家是最严肃不过的，在锻炼作品时常呕心沥血，一笔一画也不肯苟且。善于生活者同样是彻底认真的，不让一尘一芥妨碍整个生命的和谐。曾子临死时记得床上的席子是季路的，一定叫门人把它换过才瞑目。吴季札心里已经暗许赠剑给徐君，没有实行徐君就已死去，他很郑重地把剑挂在徐君墓旁树上，以见“中心契合死生不渝”的风谊。小节如此，大节更不消说。董狐宁肯断头不肯掩盖史实，夷齐饿死也不愿降周。朱光潜认为：“这种风度是道德的也是艺术的。我们主张人生的艺术化，就是主张对于人生的严肃主义。”

另一方面，艺术化的人生“不但能认真，而且能摆脱。在认真时见出他的严肃，在摆脱时见出他的豁达”。朱光潜最喜欢引用王徽之的一则故事，说是有一晚雪后初霁，月色清朗。王徽之忽然想起朋友戴逵，便乘小舟到剡溪去访他。刚到门口，却又抽身把船划回去。人问其缘，他说我“乘兴而来，兴尽而返”，何足为奇？这种“乘兴而来，兴尽而返”的态度，正是摆脱时见豁达的艺术化人生态度。真正的艺术化人生，不是二者割裂而是整体和谐。在看重一件事物时，他知道执著；在看轻一件事物时，他也知道摆脱。据此，朱光潜强调："伟大的人生和伟大的艺术都要同时并有严肃与豁达之胜。"从历史上看，晋代清流大半只知道豁达而不知道严肃，宋朝理学又大半只知道严肃而不知道豁达。陶渊明和杜子美庶几算得恰到好处，是为严肃与豁达兼胜之理想。

2. 艺术化的事业境界

艺术化的事业境界，就是"以出世的精神做入世的事业"。艺术活动是"无所为而为"的，在创造或是欣赏艺术时，人们都是从有利害关系的实用世界搬家到绝无利害的理想世界里去。朱光潜指出，"我以为无论讲学问或是做事业的人都要抱有一副'无所为而为'的精神，把自己所做的学问事业当作一件艺术品看待，只求满足理想和情趣，不斤斤于利害得失，才可以有一番真正的成就"，"伟大的事业都出于宏远的眼界和豁达的胸襟"，"人要有出世的精神才可以做入世的事业"。从这个意义上说，艺术化的人生也就是道德化的人生。"一篇生命史就是一种作品，从伦理的观点看，它有善恶的分别，从艺术的观点看，它有美丑的分别。"

那么，"善恶与美丑的关系究竟如何呢?"一言以蔽之，"至高的善"就是"真正的美"。艺术活动是无所为而为的活动，至高的善是无所为而为的玩索。"以出世的精神做入世的事业"，就是以无所为而为的精神去实行至高的善，从而艺术化的人生和道德化人生达到了内在的统一。

冯友兰在《新原人》中把人生境界分为四个境界：即自然、功利、道德与天地境界。他曾表示说，自己平生之说，其他什么都可以丢，唯有天地境界说不能丢。他所谓"天地境界"的内涵是超自然、超功利、超道德，从而从心所欲而不逾矩，与"严肃与豁达"兼备、"无所为而为"的人生艺术化境界不谋而合。

（二）人生艺术化与美感教育

人生的艺术化，就是以艺术态度对待人生，将人生作为艺术品来创造。然而，一个人的生命史能否成就为一部艺术史，完全取决于一个人的“性分与修养”。换言之，只有一个“完全的人”和“自由的人”，才可能以无所为而为的艺术态度去创造艺术人生。而完全的人和自由的人的培养，却离不开美感教育。也就是说，美感教育是通向艺术化人生的必由之路。

1943年，朱光潜在重庆出版《谈修养》一书。他在其中的《谈美感教育》一文中，对审美和艺术在培养完全的人和自由的人这一方面的作用，在广阔的理论背景上作了深入阐述。

1. 美感教育使人完全

“美感教育是一种情感教育”，一个完全的人必须有一种“至性真情”，这是朱光潜美育论的基本立场。据此，朱光潜首先从知意情结合的人性结构出发，强调了情感教育的不可或缺。世间事物有真善美三种不同的价值，人类心理有知情意三种不同的对应活动。求知、向善和爱美，三者都是人类天性，真善美俱全，人生才完美。这与中国传统人格教育思想是一致的。中国儒家的最高人生理想是尽性。《礼记·中庸》曰：能尽人之性，则能尽物之性；能尽物之性，则可以赞天地之化育，与天地参。“尽性”者，发挥性之所固有。换言之，教育的目的在于启发人性中固有的求知、向善与爱美的本能，使它们尽量得到全面和谐的发展。

从理论意义上说，智育、德育和美育都是理想人格教育不可或缺的。但在实际生活中，智育为人看重，德育没人否认，美育则在实施与理论两方面都很少被人重视。从美育的实施看，从1903年王国维在《论教育之宗旨》中首倡美育，到1917年蔡元培提出“以美育代宗教”的主张，再到40年代朱光潜重谈美感教育，中国现代社会都没有实际重视实施美育。“有一派人不但忽略美育，甚至根本仇视美育。”在西方，从柏拉图到卢梭，再到托尔斯泰，他们都仿佛觉得艺术有几分不道德，情感是恶的，道德是善的，美育对于德育有妨碍，人要能以理性控制感情才能达到至善。

针对忽视美育的错误观点，朱光潜强调指出：“人好比一棵花草，要根茎叶花实都得到平均的和谐的发展，才长得繁茂有生气……因此，理想的教育不是摧残一部分天性而去培养另一部分天性，以致造成畸形的发展；理想的教育是让天性中所有的潜蓄力量都得以尽量发挥，所有的本能都得以平均发展，以造成一个全人。”进而，朱光潜根据现代心理学对情感功能的阐述和重视，提出了“与其锻炼理智，不如陶冶感情”、怡情养性的美育是德育的必由之径的深刻见解。早在20年代初《消除烦闷与超脱现实》一文中，他便写道：“心理学家对我们说过，就是通常所谓理智，也大半是自欺的结果，你说宗教靠不住，理智又靠得住么？人类行为大部分受感情支配……在理论上，吾人生活但全受理性支配，但是在实际上，吾人生活是不受理性支配的。因为无意识和感情在那儿默化潜移，意识的防范实在鞭长不及马腹。所以想养成道德的习惯，与其锻炼理智，不如陶冶感情。”这一思想明显受到弗洛伊德意识结构论的影响，但确有一定的合理性，这也成为朱光潜人生艺术化和情感教育论的重要理论基础。在《谈美》“开场话”中，朱光潜重申10年前的看法：“我坚信情感比理智更重要，要洗刷人心，并非几句道德家言所可了事，一定要从‘怡情养性’做起，一定要于饱食暖衣、高官厚禄等等之外，别有较高尚、较纯洁的企求。要求人心净化，先要求人生美化。”正是基于情感比理智重要这一独到深刻的认识，在写于40年代的《谈美感教育》中，朱光潜认为美育为德育的必由之路

朱光潜的这一思想既受到现代心理学影响，又有传统美学思想的渊源。儒家美学特重“诗”，以为它可以兴观群怨；又特重礼乐，以为“礼以制其宜，乐以导其和”。《论语·泰伯》中的“兴于诗，立于礼，成于乐”，总述了儒家教育宗旨，正所谓“始于美育而终于美育”。诗乐相关，目的在怡情养性，养成内心的和谐；礼重仪节，目的在使行为仪表规范化，养成生活上的秩序。蕴于中的是性情，受诗与乐的陶冶而达和谐；发于外的是行为仪表，受礼的调节

而进到秩序。内具和谐而外具秩序的生活，从伦理观点看是最善的，从美感观点看是最美的。朱光潜由此指出："认定美育为德育的必由之径"，正是儒家美学思想中"最值得注意的一点"，因为"道德并非陈腐条文的遵守，而是至性真情的流露。所以德育从根本做起，必须怡情养性。美感教育的功用就在怡情养性，所以是德育的基础功夫"。

完美的人性结构，知情意三者不可分割；支配人的行为，"情感比理智更重要"。因而，以怡情养性为目的的审美与艺术，就成为培养完全的人的必由之径。

2. 美感教育使人自由

（意志即痛苦。生活给意志带来的压抑、苦难、枯燥与歉然，要么让人在"心死"中丧失对人生世相的解悟和留恋，要么促使人在艺术世界中让情感有所释放、鼓舞、寄托和慰藉。饮食男女的压抑；贪生怕死好逸恶劳的苦难；喜新厌旧追奇逐异的枯燥；求全责备欲壑难填的歉然。）

离开了审美和艺术，人无法成为完全的人，也无法成为自由的人。黑格尔有句名言："审美带有令人解放的性质。"（Art is liberative.）这句话最能见出审美和艺术的功能特性。朱光潜将审美和艺术给人带来的解放和自由概括为三方面：即本能冲动与情感的解放、眼界的解放以及自然限制的解放。（人生是充满压迫与限制的，欲望的无穷性、经验的有限性、自然与社会的限制性，都会让人体验不自由。除了压迫与限制外，人生还充满了遗憾，不是说有欲望正当就能得到满足、有能力就能得以实现、有道德就能得到幸福。所以需在文艺中寻求替代性满足、妥协的安慰，以求摆脱感性与理性双重束缚，在理想世界里弥补现实的缺憾。）

首先，审美和艺术可以让人获得本能冲动和情感的解放。朱光潜认为，人类生来有许多本能冲动及附带的情感，如性欲、生存欲、占有欲、爱、恶、怜、惧之类。这种自然倾向需要活动，需要发泄。但在实际生活中，它们不但彼此冲突，而且程度不同地与文明社会的种种约束如道德宗教法律习俗不相容。在这种情况下，它们往往被压抑而不可能得到自由释放。性爱冲动便是最显著的例子。现代心理学告诉人们，本能冲动及相伴随的情感可暂时压抑而不可永远消灭，它们理应有自由活动的机会，如果勉强被压抑下去，表面上像是消灭了，实际上在潜意识里凝聚成种种变态心理和精神病的根源。但这种被压抑的潜在的本能冲动和情感，“可以藉文艺而发泄，因为文艺所给的是想象世界，不受现实世界的束缚和冲突。在这种想象世界中，欲望可以用‘望梅止渴’的办法得到满足。文艺还能把都有野蛮性的本能冲动和情感提到一个较高尚较纯洁的境界去活动，所以有升华作用”。从日常经验看，审美和艺术确有解放情感的功用，对心理健康大有裨益。人们通常说一个人情感要有所寄托，才不致苦恼烦闷。所谓情感有所寄托，就是说情感要有地方可以自由活动。审美和艺术正是寄托情感、解放情感，使心灵得到自由活动的最好处所。（宣泄、净化与升华）

其次，审美和艺术可以让人获得“眼界的解放”，也就是朱光潜反复阐述的“借艺术家的眼光看世界”或“文艺的观世法”。朱光潜在《谈学文艺的甘苦》中说：“我们应该感谢文艺的地方很多，尤其是它教我学会一种观世法。一般人常以为只有科学的训练才可以养成冷静的客观的头脑。我也学过科学，但是我的冷静的客观的头脑不是从科学得来的，而是从文艺得来的。……所谓冷静的客观的态度，就是丢开这副望远镜，让‘我’跳到圈子以外，不当作世界里我而去看世界，还是把‘我’与类似‘我’的一切东西同样看待。这就是文艺的观世法，这也是我所学得的观世法。我现在常拿看画的方法看一片园林或一座房屋，拿看小说或戏剧的方法看一对男女讲恋爱或是两个老谋深算的人斗手腕。”这种文艺观世法，可以使人们的眼界获得双重的自由和解放。

眼界的解放表现之一是从消极中见出积极。朱光潜说：“人生的罪孽灾害通常只引起忿恨，悲剧却教我们于罪孽灾祸中见出伟大庄严；丑陋乖讹通常只引起嫌恶，喜剧却教我们在丑陋乖讹中见出新鲜的趣味。伦勃朗画过一些疲癃残疾的老人以后，我们见出丑中也还有美。”朱光潜这种把苦难转化为对苦难的观照的“观世法”，直接来源于尼采的酒神日神说。在尼采那里，酒神代表着人生的罪孽苦难，日神代表着对人生罪孽苦难的摆脱与观照。希腊悲剧的深刻与伟大，既在酒神精神的深广度，也在日神精神的透明度。“苦痛是达奥尼索斯的基本精神……静穆是阿波罗的基本精神……这两种精神本是绝对相反相冲突的，而希腊的智慧却成就了打破这冲突的奇迹。他们转移阿波罗的明镜来照临达奥尼索斯的痛苦挣扎，于是意志外射于意象，痛苦赋形为庄严优美，结果乃有希腊悲剧的产生。人生世相充满着缺憾、灾祸、罪孽；从道德观点看，它是恶的；从艺术观点看，它可以是美的（它是丑的却也可以化为美的），悲剧是希腊人以艺术观点在缺陷、灾祸、罪孽中所看到的美的形象。”由此可见，从酒神到日神，就是从苦难到艺术，从入世到出世，也就是从日常观世法到文艺观世法，从眼界的束缚到眼界的解放。

眼界的解放表现之二是从无聊中见出趣味。宇宙生命时时刻刻在变动进展中，希腊哲人对此有“濯足急流，抽足再入，已非前水”之喻。日常生活在这种变动不居的过程中，每一时刻每一境界都是个别的、新鲜的、有趣的。但是，一般人囿于习惯所划成的狭小圈套里，变薄了眼界，对于本来新鲜有趣的东西难以“见”到。正如有人向海边农夫称赞他的门前海景美，他很羞涩地指着屋后菜园说：“海没有什么，屋后的一园菜倒还不差。”一园菜囿住了他，使他不能见到海景美。审美和艺术恰恰可以解放人们的眼界，去所蔽，有所见，在枯燥无聊中见出新鲜有趣。“诗人与艺术家所以超过我们一般人者就在情感比较真挚，感觉比较锐敏，观察比较深刻，想象比较丰富。我们‘见’不着的他们能‘见’得着，并且他们‘见’着说出来了，就使我们也可以‘见’着。”一位英国诗人曾说诗人和艺术家，“借他们的眼睛给我们”看世界。从这个意义上说，一部艺术发展史，就是一部审美眼界的解放史。中国人爱好自然风景的趣味，不妨说是陶谢王韦诸诗人所传染的。在透纳和惠司勒以前，英国人就没有注意到泰晤士河上有雾。拜伦以前，欧洲人很少赞美威尼斯。艺术的境界逐渐向前伸展，我们的眼界也逐渐放大，人生世相越显得丰富华严。而且随着眼界的不断解放，人们不仅在艺术境界中成为一个自由的人，还同时增添生命的力量，觉得人生更有意义、更有价值、更值得珍视。因此朱光潜说：“美感教育不是替有闲阶级增加一件奢侈，而是使人在丰富华严的世界中随处吸收支持生命和推展生命的活力。”

朱熹诗曰：“半亩方塘一鉴开，天光云影共徘徊。问渠哪得清如许？为有源头活水来。”朱光潜引用此诗说明美感教育和艺术观照，是通向人生艺术化，解决“哀莫大于心死”的源头活水。

再次，审美和艺术能让人获得自然限制的解放。朱光潜认为人可以说是两重奴隶，首先是服从自然的限制。自然限制的观点是德国唯心派哲学家康德、席勒、叔本华、尼采等人最为着重的思想。他们认为自然世界（包括自然界与人类社会）是有限的，受因果律的支配，其中毫末细节都有它的必然性，若因果线索命定它是如此，它就丝毫变更不得。社会由历史铸就，人由遗传和环境造成。人的活动离不开自然世界物质生存条件的支配，如没有翅膀就不能飞，绝饮食就会饿死，等等。其次要受自己的欲望驱使。人在自然世界中是极不自由的，这是因为人相对于其他物质而言，有着无法压抑的无穷欲望。朱光潜说：“动植物和非生物一味顺从自然，接受它的限制，没有过分希冀，也就没有失望和痛苦。人却不同，他有心灵，有不可压的欲望，对于无翅不能飞绝食饿死之类事实总觉有些歉然。”就物质的人而言，人身兼两重奴隶，以无穷欲望处身于有限的自然世界之中，便觉得处处不如意、不自由，烦闷苦恼都由此而起。但就精神的人而言，人却可以跳开自然的圈套，在自然世界之外另在想象中造出较能合理慰情的世界。这也就是艺术创造的实质之所在。人在艺术创造中可以把自然拿在手里来玩弄，剪裁它、锤炼它，重新给以生命与形式。每一部文艺杰作以至于每人在人生自然中所欣赏到的美妙境界都是这样创造出来的。因此朱光潜认为，“美感活动是人在有限中所挣扎得来的无限，在奴属中所挣扎得来的自由。在服从自然限制而汲汲于饮食男女的寻求时，人是自然的奴隶；在超脱自然限制而创造欣赏艺术境界时，人是自然的主宰，换句话说，就是上帝”。（从情感上接受必要的自然限制，解缚不必要的自然限制。于己享受、于人负责、于境亲和）

3. 美感教育的时机

美感教育是通向人生艺术化的源头活水，要想取得最佳效果，就必须选择适当时机。朱光潜认为，“爱美是人类天性，凡是天性中所固有的必然趁适当时机去培养，否则像花草不及时下种不及时培植一样，就会凋残萎谢”。例如，达尔文在他的自传中懊悔他一生专在科学上做工夫，没有把他年轻时对于诗和音乐的兴趣保持住，到老来他想用诗和音乐来调剂生活的枯燥，就抓不回年轻时的那种兴趣，觉得从前所爱好的诗和音乐都索然无味。这便是没把握时机而导致一部分天性麻木的前车之鉴。由此可见，美感教育的适当时机应该选择在人生的年轻时代。朱光潜说：“美育必须从年轻时就下手，年纪愈大，外务日渐纷繁，习惯的牢笼愈坚固，感觉愈迟钝，心里愈复杂，欣赏艺术力也就愈薄弱。”强调美育的时机性，是符合心理学和教育学的规律的，从孔子到蔡元培、从柏拉图到席勒，对此都持一致看法。

4. 美感教育的工具

美感教育要选择恰当的工具。在朱光潜看来，读诗是培养纯正趣味的最好途径。他在《谈读诗与趣味的培养》（1936）中写道：“要养成纯正的文学趣味，我们最好从读诗入手。能欣赏诗，自然能欣赏小说戏剧及其他种类文学。”

首先，诗是文学的精华，蕴含纯正趣味。

朱光潜说：“一个人不欢喜诗，何以文学趣味就低下了呢？因为一切纯文学都要有诗的特征。一部好小说或是一部好戏剧都要当作一首诗看。诗比别类文学较谨严，较纯粹，较精微。”对于诗没有兴趣的人们，对于小说戏剧散文等等的妙处也终不免有些隔膜。这样，他们看小说和戏剧时，不会问及艺术技巧，而只求故事的有趣，不会喜爱内心生活或者社会真相的作品，而是《福尔摩斯侦探案》之类的东西。朱光潜指出，事实上，“第一流的小说家不尽是会讲故事的人，第一流小说中的故事大半只像枯树架搭成的花架，用处只在撑扶住一园锦绣灿烂、生气蓬勃的葛藤花卉。这些故事以外的东西就是小说中的诗。读小说只见到故事而没有见到它的诗，就像看到花架而忘记架上的花。”把诗的兴趣视为纯正趣味的标志也是西方美学家的普遍看法。英国哲学家穆勒在《论诗及其变体》中说：“那最深沉而又最崇高的心灵和胸怀，通常从诗中获得最大乐趣；相反，那些最浅薄，最空虚的心灵和胸怀，无论如何，总是喜欢阅读小说。”因此，对于文学批评来说，诗歌研究又是一般文学研究的最好的入门训练。朱光潜说：“诗是文学的精华，真正文学都必有诗的特质。……小说戏剧的精妙处诗歌都有，诗歌的精妙处戏剧小说却不尽有；至少是懂得诗歌的人一定能懂得小说戏剧，懂得小说戏剧的人却不一定懂得诗歌。所以我认为研究诗歌是研究一般文学的最好的入门训练。在诗歌里摸索得到门径，再进一步去研究其它种类文学，就都不难迎刃而解了。”

其次，诗的形式和音调适宜产生审美距离。

这主要表现在两个方面。一是指同样是对人体美或本能行为的表现，诗的描写比散文的描写具有更适宜的审美距离。朱光潜曾多次提到《西厢记》里的一个例子，说描写张生和莺莺定情的词——“软玉温香抱满怀，春至人间花弄色，露滴牡丹开”，其实就只是说交媾，距离再近不过了，但是王实甫把这种事写在很优美的意象里面，再以音调和和谐的词句表现出来。于是我们的意识遂被这种美妙的形象和声音占据，不想到其他的事。由此看来，“韵文比散文‘距离’较远，所以许多淫秽的事表现于散文仍然是近于淫秽，表现于诗词就比较‘雅驯’些”。《关雎》之所以乐而不淫、哀而不伤，也就是这个道理。诗歌艺术具有形象的间接性和意象的含蓄性，于是那些具有感性刺激的情境，在诗的炉中一炼，本来的诱惑就消净殆无。二是指表现悲惨恐怖情节的悲剧，借助诗的形式和诗的音调也有助于造成适宜的审美距离。古代悲剧一般都以诗歌体写成，而诗的成分正是构成适宜的审美距离的重要因素。朱光潜说：“它那庄重华美的词藻、和谐悦耳的节奏和韵律、丰富的想象和辉煌的色彩——这一切都使悲剧情节大大高于平凡的人生，而且减弱我们可能感到的悲剧的恐怖。情境越可怖，就越需要抒情的宽慰。”与此相反，报纸上关于因恋爱而杀人之类犯罪新闻的报道，并不能给我们像悲剧那样的印象，从表现形式看，就因为它们没有诗的形式和诗的音调。

再次，诗的欣赏能激发丰富的审美想象。

纯正而健全的审美趣味离不开丰富的想象力，而寓无限于有限的诗的境界最能激发和培养丰富的想象力。正如朱光潜说：“真正的欣赏都有必寓有创造，不仅是被动的接受。诗都以有限寓无限，我们须从语文所直示的有限见出语文所暗示的无限。这种‘见’需要丰富的想象力。所谓想象就是把感官所接受的印象加以综合填补，建立一个整个的境界出来。最重要的是视觉想象，无论读哪一首诗，‘心眼’须大明普照，把它的情景事态看成一个完整境界，如一幕戏或一幅画。有时单‘看’还不够，有气味时须能嗅，有声音时须能听，有运动时须能以皮肤筋肉去感触。”例如欣赏杜甫《江畔独步寻花》：“黄四娘家花满蹊，千朵万朵压枝低。流连戏蝶时时舞，自在娇莺恰恰啼。”如果在想象中眼睛没有看见那春天乡下百花盛开莺啼燕舞的状况，鼻子没有嗅到花香和江边春天的新鲜空气，耳朵没有听见莺啼，皮肤没有觉得暄风丽日，筋肉没有体验到压、舞、流连、自在的风味，而且如果在想象中没有把这一切见闻嗅触综合成为恰如杜甫所经历的境界，我们对于那首诗绝不能算达到真正的欣赏。

正因为诗的欣赏最需要想象，因而读诗也最能激发和形成丰富的想象力；进而又可以用被激起的想象力去感受其他艺术，感受实际人生。正如穆勒所说："描述人类情绪的最深刻的、较为隐秘活动的诗，仅仅能够引起下面这类人的兴趣，他们可以回忆起过去的感受，被诗激起的他们的想象力，使它们构想可能有过的感受，或者在外界环境改变时会引起的感受。"

最后，诗的境界和语言能保证必要的审美时间。

纯正趣味的形成是长时段的精神性磨炼的结果，要求心灵的玩味和孤独的冥想。诗的境界以精练深微为特征，诗的欣赏便为心灵的玩味和深沉的思虑保证了必要的审美时间。朱光潜指出："诗是最精练的情思的表现于最精练的语文，所以比其它种类文学较难了解。有些诗难在情思深微，境界迷离隐约，词藻艰深，典故冷僻，本事隐晦。但是我一望而知其难，便知道要费一番苦心去摸索，不至把它较易放过；费过一番苦心，总可以有豁然贯通的时候。"同时，诗的语言最重要的成分在声音节奏，必须反复吟诵，方能把声音节奏抓住，这种反复吟诵的功夫对审美趣味的形成也有莫大的好处。朱光潜说："声音节奏是情趣的直接的表现，读诗如果只懂得语文意义而不讲求声音节奏，对于诗就多少是门外汉。诗不仅要朗诵，而且要熟读，读熟了，一首诗就常在心中盘旋，成为自己的精神产业的一部分，可以在心中生根发芽，新的领悟会随新的人生经验源源而来，总之，它就在心中活着。"对此，中国古典诗学也有精辟的阐述，如况周颐《惠风词话》曰："读词之法，取前人名句意境绝佳者，将此意境缔构于吾想望中；然后澄思渺虑，以吾身入乎其中而涵咏玩索之。吾性灵与相浃而俱化，乃真实为吾有而外物不能夺。”要使诗之佳趣入我性灵，正在于经历了澄思渺虑、涵咏玩索的工夫。

当今大众文化喧嚣四起，人们的审美愈来愈趋向即时性和肤浅性，而长时段的精神性磨炼被降格到最低的限度，心灵的玩味和深沉的思虑几乎失去了存在的地盘。这无异于把艺术的精魂推向了消亡的边缘，对纯真的审美趣味的形成更是莫大的威胁。如果说美感教育是通向艺术化人生的源头活水，那么要取得最佳效果，养成纯正的趣味，则应当从读诗入手。

六、意象与情趣的契合——艺术境界论

（一）诗的境界

朱光潜论美就是论艺术，论艺术就是论美，沟通美和艺术的理论环节便是意象。意象是艺术的心理本体，艺术是意象的物化形态，“凡是文艺都是根据现实世界而铸成另一超现实的意象世界”。艺术是对现实人生的返照，也是对现实人生的超越，它超越着日常繁复错综的实用世界，进入的是理想化的人生境界。

朱光潜将诗的境界标举为艺术境界，他论诗的境界即是论艺术境界。一方面，“在各种艺术之中，我打交涉最多而了解比较清楚的是文学”；另一方面，“尝以诗词为中土文艺之精髓”，即使西方美学家黑格尔也认为“诗是一切艺术的共同因素，一切艺术里都必有诗”。朱光潜指出，艺术给人一个完整的形象，其自成“一个独立自足的小天地”。传统美学对此有不同的称呼，似都不如王国维的境界精当。“严沧浪所说的‘兴趣’，王渔洋所说的‘神韵’，袁简斋所说的‘性灵’，都只能得其片面。王静安标举‘境界’二字，似较概括。”他正是沿着王国维的路子，把艺术境界析为三端。

1. 艺术境界是审美直觉的结果

朱光潜说：“诗的境界是用‘直觉’见出来的，它是‘直觉的

知’的内容而不是‘名理的知’的内容。”对此，他又引用传统美学中的创作论来对直觉说进行阐发。叶少蕴《石林诗话》曰：“‘池塘生春草，园柳变鸣禽。’世多不解此语为工，盖欲以奇求之耳。此语之工，正在无所用意，猝然与景相遇，借以成章，不假绳削，故非常情所能到。诗家妙处，当须以此为根本，而思苦言难者，往往不悟。”“无所用意，猝然相遇”，可谓审美直觉的极好诠释。思考与联想只是创造诗境的酝酿工作，不能与直觉同时进行，因为心本无二用，且直觉的特色尤在于凝神观照。创造诗境的直觉实质就是灵感或妙悟，“诗的境界的突现都起于灵感。灵感亦并无若何神秘，它就是直觉，就是‘想象’（imagination 原谓意象的形成），也就是禅家所谓‘悟’。”

审美直觉的任务就是成就一个独立自足的境界。朱光潜强调：“古典派学者向来主张艺术须有‘整一’，实在有一个深理在里面，就是要使在读者心中能成为一种完整的独立自足的境界。”论及“艺术作品的整一性与不可分性”，这也是克罗齐审美直觉论的题中之义，克罗齐对此有个精彩比喻：“构思一部悲剧者好像取大量的印象放在熔炉里，把从前所构思成诸表现品和新起的诸表现品熔成一片，正犹如我们把无形式的铜块和最精彩的小铜像同丢在熔炉里一样。那些最精彩的小铜像和铜块一样被熔化，然后才能铸成一座新雕像。”这座新雕像也就是作为审美直觉成果的艺术境界。

2. 艺术境界是意象与情趣的契合

意象与情趣的契合，来源于审美直觉过程中的心与物、情趣与意象的往复交流。朱光潜说：“凡‘见’都带有创造性，‘见’为直觉时尤其是如此。凝视观照之际，心中只有一个完整的孤立的意象，无比较，无分析，无旁涉，结果常致物我两忘而同一，我的情趣与物的意态遂往复交流，不知不觉之中人情与物理互相渗透。”这种相互渗透有两种现象：一种现象是“以人情衡物理”（情往以赠或比德），这就是移情作用（移世界或同化）；另一种现象是“以物理移人情”（兴来如答或物感），这就是内模仿作用（移我情或顺应）。于是在创造性审美直觉中，内在的情趣和外来的意象无不相互融合而相互影响。一方面，情随景而变化，“睹鱼跃鸢飞而欣然自得，闻胡笳暮角则黯然神伤”；另一方面，景也随情而变化，“惜别时蜡烛似乎垂泪，兴到时青山亦觉点头”。从而艺术境界无不情景相契而成，“每首诗的境界都必有‘情趣’和‘意象’两个要素”。

情趣简称情，意象即是景，“情景相生而且相契合无间，情恰能称景，景也恰能传情，这便是诗的境界”。朱光潜进而指出，强调“诗以具体的意象表现具体的情趣”，根本上是着眼于艺术的审美效应。例如杜甫的《闻官军收河南河北》一诗，写离乱时人忽闻乱定准备还乡，整个的具体情境活跃如在目前，才是表现喜的好诗，才能引起同情的了解。所谓“譬如饮水，冷暖自知”。诗不告诉人冷暖，而只是请人饮水自知冷暖。“情趣譬如冷暖，饮水譬如观照意象。”

朱光潜的这些思想和传统美学是相通的。谢榛《四溟诗话》曰：“作诗本乎情景，孤不自成，两不相背。景乃诗之媒，情乃诗之胚，合而为诗。”王夫之《姜斋诗话》曰：“情景虽有在心在物之分，而景生情，情生景，哀乐之触，荣悴之迎，互藏其宅。”精神气息，如出一辙。可以说，朱光潜借助直觉说和移情说，表达了传统抒情美学的精神内涵。

3. 艺术境界是有限与无限的统一

艺术境界作为一个独立自足的小天地，是从混沌而完整、悠久而流动的人生世相中摄取的一刹那、一片段；然而，它经过艺术家的创造，灌注以生命，赋予其理想，便成为一亘古终久的大千宇宙，获得一种超时间性的生命，使后来人能不断地去心领神会。艺术境界作为独立自足的小天地，超出有限的时空性而同时在无数心领神会的心中显现无限形象。朱光潜由此说：“诗的境界是理想境界，是从时间与空间中执著一微点而加以永恒化与普遍化。它可以在无数心灵中继续复现，虽复现而却不落于陈腐，因为它能够在每个欣赏者的当时当境的特殊性格与情趣中吸取新鲜生命。诗的境界在刹那中见终古，在微尘中见大千，在有限中寓无限。”

艺术境界的无限性就在于它的理想性。从本质上说，艺术美是艺术理想的实现，而艺术理想的实现就是艺术意境的诞生。叶燮《原诗》以理、事、情为诗之三要素。诗的境界总是有情、有景或有事；情趣与意象的交融体现一定的理，这个理不是抽象概念，而是道，是审美理想。正是在这个意义上，朱光潜强调诗的境界就是理想境界，从而诗的境界在有限中寓无限。

当然，艺术境界的无限性离不开欣赏者的再创造。瑞士哲人阿米尔说得好：“一片自然风景就是一种心情。”景是各人性格和情趣的反照，情趣不同则景象虽似同而实不同。这道理适用于诗的创造，也适用于诗的欣赏。欣赏一首诗就是再造一首诗，而且，由于欣赏者要凭当时当境的情趣和经验做基础，所以每次再造的都必定是一首新鲜的诗。朱光潜所说的艺术境界的无限性也正包含了欣赏的再创造性：“创造永不会是复演，欣赏也永不会是复演。真正的诗的境界是无限的，永远是新鲜的。”

从上述三方面看，朱光潜以直觉说和移情说为基础的艺术境界论，比之王国维的境界论，概念更明晰，阐述也更缜密。

（二）中西诗歌艺术发展史

在论述了艺术境界的静态审美特征后，朱光潜进而从艺术史的维度对艺术境界进行动态分析，考察了中西诗歌史的发展及其不同特点。

1. 中国诗史分期

从情趣与意象的结合关系出发，把中国古诗的演进分为三个步骤。他说：“首先是情趣逐渐征服意象，中间是征服的完成，后来意象蔚起，几成一种独立自足的境界，自引起一种情趣。第一步是因情生景或因情生文；第二步是情景吻合，情文并茂；第三步是即景生情或因文生情。”从诗歌史看，大略地说，汉魏以前是第一步，以《诗经》和先秦古歌为代表；汉魏时代是第二步，从《古诗十九首》到陶渊明，情景的吻合可算登峰造极；六朝开始是第三步，从大小谢恣情山水起，自然景物的描绘从陪衬到占主要地位。朱光潜指出，从汉魏到六朝“转变的关键是赋”。“赋偏重铺陈景物，把诗人的注意渐从内心变化引到自然界变化方面去。从赋的兴起，中国才有大规模的描写诗；也从赋的兴起，中国诗才渐由情趣富于意象的《国风》转到六朝人意象富于情趣的艳丽之作。”同时从体裁方面看，中国诗之所以走上“律”的道路也是受赋的影响，即律诗有两大特色，“意义的排偶和声音对仗都是受赋的影响”。朱光潜关于中国古代诗史分期的说法，带有黑格尔思辨逻辑的痕迹，但确有较坚实的历史依据，不失为一种比较系统的见解。

2. 中西诗情趣差异

朱光潜指出，诗的情趣随时随地而异，各民族各时代的诗都各有它的特色。拿中国诗和西方诗来说，它们在情趣上就有许多有趣的共同点和差异点，尤其表现在人伦、自然、宗教和哲学这三领域。

首先，中西诗歌最普通的题材是人伦，西方关于人伦的诗大半以恋爱为中心，而恋爱在中国诗中则不如西方诗中重要。原因是多方面的，其中中西恋爱观的差异是重要原因之一。西方人重视恋爱，有“恋爱至上”的口号。中国人重视婚姻而轻视恋爱，真正的恋爱往往见于“桑间濮上”。可以这样说，“西方诗人要在恋爱中实现人生，中国诗人往往只求在恋爱中消遣人生。中国诗人脚踏实地，爱情只是爱情；西方诗人比较能高瞻远瞩，爱情之中都有几分人生哲学和宗教情操”。当然，这并不是说中国诗人不能深于情，不过表现的方式不同：“西方爱情诗大半写于婚媾之前，所以称赞容貌诉申爱慕者最多；中国爱情诗大半写于婚媾之后，所以最佳者往往是惜别悼亡。西方爱情诗最长于‘慕’，中国爱情诗最善于‘怨’。”这一慕一怨，确乎道出了中西爱情诗的特色。

其次，自然情趣的兴起是诗歌发展史上的一件大事，而中国自然诗的发生比西方早一千三百年光景。但中西诗人爱好自然的情趣，多有不同。一是所崇尚的自然意境不同。西方诗人偏于刚性美，中国诗人偏于柔性美。“西方诗人所爱好的自然是大海，是狂风暴雨，是峭崖荒谷，是日景；中国诗人所爱好的自然是明溪疏柳，是微风细雨，是湖光山色，是月景。”二是对自然的态度不同。西方诗人对待自然含有泛神主义的宗教神秘性，中国诗人则以“万物静观皆自得，四时佳兴与人同”的态度看待自然。因而西方诗人在自然中往往能见出一种神秘的巨大力量，中国诗人在自然中只能见到自然。

再次，中西诗歌情趣的宗教和哲学背景也不同。与西方诗歌相比，中国诗达到幽美的境界而没有达到伟大的境界，这不能不归咎于中国诗人哲学思想的平易和宗教情操的淡薄。在此之前看来，儒家思想偏重人事未始不是它的功劳，但它过重人本主义和现世主义而不能向更高远处有所企求。老庄比较儒家固较玄邃，比较西方哲学家仍是偏重人事，很少离开人事而穷究思想的本质和宇宙的来源。他们对中国诗的影响虽很大，但因其思想的平易而未能产生满意的效果。儒道两家学说之外，佛学对中国诗的影响也很深。不过，“佛教只扩大了中国诗情趣的根底，并没有扩大它的哲理的根底”。朱光潜指出：“诗虽不是讨论哲学和宣传宗教的工具，但是它的后面如果没有哲学和宗教，就不易达到深广的境界。诗好比一株花，哲学和宗教好比土壤，土壤不肥沃，根就不能深，花就不能茂。西方诗比中国诗深广，就因为它有较深广的哲学和宗教在培养它的根干。没有柏拉图和斯宾诺莎就没有歌德、华兹华斯和雪莱诸人所表现的理想主义和泛神主义；没有宗教就没有希腊的悲剧，但丁的《神曲》和弥尔顿的《失乐园》。”

（三）文艺与道德

朱光潜从表现主义美学出发认为艺术境界是审美直觉的成果；而形象的直觉是孤立绝缘、物我两忘的凝神观照。那么，这是否意味艺术的美与道德的善无关，艺术纯粹是超现实非功利的呢？朱光潜既反对“为道德而艺术”，也反对“为艺术而艺术”，他崇尚的是“没有道德目的而有道德影响”的艺术。这是一个充满审美辩证法的深刻见解，也是他考察了文艺与道德相互关系的历史变迁后提出的重要理论命题。

在历史上文艺与道德的问题闹了两千余年之久，许多伟大的思想家和艺术家都卷入战团，一直没有得到一个结局。为什么？朱光潜指出，关键在于从前人们讨论这问题的态度和方法都有很大的缺陷，“就态度说，他们都先很武断地坚持一种信仰而后找理由来拥护它。就方法说，他们对于文艺和道德的关系，不是笼统地肯定其存在，就是笼统地否认其存在”。其实，“就某种观点看，文艺与道德密切相关，是不成问题的；就另一种观点看，文艺与道德应该分开，也是不成问题的。从前人的错误在没有认清文艺和道德在哪几方面有关系，在哪几方面没有关系，于是‘文艺与道德有关’和‘为文艺而文艺’两说便成为永远不可调和的冲突”。答案的谬误往往是由于问题的暧昧，有鉴于此，朱光潜对文艺与道德关系的研究，力避笼统宽泛之论，力求正确提问，并注重具体分析。他首先从艺术作品实际出发，分析了文艺与道德关系的不同表现；进而从美感经验过程出发，分析了文艺产生道德影响的独特方式。

1. 文艺与道德的关系

以文艺与道德关系为标准，艺术作品可分为三类：一般认为不道德者、有道德目的者、有道德影响者。

一般认为不道德者，主要是坊间流行的内容淫秽格调低下的黄色作品，或宣传打斗和艳情的畅销物等。这类作品要么本身无艺术可言，要么即使有艺术性，作者用意也不在追求艺术，而是造成感官刺激，对读者和社会都只有坏影响，甚至可以说是“在生命的源头下毒”。人比其他动物高尚，就因为在饮食男女之外，还有较崇高的追求。文艺的责任在促进这追求，而不是把人引向完全动物式的蝇营狗苟的生活。作者写这类作品，“大半愿意迎合群众的心理弱点，借艺术的旗帜，干市侩的勾当，不仅在道德上是罪人，从艺术观点看，他们尤应受谴责”。因此朱光潜认为，“他们的作品根本不是艺术，所以不能作道德与艺术问题的论证”；相反，应当“用法律去制止它”，“用舆论去制裁它”，“用教育去防范它”。

所谓有道德目的者，是指作者有意要在作品中寓道德教训。这类作品不能一概而论，从实际情况看可分两种：一种虽寓道德教训而具极大艺术价值。如但丁的《神曲》、班杨的《天路历程》、弥尔顿的《失乐园》、雨果的《悲惨世界》、托尔斯泰的小说以及易卜生、萧伯纳诸人的戏剧，作品明显表现了宣扬人生信仰或道德观念的意味，却并不动摇其作为世界名著的地位；一种则高唱道德教义而无艺术价值。如中国无数的“劝善书”和“阴骘文”、法国大革命时代带宣传性的戏剧、华兹华斯宣传教义的十四行诗等，都是显著的例子。有鉴于此，朱光潜指出，我们不能因为作者有道德目的，就断定他的作品好或坏，关键是看表现什么样的道德内容，用什么方式去表现。

尽管有道德目的者不妨成为真正有艺术价值的作品，朱光潜仍反对在作品中作狭隘的道德宣传，推崇“没有道德目的而有道德影响”的艺术作品。首先，应当分清有道德影响与有道德目的。有道德目的，是指作者有意宣传一种主义，拿文艺来做工具；有道德影响是指读者读过一种艺术作品之后在气质或思想方面发生较大的变化。前者往往有意为之而适得其反，后者无所为而为却有积极效应。进而他认为，“最可注意的是没有道德目的的作品往往可以发生最高的道德影响。”如莎士比亚的悲剧，就目的来说，并没有道德主张要宣传；就内容来说，悲剧的事迹如女逐父、夫杀妻、臣叛君、弟弑兄之类大半是不道德的。但人们真正了解一部悲剧之后，精神并不颓丧，相反觉得感发兴起，一方面情感仿佛经过一番净化和尊严化，一方面对于人生世相也得到一种更深刻的观照。因此可说，“凡是第一流的作品都没有道德目的而有道德影响”。这类作品，或是安慰情感，或是启发性灵，或是洗涤胸襟，或是表现对人生的深广的观照；一个人真正欣赏过它们以后，思想气质和人格精神必然会提高到一个新的境界。

康德在《判断力批判》中，一方面强调“审美是一种无目的的合目的性”，另一方面又提出“美是道德的象征”。信仰而谙熟康德美学的朱光潜提出“没有道德目的而有道德影响”的看法，无疑与之有一定关系，但并非简单重复康德思想。康德的“无目的合目的性”的学说，从本质上是维护文艺绝对的超功利性的。朱光潜的没有道德目的而有道德影响的观点，在维护文艺超功利、超现实特征的同时，又肯定了文艺与现实的联系及社会功利作用。他从有机整体观念出发，一方面坚持了文艺的独立性和文艺表现人生世相的特殊方式，另一方面又强调了文艺的社会性及其对现实人生的影响，使艺术性和社会性的矛盾双方达到了辩证统一。

2. 文艺影响道德的独特性

文艺的道德影响是通过什么方式、在什么意义上实现的？朱光潜主张把美感经验和艺术活动分开；把美感的形象直觉和艺术的道德影响分开；又在审美活动和社会活动的大背景上，把美感经验分为“在美感经验中”、“在美感经验前”和“在美感经验后”三个阶段，具体分析文艺产生道德影响的方式和特点。

在美感经验中，即在心中猛然见到一个完整优美意象的瞬间，不论作者和读者都会暂时忘却名理的判断和道德的思考。比如西门庆引诱潘金莲原是不道德的行为，武松拒绝潘金莲的引诱原是道德的行为，但在《金瓶梅》和《水浒》的作者和读者看，这两部作品同样入情入理、生动有趣。作者塑造武松、西门庆和潘金莲的角色时，心中想的是如何把他们写得栩栩如生，而不是对他们下道德判断，若时时想到下道德判断，必然会破坏形象的逼真性。同样，读者欣赏这些人物形象时，在觉得生动有趣入情入理的顷刻，也只用直觉观赏纯意象而无暇对人物形象取道德的态度。因此朱光潜认为，在美感经验发生的顷刻，往往唯有形象的直觉而并不发生道德的影响。

美感经验毕竟只是人的生活中稍纵即逝的暂时现象，艺术活动决不限于短促的稍纵即逝美感经验。一个艺术家在突然得到灵感见到意象之前，往往经过长久的预备，因为，灵感的出现是他长久的学问修养、生活经验以及观察和思考种种人生问题的结果。朱光潜说："稍纵即逝的直觉嵌在繁复的人生中，好比沙漠中的湖泽，看来虽似无头无尾，实在伏源深广。一顷刻的美感经验往往有几千万年的遗传性和毕生的经验学问做背景。道德观念也是这许多繁复因素中一个重要的节目。"这就是说，早在一个艺术家会产生何种艺术灵感、会创造怎样的艺术形象之前，他的实际生活、学问修养、个人性情以及道德观念等等，在无形中已指定了大致方向。因此，像莎士比亚或陶渊明这些作家，虽"无意于表现道德观而道德观自现"。同样，就读者方面说，一个人的道德修养和道德观念，也往往会影响到他审美趣味的形成，从而制约其审美对象的选择和审美欣赏的过程。

在美感经验之后，文艺能发生道德的影响，连形式派美学家也并不否认。这有两种情况，一种如屈原、阮籍、杜甫、白居易、陆游、元好问诸人的诗，大部分元曲及一般讽刺作品，作者原来有意或无意地渗透一种人生态度和道德信仰到作品里去，人们在欣赏评论时就不能不顾及这种人生态度和道德信仰的价值。读屈原和杜甫的诗，他们的高尚人格和忧世忧君的热忱，必然会通过诗情感染读者、影响读者；另一种如陶渊明的《桃花源记》、谢灵运和王维的山水诗及柳宗元的山水游记等，虽然没有任何道德说教的成分，但通过欣赏他们所创造的艺术妙境，仍能潜移默化地受到陶冶性情的影响。

从美学经验的全过程看，艺术的道德影响和社会效应，集中产生于美感经验之后。那么，文艺能产生怎样的道德影响？对于文艺的接受者来说，是接受直接的道德教训，还是建立道德的人性基础。朱光潜认为，文艺的道德影响决不是一般的道德说教或道德信条，而是启发人们对人生世相的认识而奠定道德的人性基础。道德是人们处理人与人、人与社会关系的准则。道德准则运用得是否得当，完全要看对人生世相了解的程度如何。艺术是启发人生自然秘奥的灵钥，“它伸展同情，扩充想象，增加对于人情物理的深广真确的认识。这三件事是一切真正道德的基础”。艺术正是通过请示人生奥秘的独特方式，为建立道德的人性基础，发挥其独特的道德影响的。雪莱说得好：“道德中最大的秘密是爱，亦即是暂时舍弃我们自己的本性，而把别人在思想、行为或人格上的美视若自己的美。要做一个至善的人，必须有深刻而周密的想象力；他必须设身于旁人或众人的地位上，必须把同胞的苦乐当作自己的苦乐。想象是实现道德上的善的伟大工具；而诗则作用于原因，以求有助于结果。”换言之，艺术唤醒人心并且扩大人心的领域，使它成为能容纳许多未被理解的思想结合体的渊薮；艺术能增进人类的德性，正如锻炼能增强我们的肢体。总之，艺术从这种根本地方下手，所以它能和伦理学一起殊途同归地对道德产生影响。

艺术没有道德目的而有道德影响，和艺术启示人生以建立道德的人性基础，这两大命题是朱光潜关于文艺与道德的关系及文艺社会功利性的重要理论贡献。从揭示艺术的特殊社会功能出发，朱光潜进而阐述人生艺术化的美育思想。

美学的散步者——宗白华

我生命的流
是海洋上的云波
永远地照见了海天的蔚蓝无尽。
我生命的流
是小河上的微波
永远地映着了两岸的青山碧树。
我生命的流
是琴弦上的音波
永远地绕住了松间的秋星明月。
我生命的流
是她心泉上的情波
永远地萦住了她胸中的昼夜思潮。

——宗白华

安庆，别称“宜城”。自南宋绍兴年间置安庆郡，得名安庆。嘉定十年（1760）至民国二十六年（1937）间，安庆成为安徽省会所在地和全省政治、经济、文化中心。

历史上的安庆，人杰地灵，不仅发源了文学史上著名的桐城派，近代以后又出了新文化运动的先驱陈独秀、京剧鼻祖程长庚、《啼笑因缘》作者张恨水、著名黄梅戏表演艺术家严凤英、著名美学家朱光潜等。曾被汉武帝封为南岳的天柱山就坐落在安庆潜山境内。

秀美的自然风光，独特的古皖文化，使安庆成为名副其实的历史文化名城。自称“半个安庆人”的著名美学家宗白华就出生在这个地方。

一、生平及启蒙之路

1897年12月15日（光绪丁酉年农历十一月二十二日）。冬日的阳光暖暖地照着街道上的青砖。安庆小南门的方氏大宅，一个男孩在外祖父家呱呱坠地。长辈们为这位刚刚来到人世的宗门长子取名之隗，字伯华。“隗”乃北斗之意，以之取名，足见宗氏家长在这位新生儿身上寄予了何等的厚望。

果然，宗之隗——宗白华没有辜负这份来自家族的殷殷期望。在现当代中国美学的历史上，“宗白华”成了一个响当当的名字；

宗白华教授，成为学界景仰、学富五车的一代美学宗师。

宗氏一门，祖籍浙江杭州。其先祖宗泽，是宋代著名的民族英雄。宗泽死后，葬于润州（今江苏镇江），其后代至12世孙宗世臣，自元代时举家从祖居地迁到了江苏的常熟县，在此侨居，休养生息。宗白华的祖父乃宗泽第25代后裔，是一个很有学问的晚清秀才，在当地开馆授书，至敦至笃，受人敬重。外祖父方守彝（字伦舒），则是清中叶著名散文家，诗人方苞的后代，也是皖西南境内颇负盛名的诗人。

少年宗白华很幸运。他生活在一个书香气息十分浓郁的知识分子家庭。

传统文士家庭的人文渊源，潜移默化着宗白华的少年心灵，对他日后的学问道路有着很深的启蒙意义。

父亲宗嘉禄（字受于），早先也承续了家庭传统，潜心科举。就在宗白华出世的那一年，宗嘉禄高中丁举人，但遵祖训不为满清做官。

生活在那样一个社会风云变幻更迭、新思潮新“主义”层层涌动的时代，宗嘉禄也像当时许多身处新旧转换境遇中的文化人一样，是一个思想开放、赞同变法、拥护维新的进步知识分子。辛亥革命后，1916年，宗嘉禄被当时的安徽都督柏文蔚任命为安徽省导测测量局局长，组织水利测量队，遍测淮河流域各条支流，具体参与了淮河的治理工作。他组织人力，在皖北开辟淮河200多里，引水道改入洪泽湖，使得荒芜百余年的灵泗各个湖荡变为良田，淮河、泗水流域各县大量土地直接或间接地从中受益。

不过，宗嘉禄个人的爱好和兴趣，更多还是在水利研究和地理教学上。为了借鉴国外先进经验以实现自己的教育改革理想，宗嘉禄曾不远千里，东渡日本，进行了实地考察和学习，并于回国后出任了江南高中二等商业学堂校长。在这所由清末立宪派领袖张謇亲任督办的新式学校里，宗嘉禄顺应时势，大胆革新，延聘了一批新型的商业金融人才，其中不少人日后还担任了各种要职。宗嘉禄自己则终身矢志教育事业，曾在1932年到1933年间，先后到包括中央大学、安徽大学等在内的数所大学任教，开设水利课程，以自己数十年实践经验和研究心得，为学生讲授淮河治理问题，并著有《淮河流域地理与到淮问题》等著作。

家族传统的熏陶，祖辈的光荣，父亲的言传身教，深深地影响宗白华的人生选择。宗白华不仅很早就从父亲那里接受到了当时的一些新思想、新知识，学会从大千自然纷繁复杂、变动不居的景象中反观社会与人生，还注意吸收自然科学的研究成果，因而思维活跃、眼界开阔。尤其是父亲一生对于教育、科学事业的那种热诚与执著，更是直接启发、感染了宗白华，使他从青年时代开始，就树立起“教育救国”的理想。与此同时，父亲走过的道路也引导宗白华立志把自己一生奉献给中国的教育事业，全身心沉潜于美学、艺术和哲学的研究之中。

在宗白华的众多亲戚里，还有不少的当时颇具声名的文化人：比宗白华小4岁的女作家方令孺，是他的姨妈；著名戏剧导演方管德、“新月派”著名诗人方纬德、著名学者舒芜，都是宗白华的表弟。他们的事业和行动，对于宗白华一生挚爱艺术，抱定唯美和创造的人生理想来理解生活、感受生活，都这样那样地发生着潜在而微妙的影响。

1905年9月，宗嘉禄应聘就任南京思益小学地理教员。江南的暑热尚未完全消尽，8岁的宗白华便随父亲一起，来到了这所南京第一、也是中国最早兴办的新式小学之一读书，受业于胡子靖、陶宾南、柳翼谋等名师。

从此，宗白华便与这六朝金粉之地、江南文化名城结下了难以忘怀的缠绵情缘，经历了他在自然怀抱里热情幻想、深情体味的最初时光。

风烟清寂的郊外，天空流行的白云，覆桥成畔的青春垂柳，成了宗白华童心中最亲密的伴侣。清凉山、扫叶楼、雨花台、莫愁湖，是他同几个要好的小伙伴每个星期天步行游玩的地方。“拾石雨花，寻诗扫叶”，秀美的湖山清景在宗白华心里引起了莫大的好奇与深深的感动。一种浪漫的情思，一份遥远的深情，引领少年宗白华在远寺的钟声里，在落日的晚霞里，在幽密的树林里，有所不安、有所追寻、有所相思。

20 多年后，宗白华在《我和诗》一文里，深情向往地追忆了金陵城里这段美好而无忧的少年岁月：“一种无名的隔世的相思，鼓荡着一股心神不安的情调；尤其是在夜里，独自睡在床上，顶爱那远远的箫笛声，那时心中有一缕说不出的深切的凄凉的感觉，和说不出的幸福的感觉结合在一起；我仿佛和那窗外的月光雾光熔化为一，漂浮在树杪林间，随着箫声、笛声孤寂而远引——这时我的心最快乐。”“我喜欢一个人坐在水边石上看天上白云的变幻，心里浮着幼稚的幻想”；“都市里没有好风景，天上的流云，常时幻出海岛沙洲，峰峦湖沼。我有一天私自就云的各样境界，分别汉代的云、唐代的云、抒情的云、戏剧的云等等，很想做一个‘云谱’”。日后，这位中国的诗人、哲学家、美学家、艺术鉴赏家，在他少年的多情与梦幻里，已经替自己创造性构建了一个自由活跃、奇异多情、清丽悠远的艺术想象天地。

1909 年，宗白华升入南京第一模范高小，继续接受新式的知识教育。

15岁那年，宗白华又考入南京金陵中学，开始学习英文。但是，半年以后，不期然而至的一场大病，却让宗白华不得不离开学校，回到家中养病。

病愈不久，宗白华便扶着虚弱的身体，来到风光秀丽的海滨名城青岛。在一个亲戚的介绍下，他进了当时由德国人开办的青岛大学中学部，开始研修德文。

景色宜人的青岛，给这位来自鱼米之乡的少年以一种全然新鲜的心灵体会。

生活是诗。在青岛的半年里，宗白华尽管没有读一首诗，也没有写一首诗，但那段日子却是他生命里最富于画意诗境的时刻。年轻的心襟时时像春天的天空，晴朗愉快，没有一点尘滓。

栈桥、崂山、八大关……美丽的海滨，留下了宗白华悠然俊美的身影。晨起缥缈的海雾，暮色朦胧中的涛声，将大自然神秘伟大的灵动生命送入他的心间。尤其那清凉湿润的海风，日日吹拂着宗白华敏感的神经，给了他极大的精神安慰，也吹醒了他心灵的成年。如同以往喜欢云一样，在这里，宗白华喜欢大海，喜欢月夜的海、星夜的海、狂风怒号的海、清晨晓雾的海、落照里几点遥远的白帆掩映着的一望无尽的金碧的海：

星河流碧夜，海水激蓝空。
远峰载明月，仿佛君之容。
想君正念我，清夜入梦来。

——《海上》

今夜明月的流光映在我的心花上。
我悄立海边仰听星天的清响。
一朵孤花在我身边睡了，我把着她梦里的芬芳。

啊，梦呀！梦呀！

明月的梦呀！

她在寻梦里的情人，我有念月下的故乡！

——《东海滨》

海涛万状，柔波软语。凭海临风，宗白华常自在崖边孤立独坐，浮想联翩，万千感悟在他的心中涌动：世界是美丽的，生命是壮阔的，大海便是这世界和生命的象征。

1914年的夏天，宗白华来到了中国第一大都市——上海。那时，外祖父方守彝已经带着宗白华的母亲和弟弟移居沪上。在准备进入同济医工学堂之前的短短几个月时间里，宗白华与外祖父和母亲住在一起，昼伺夜伴，直接受着博学多艺的外祖父的熏陶。每天晨起，祖孙两人便一同来到自家的小花园里，老人手捧一部《剑南诗钞》，他则学着外祖父的样子，平生头一回正经读起古人诗集来。这以后，宗白华又曾从书店里买了一部日本版小字的王维、孟浩然诗集，唐代大诗人那优美的绝句，境界闲和静默，态度天真自然，很是投合他内心的情味。尤其是王维诗境的清丽淡远，更令他颇多颖悟。“行到水穷处，坐看云起时”，摩诘的这两句诗，那时就常常挂在了他的口边。

除了唐代绝句，宗白华也时常和三两知心好友一起，喜欢朗诵当时由黄仲苏翻译的印度大诗人泰戈尔的《园丁集》。泰戈尔诗句里透出的那份苍凉幽咽、一往情深，时时引发他心中一股宇宙遥远的相思哀感。

正是这段日子里的读诗生活，为宗白华以后的诗歌创作打下了很好基础。用他自己的话说：“后来我爱写小诗、短诗，可以说是承受唐人绝句的影响，和日本的俳句毫不相干，泰戈尔的影响也不大。”

这一年的秋天，在伯父宗伯翱的引荐下，宗白华转学到了德国人在上海创办的同济医工学堂中学部（又称“语言科”）二年级，继续自己的学业。

依照当时同济的学制，在校学生必须修满4年德文，才能获准升入大学预科深造。宗白华因为此前已在青岛学过德文，有了比较好的基础，进入同济医工学堂后的课业成绩又非常优秀，每次考试总是名列前茅，因而备受德籍教师迪斯莱兹的青睐，并于1916年夏天顺利毕业，升入大学医预科。

第一次世界大战前夕，法德两国交恶。这场发生在欧洲的列强纠纷，很快便波及两国各自在中国的权益分割。1917年3月中旬，原先设在上海法租界内的同济医工学堂，被法国驻沪总领事下令解散。过了一段时间，学校由北洋政府教育部接管，改为中国自办，迁至吴淞并更名为“私立同济医工专门学校”。宗白华与其他同学一起重返校上课。

经历了这段人生第一场的曲折变故，加之亲自感受到了第一次世界大战爆发后生灵所遭受的毁灭性打击，以及1917年8月日本出兵占领中国山东所带来的巨大的民族屈辱感，这些，都在宗白华内心里形成了很大的震动。他开始关心国家、民族的现状和命运，关心当时的社会时政，内心中那份爱国主义的情绪日渐浓厚。此时，宗白华已无心学医，便自己在家花了很大精力来研读德文文学和哲学，包括歌德、席勒、荷尔德林等人的诗歌，以及康德、叔本华、尼采的著作。贯穿宗白华一生的哲学、美学研究活动，正是从这个时候开始了它最初的、也是艰难的第一步。

那时，宗白华极为倾心于庄子、康德、叔本华、尼采和歌德的思想成就。庄子的崇尚自然、得意忘言、反对雕饰、虚静坐忘的哲学态度和人格理想，深深应和了宗白华深心里对于自然的那份热爱与追慕。在他眼里，庄子不仅是中国思想史上最与自然接近、最富于生命的自觉体验的人，同时也是最富于创造性的伟大思想家。

与此同时，康德、叔本华、尼采和歌德，也相继在宗白华年轻的心灵天空出现，在他的精神人格发展道路上留下了不可磨灭的印痕。或许，刚开始的时候，这里面还存有几分巧合：从进中学开始，宗白华一直就没有中断自己的德文学习，而阅读康德、叔本华等人的著作，起初正是出于学习外语的动机（1918 年夏，宗白华从同济学堂毕业时，因成绩优秀所获学校奖励的，正是一部康德的《纯粹理性批判》）。然而，当他完全沉浸到这些伟大思想的睿智文字之中，自发的语言学习动机便转而成为一种自觉的思想探问。

宗白华如饥似渴地阅读他们的著作，在每一个字符上寻找着人类理性的足印。他曾拿康德的哲学理论与中国佛学相比较，认为“佛家性宗谓诸法即空即假即中，与康德之意，不谋而合。东西圣人，心同理同”；“康德哲学已到佛学的直觉”。而“拿叔本华的眼睛看世界，拿歌德的精神做人”，则不仅是宗白华此时的个人生活口号，也是他拿来作为个人生命价值座底的目标。它预示着，从一开始，宗白华就站在了那个时代的较高的思想起点上——严密的哲学逻辑与认真的科学分析精神，以及对于人类生命价值真谛的真切关怀和细微体验，乃是这一思想起点的本质内涵。

1917 年 6 月，在当时上海泰东书局出版的《丙辰》杂志第 4 期上，宗白华发表了他平生第一篇哲学论文——《萧彭浩哲学大意》。在这篇文章中，宗白华向世人初步展示了他的哲学异禀。他依据叔本华的哲学观念，结合自己对欧洲哲学发展历程的基本认识，认为哲学上的唯物论和唯心论的纷争“皆坠独断”，而“超乎心物两者之上，立于两相之后，发而为心，因而见外物者，厥维意志”。为此，他由衷地推崇叔本华的唯意志论哲学，认为它“含义闳深，颇契佛理，且一切取证于科学，以发阐其形而上之理，今之唯物学派，所不能难也”。而在介绍叔本华哲学的同时，他又特别指出：“一切意志，唯是求生。但此欲无尽，可暂止而不可永息。有所欲者，以有所缺，有所缺而不可得，则苦；既得，则为时不久，又觉无聊，无聊亦苦。盖人本体为欲，无所欲，则觉此生如负重也。人之一生，往来于苦与无聊间而已。唯天才能忘其小己，用其心于宇宙观察……唯纯然客观，不动于心，不生私念，然后著之书册，形之歌咏，笔之图画，写之小说，宇宙现象之真，于焉以得，此天才之有益人世者也。”由于叔本华唯意志论“自以消灭意志，其次博爱大悲，再次则公正不害”为最高伦理目的，因而它又与老子之“道”讲求清静无为，“非直接消灭意志”……也就在这篇论文中，宗白华第一次明确表白了自己对宇宙人生的最基本的价值体悟：“无限之同情，悲悯一切众生，为道德极则。此其意志中已觉宇宙为一体，无空间中之分别”，“盖宇宙一体，无所欲也，再进则一直完全消灭，清净涅槃，一切境界，尽皆消灭”。这一观点，不仅是宗白华初步探讨叔本华哲学的心得，同样也联系了他自己后来的美学与艺术研究。在宗白华美学思想的形成过程中，我们可以发现，正是这种对人生意志和欲望的理解，对人与自然、社会的“同情”、“一体”关系的自觉把握，往往直接成为宗白华把握、理解升华与审美及其关系的基本观念前提。

《萧彭浩哲学大意》一文，是现代中国学术界继明末清初著

名学者王国维向中国人介绍叔本华之后，10 年来第一篇专题介绍、探讨叔本华思想学说的文章，在当时学术界和社会上都产生了不小的影响。文章一发表，便受到中国学术界的关注。时任《丙辰》主编的郑立三先生，还亲自为宗白华的这篇文章写了注解。此后，宗白华又陆续撰写、发表了《康德唯心哲学大意》、《康德空间唯心说》、《说人生观》等哲学文章。其中，《康德唯心哲学大意》和《康德空间唯心说》曾先后发表在 1919 年 5 月 16 日、5 月 22 日北京出版的《晨报》和副刊《哲学丛谈》上，内中着重介绍了近代德国哲学家康德的基本哲学观念，并将其与中国的佛学理论相比较，强调“宇宙诸项，不能离空时以现。而空时自相，竟不可觉。吾人但见诸物，不见真空，但觉事变，不觉真时，而时间空间，心相宛然，不能舍空时以思物”，而“康德书中，最精两语，即使说一切诸法，具有形下实相（对形下之心言），而同时为形上虚像（对形上之心言），事理无二，几于佛矣”，“佛家性宗谓诸法即空即假即中，与康德之意，不谋而合”。从此，宗白华正式走上了漫漫的学问探求之路，毕其一生，在中西思想的广阔海洋里左右搏击、上下求索。

二、生命历程

由于受家庭以及当时的“科学救国”、“教育救国”思潮影响，从很早起，宗白华就立志以教育为自己的事业目标。

1920 年，刚到德国不久，宗白华便在一份致“少年中国学会”的信中，郑重地声明：从事教育是他“将来终身维持生活之方式”。1925 年冬，在《少年中国学会改组委员会调查表》的“今后从事的职业”一栏里，宗白华填的依旧还是“教育”。

1925 年 12 月，经由常熟同乡、小说家曾朴介绍，宗白华来到南京东南大学哲学系任副教授。1928 年 5 月，东南大学改名为中央大学，宗白华继续受聘为哲学系教授。

从此，宗白华走上了一生不悔的学术研究、教书育人之路。

在东南大学和中央大学哲学系，宗白华曾先后与方东美、牟宗三、许世园、陈康、何兆清等学者同事。这其中，又以同著名哲学家、佛学专家汤用彤的交谊最深。

当时，比他大4岁的汤用彤，已经是东南大学哲学系的教授，以后又担任了中央大学哲学系主任。这位毕业于美国哈佛大学研究院的大学者，专治佛学史和中国哲学史，对于佛学与玄学的关系、魏晋玄学的言意之辩等都有深湛的见识。而宗白华青年时期最爱读的，就是那词句优美的《华严经》——伟大庄严的佛理境界常常投合了他心中潜在的哲学冥想，并视“圆融无碍”为人的最高认识境界。同时，他又极为喜爱唐代大诗人王维、柳宗元等人绝句中闲和静穆的意境、天真自然的态度、寓秾丽于冲淡之中的审美情趣。禅宗的不立文字、直指人心、见性成佛、顿见真如本性的超感性论，魏晋玄学的得意忘象、得意忘言，以及叔本华的在直观中沉浸、主客为一和忘情于无意志的审美直观，这些思想在宗白华那里都是相通的。这样，他与汤用彤一个在哲学系讲授佛学，一个在学生中讲授美学、艺术学，彼此因着理想、趣味的相投而相互赏识，交往日深，常常就学问和人生问题进行深入的交流。1930年，汤用彤前往北京大学哲学系任教，行前便推荐宗白华继任了中央大学哲学系主任一职。

1928年，徐悲鸿来到中央大学，担任艺术系教授、系主任。两个好朋友又成了好同事。徐悲鸿曾将自己的作品及收藏的西方绘画名作复制品赠送给宗白华，其中最有名的，当属他创作于1931年的一幅油画《日长如小年》。

20世纪三四十年代，宗白华与当时同在中央大学当教授的吴梅、柳诒徽、胡小石、汪辟疆、范存忠、徐仲年、谢国祯、李长之等结成了好友，并与校外的欧阳竟无、舒新城、盛成等也有许多往来。著名戏曲研究专家吴梅去世后，宗白华曾专门在他主编的渝版

《时事新报学灯》上组织了一个纪念专版，发表陈立夫等人撰写的悼念文章，并亲自写就“编辑后语”，称赞其“以文人而知音，阐发了曲的文学价值，同时提高了文学的音乐性”，“为人长厚，深于情，而刚毅有气节”，为“一代词宗”。

抗日战争时期，在重庆，宗白华与陈之佛、司徒乔、傅抱石、吕斯百等接触颇多，多次在报刊上介绍他们的作品。他还与历史学家商承祚、建筑学家梁思成、美术理论家常任侠等共同发起组织了“中国艺术史学会”，专事中国艺术和艺术理论的发掘、研究与宣传。

除此之外，因为写新诗、研究新诗的缘故，宗白华与当时的一些著名的新诗诗人，如徐志摩、方令儒、方纬德、陈梦家等有着很多的交往。方纬德、陈梦家两人当时被称为“大学诗人”，曾得到过宗白华的不少指导。而1931年，汪铭竹、孙望、程千帆等人在南京组织“土星笔会”，出版《诗帆》月刊，宗白华不仅担任了“笔会”顾问，还经常参加他们的聚会，一起探讨新诗创作中出现的问题，向这些喜爱诗歌的年轻学生提供了许多具体指导。

从20世纪20年代到40年代，宗白华先后在东南大学、中央大学为学生开设了《美学》、《艺术学》、《形上学》、《叔本华哲学》、《尼采哲学》、《斯潘格耐（O. Spengler）的〈西方之衰落〉》、《康德哲学》、《歌德》、《文艺复兴时期艺术》等课程。其中，《美学》和《艺术学》既为当时中国国内大学哲学系首次开设的课程，也是中文系、艺术系、建筑系第一次开设的课程。在东南大学和中央大学，这两门课一直由宗白华开设到1948年。

在课堂上，宗白华熔中西文化、中西艺术和美学于一炉，深入浅出，发阐幽微。其议论之精到，诗意之盎然，引来学生们浓厚的听课兴趣，在当时的校园里产生了很大的轰动。如在讲授《文艺复兴时期艺术》时，虽然课上没有发讲义，但由于宗白华的讲述常常结合了自己在欧洲游历时的亲身经历和体会，故而在娓娓道来之际，常常使听讲者仿佛如临其境，感同身受。学生们把教室挤得满满的，甚至连窗外也围了许多同学。当时，除了哲学系的不少学生以外，中文系、艺术系、外文系、法律系、经济系、社会学系的不少学生都选修了宗白华的《美学》课，就连艺术系的讲师潘张玉良、张书旗等也前来旁听这门课。后来的一些知名学者、艺术家，如王起、常任侠、唐君毅、蒋孔阳、熊伟、张月超、吴作人、张安治、艾中信等，那时都是宗白华课上的学生。美学家、复旦大学教授蒋孔阳日后曾回忆道："宗老讲课，我感到有'目中无人'之概。那就是说，宗老讲课时，全神贯注在他的讲演中，根本不看学生。学生多，他这样讲；学生少，他也这样讲。他完全陶醉在自己的讲课中，而不关心学生听不听他的讲课。正因为这样，所以他的课，除了内容的丰富不俗外，本身就是一种精神感染力，使你觉得这位老师讲的是出自他的肺腑，是他真心诚意所相信的。因此，我们听时，也就油然有一种尊敬的感情。"

1949年，中华人民共和国成立。中央大学改名南京大学，宗白华继续担任哲学系美学教授。

1952年4月，当时教育部参照前苏联的高校制度，在全国范围进行高校院系调整，把各地高校中原有的哲学系一起并入了北京大学。下半年，宗白华被调北京大学哲学系，先后在西方哲学史教研室和中国哲学史教研室工作。此时的北京大学哲学系，虽然知名学者云集，但大多没有什么具体的教学任务，美学在当时更是毫无用武之地。那段时间里，宗白华唯一能做的，就是整理自己以前的旧著。1953年，他曾联系出版社，想把自己1948年编就的一册美学论文集《艺境》付梓发行，但在当时条件下终未成功。

1960年，北京大学为培训预备开美学课的高校教师，特设美学教研室。在周恩来总理的亲自关心下，宗白华来到了哲学系新成立的美学教研室，与北大的另一位著名美学家朱光潜教授，分别主编《中国美学史》和《西方美学史》。这期间，他与已是北京大学副校长的汤用彤先生在接受《光明日报》记者采访的时候，共同呼吁重视发掘中国艺术史的丰富资料，以便从更广泛的文化背景上充实、深化中国美学史的研究。在宗白华看来，中国的美学思想既渊源于对具体艺术实践的总结，又回过头来具体影响着艺术实践的发展；一些过去时代的文人笔记和艺人心得，虽然只言片语，其中却有着许多精深的美学见解。然而，以往人们研究中国思想，很少注意从古代文献里收集散见的艺术史材料，所以，“研究中国美学史的人应当打破过去的一些成见，而从中国极为丰富的艺术成就和艺人的艺术思想里，去考察中国美学思想的特点”。这一思想，在宗白华后来的《中国美学史中重要问题的初步探索》一文中得到了进一步的发挥。只可惜，在当时编写《中国美学史》的过程中，由于参加者之间出现了意见分歧，宗白华的这个思想没有能够得到很好贯彻，而该书最终也未能如朱光潜的《西方美学史》那样顺利问世。不过，在宗白华的指导下，当时北京大学哲学系美学教研室开始着手编辑《中国美学史资料选编》，并于1963年完成了初稿。

1962年，宗白华用了两个星期的时间，分别为北京大学哲学系、中文系的学生开设了“中国美学史专题”课。同年，他又为中国人民大学开设了“中国美学专题讲座”。1964年，宗白华应邀到郑州大学讲学，沿途游览了龙门石窟、白马寺，观赏了洛阳牡丹。

宗白华的一生，兢兢从事于哲学、美学和艺术的理论研究，尤其在中国美学、中国艺术，以及中西比较文学和艺术领域，独树一帜，发表了许多为学术界所称道、推崇的深刻思想，为现当代这个梦想的发展作出了卓越贡献。

早在20世纪30年代，宗白华对于歌德的介绍和研究，便在这个学术界有着开拓性的意义。他撰写的《歌德之人生启示》、《歌德的〈少年维特之烦恼〉》等文章，细致深入地研究了歌德唯物论的泛神论思想，强调以歌德的宇宙观、人生观为楷模，也就是要结合西方文明自强不息的精神和东方乐天知命宁静致远的智慧。这些研究成果，在当时就被学术界誉为“国人论歌德的文章中最精致的”。迄今，在海外学者中，宗白华仍享有“现代中国的歌德权威”的美誉。

20世纪30—40年代，宗白华在深入探究中国哲学、中国艺术观念的中国文化精神的基础上，结合自己对于西方自古希腊以来的文化发展、文化理想和价值意识、艺术精神和美学理想的认真思考，在中西哲学、美学、艺术思想研究及其理论比较方面，形成了一系列堪为后世之表的学术成果。他的《哲学与艺术》（1933年）、《略谈艺术的“价值结构”》（1934年）、《论中西画法的渊源与基础》（1934年）、《中西画法所表现的空间意识》（1935年）、《论〈世说新语〉和晋人的美》（1941年）、《中国艺术三境界》（1945年）、《略论文艺与象征》（1947年）、《中国诗画中所表现的空间意识》（1949年）、《略谈敦煌艺术的意义与价值》（1948年）等大量著名文章，从美学、艺术理论和艺术史以及中西文化精神比较的层面，着重对艺术意境的创构、艺术的空间意识、中西艺术和美学理想的差异性等等，进行了鞭辟入里的探讨，提出了“形、景、情是艺术的三层结构”、“写实、传神、造境是艺术的三层境界”、“意境诞生于客观自然景象和主观生命情调的交融渗化”、“中国艺术境界的结构特点在于道、舞、空白”、“中国绘画的境界是虚灵的、物我浑融的，西方绘画的境界是写实的、物我对立的”等重要美学命题和理论观点，对后来的中国美学家们进一步深入研究相关问题，产生了直接而深刻的影响。

1949年中华人民共和国成立以后，在相当长的时间里，中国文艺理论界、美学界一直处在苏联的意识形态影响之下。1955年，苏联《共产党人》杂志第18期发表《关于文学艺术中的典型问题》一文，集中批判了以马林科夫为代表的庸俗社会学的“典型”公式。很快，这篇专论被翻译成中文，刊登在《文艺报》1956年2月第三号上，在中国文艺理论界、美学界产生了极大反响，带动中国文艺理论界、美学界开始反思“苏式”教条主义的理论弊病。恰在此时，5月份，毛泽东在最高国务会议第七次会议上又正式提出“百花齐放，百家争鸣”的方针。由是，在这一背景之下，中国美学领域内的自由讨论之风迅速蔚成了令人振奋的活跃景观。人们围绕美的本质、美的规律、美学的对象、自然美等问题，展开了一场异常热烈、持续时间相当之长的大讨论，宗白华也热情地加入了这场美学大讨论的行列。

1956年9月，《文艺报》社根据当时的讨论形势，依照自由结合的原则，成立了“文艺报美学小组”。小组成员中，除了宗白华以外，还有来自美学、哲学、文学艺术等学科领域的知名学者、艺术家朱光潜、张光年、王朝闻、刘开渠、蔡仪、贺鳞、陈涌、李长之、侯敏泽等。黄药眠担任学习小组组长。宗白华同大家一起，在热烈、自由小组讨论中，就当时美学研究中提出的一些重要问题，尤其是美学主观和客观性质问题等，发表了许多富有见解的个人意见。就这一过程中，1957年3月，宗白华应《新建设》杂志之约，针对高尔泰《论美》一文的主要观点，撰写了《读〈论美〉后一些疑问》。也是宗白华在1949年以后公开发表的第一篇美学论文。文章明确表示了对高尔泰“美在主观”观点的不同意见，以为“美的对象对于我这鉴赏美的主观心灵是百分之百的客观事实，不以我的意见为转移”，并指出“善”与“美”应是分属美学和伦理学的范畴，爱“善”与爱“美”不能等同起来。

这以后，宗白华又连续发表了《美从何处寻?》、《美学的散步》、《美德美学思想述评》、《中国艺术表现里的虚与实》、《中国书法里的美学思想》、《中国古代的音乐寓言与音乐思想》、《形与影》、《中国美学史中重要问题的初步探索》等一系列作品，丰富了中国美学和中国艺术的理论与实践，并形成了自己独具风格的美学思想和美学方法。在《美从何处寻?》里，宗白华用诗一般清新秀润的语言，论述了美的存在特性，认为“现实生活里直接经验到的，不以我们的意志为转移的、丰富多彩的、有声有色、有形有相的世界就是真实存在的世界，这是我们生活和创造的园地”，“‘美’对于你的客观的存在，不以你的意志为转移”，并且强调，美的发现、人的具体的审美活动，除了要有“主观心理条件之外，也还需要客观的物的方面的条件”。而发表在《文艺报》1961 年第五期上的《中国艺术表现里的虚与实》一文，则以辩证的眼光，强调艺术美的创造在于“虚”与“实”的有机统一，而运用虚实相生的审美原则来处理和表现飞舞生动的生命气韵，正是中国艺术的独特实践。宗白华又在《中国美学史中重要问题的初步探索》里，总结自己几十年的美学研究经验，强调从魏晋六朝这一美学思想大解放的时期开始，中国人的美感走到了一个新的方向，追求着比“错彩镂金”更高一层的“初步芙蓉”的美的境界，“一切艺术的美，以至于人格的美，都很像玉的美：内部有光彩，但是含蓄的光彩，这种光彩是极绚烂，又极平淡”，并在艺术中着力表现了艺术家自己的思想、人格，而不是追求文字的雕琢；进而，宗白华提出了“学习中国美学史，在方法上要掌握魏晋六朝这一中国美学思想大转折的关键”、“在学习中国美学史时，要特别注意考古学和古文字学的成果，从美学的角度对这些成果加以分析研究”的重要思想。这种对于中国艺术精神、中国人审美意识发生与流变特性的具体把握、精微阐发，及其关于“飞动之美，是中国古代建筑艺术的一个特点”的分析、对于《易经》美学思想的探微、对于中国古代园林空间美感的论述，等等，高屋建瓴，大处落墨，发前人之所未发，具有非常鲜明的理论独创性和思想启发性，从而使这篇文章成了中国美学史研究领域的一篇指导性文献。

1961年初，《文学评论》杂志开展了“关于文学上的共鸣问题和山水诗问题的讨论”。宗白华专门撰写了《关于山水诗画的点滴感想》一文，运用马克思《1844年经济学-哲学手稿》中关于“人化自然”和“自然人化”的观点，对自然山水和山水诗画的关系问题作出了自己的解释，认为“山水是大物，对于我们思想感想的启发是非常广泛而深厚的。人类所接触的山水环境本是人类加工的结果，是‘人化的自然’。喜欢山水就是喜欢人类自己的成就”；针对当时共和国新的社会建设要求，他热情提倡文学艺术家“要拿新的、积极的眼光和情绪欣赏山水，要用新的手法和风格创作出新的山水诗画，赶上和超过我们的优秀遗产”。1962年，《光明日报》召开“漫谈艺术形式美”座谈会，宗白华应邀到会发言，指出：“形式美没有固定的格式，这是一种创造。同一题材可以出现不同的作品，形式给题材以新的意义，又表现了作者人格个性”；“所谓形象就是内容和形式”，而“形象可以造成无穷的艺术魅力，可以给人以无穷的体会，探索不尽，又不是神秘莫测不可理解”，这就是艺术美的奥秘所在。

除了在报纸、杂志上公开发表的研究成果以外，宗白华还根据教学需要以及自己在特定时期的学术研究重点，撰写了大量教学讲义或讲授提纲、学术论文和札记，它们在他生前并未正式发表。这些成果不仅反映了宗白华广泛的治学兴趣和渊博的学识，也体现了他在探索美学、艺术理论过程中的思想完整性。1925年至1928年，宗白华写作了他一生中最完整的一部《美学》讲义，从美学对象、美学方法、美感分析、审美方法（静观论、同感论、实验说、幻想论、批评论及自然的审美方法）、艺术创造及艺术天才等多方面，完整阐述了美学的基本理论观念和理论方法；特别是对于艺术创造问题的探讨，在这部分讲稿中占了很大篇幅，这既与康德以后的西方美学态势相符，也反映出宗白华本人对艺术的美学研究的高度重视。几乎在同一个时期，宗白华在中央大学和南京大学为学生开设

“艺术学”课程的过程中，又写下了《艺术学》讲稿及《艺术学（讲演）》，其中不仅大量介绍了西方艺术理论，还围绕艺术的本质、艺术起源、艺术形式和内容的和谐、美感范畴、艺术欣赏和艺术分类等，进行了细致周到的探讨，提出了许多在当时极富新意的理论命题和思想。而《形上学——中西哲学之比较》，则是宗白华1928年至1930年在中央大学哲学系讲课时所撰写的，其中对古希腊哲学、中国的《易经》及中西哲学观念的差异性等，都作了认真的梳理和深入的研究，提出“中国哲学终结与‘神化的宇宙’，非如西洋之终结与‘理化的宇宙’，以及对‘纯理’之‘批评’为哲学之最高峰”等重要思想。《西洋哲学史》、《中国哲学史提纲》、《孔子形上学》、《论格物》、《中国近代思想史纲要》、《中国美学史专题研究：（诗经）与中国古代诗说简论》……这些未刊手稿历经20世纪二三十年代一直到80年代，从南京迁至重庆，又从重庆搬回南京，从南京迁至北大的键斋，又从键斋迁至朗润园，几十年的风霜，宗白华始终珍视如初。“文革”时期，为了保护这些手稿不被“革命小将”们付之一炬，宗白华悄悄地把它们藏在了屋角的地下，直至他去世之后，他的家人才将之示与世人。如今，这些都已成了后人研究宗白华美学思想及现代中国美学发展历程的重要理论文献。

20世纪五六十年代，宗白华曾计划撰写一部以古希腊至近代德国美学为内容的《美学史》。为此，他还专门拟就了一份数万字的写作提纲，并且写出了《文艺复兴的美学思想》、《德国唯理主义的美学》、《英国经验主义的心理分析的美学》等部分篇章。可惜这个计划最终没有能够实现，成了中国美学界的一件憾事。

在美学、艺术、哲学领域进行深层思想探索的同时，宗白华还翻译了许多西方学者的学术专著或文章，为中国美学界介绍、引进了大量外来思想成果，也为中国人具体了解西方美学和艺术，提供了第一手材料。

作为一名精通德语的美学家，宗白华的翻译对象基本上集中在西方近代以来的艺术和美学理论方面，如歌德的《单纯的自然描摹·式样·风格》、马尔库塞的《悲剧世界之变迁》、比学斯基的《歌德论》、汉斯·玛耶的《席勒与民族》、菲·巴生格的《黑格尔的美学和普遍人性》、柏立克的《海涅的生活和创作》、汉斯·考赫的《马克思美学思想里的两个重要问题》等，而最著名的，当然还是康德的《判断与批判》（上卷）、瓦尔特·赫斯的《欧洲现代画派画论选》，以及伦·娜丝蒂兹的《罗丹在谈话和信札中》。这些译文，既追求着字义的精确，又努力寻觅原文中的灵魂——内在精神，倾心传达那原文的神韵。正因此，宗白华的翻译作品在灵逸的精致中往往又透露出炫耀的精神光辉。值得一提的是，作为一个诗人气质的美学家，宗白华的翻译中也常常呈露出诗化的特征。只看那译文的标题：阴影的秘密、重到海边……我们就可以捕捉到那诗的热情和风骚。即使是那些原本枯燥乏味的文句，到了宗白华笔下，流出的也是诗样和辙的旋律，生动如流云，飘荡着不尽的生命意蕴，且又可信、可据。

这些译著，一部分在宗白华生前已选编出版。1981年，《美学散步》和《美学的散步》分别由上海人民出版社和台湾洪范书店在海峡两岸几乎同时出版发行。前者收入了宗白华在各个时期的美学论文22篇、19万字，且第一版8万册很快被抢购一空，在美学界和文艺界引起极大反响。后者则收入宗白华论文16篇。1982年，《宗白华美学文学译文选》又由北京大学出版社出版，其中收入了他的9种译作。

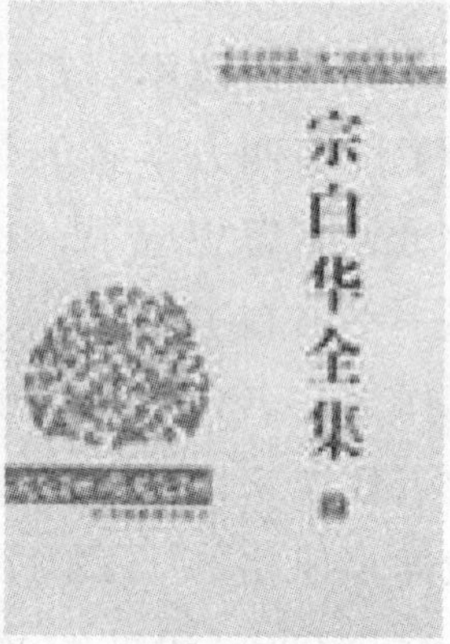

宗白华去世后，人民出版社、北京大学出版社再一次分别出版了他的论文集《美学与意境》、《意境》。这两本书在所选篇目上各有侧重，并且都补充了许多以往未曾收入的重要文章，特别是后者更将宗白华的诗集《流云》及其他一些散见的诗作编了进去，并以宗白华自拟"意境"作为书名，了却了他本人当年未竟的一桩心愿。1994年，《宗白华全集》四卷，由安徽教育出版社隆重推出，其中收入了宗白华60多年里写作或翻译的几乎全部文章，包括已经发表和未发表过的论文、讲稿、诗歌、信札等，较为全面和集中地反映了他一生的学术成就。《全集》一经出版，就受到学术界的热烈欢迎，并很快于1996年再版。

宗白华在哲学、美学和艺术研究中所取得的丰富卓越的成就，令他周围的许多知名学者或美学界的后学肃然起敬，称道不已。早在20世纪30年代，中国学术界便将宗白华与当时的另一位著名美学家、艺术理论家邓以蛰相并举，流传有"南宗北邓"之说。著名哲学家冯友兰教授也曾经专门指出，宗白华能够把中西美学思想融会贯通，写文章、讲课都没有条条框框，好像随便一谈，要点尽出；并称赞《论〈世说新语〉和晋人的美》一文是我国研究魏晋风度的最好文章之一。著名美学家洪毅然教授评价宗白华为"唯一提到哲学高度研究中国艺术的学者"，"他的论中国绘画的文章，均有颇深颇高之见解"。蒋孔阳教授评价则更是直言，他本人的许多研究选题，就直接从宗白华有关论述中得到启示而来。当代著名美学家李泽厚曾在《美学散步》序言里指出，宗白华“相当准确的把握住了那属于艺术本质的东西特别是有关中国艺术的特征。例如，关于充满人情味的中国艺术中的空间意识，关于音乐、书法是中国艺术的灵魂，关于中西艺术的多次对比等等”；李泽厚特别强调，宗白华的这些研究成果，“或详或略，或短或长，都总是那种富有哲理情思的直观式的把握，并不作严格的逻辑分析或详尽的系统论证，而是单刀直入，扼要点出，诉诸人们的领悟，从而叫人去思考、去体会”，而这也正是宗白华美学研究方法的特点所在，就此也牢牢把握了中国美学的灵魂。他还进一步比较了宗白华与中国现代另一位美学家朱光潜之间的不同风格，认为“朱先生的文章和思维方式是推理的，宗先生却是抒情的；朱先生偏于文学，宗先生偏于艺术；朱先生更是近代的，西方的，科学的；宗先生更是古典的，中国的，艺术的；朱先生是学者，宗先生是诗人……”

台湾知名散文家杨牧也热情称赞宗白华“具有诗人的敏感和灵视，他的古典知识比一般读书人优越，善读他人不注意的书，精堪沉潜……宗白华读冷书，却在文学艺术的范围之内；即使不与文学直接有关，那些冷书的章节经他评点转化，也都落到文学艺术及一般所谓‘美学’的概念之内”。

曾在20世纪60年代担任过宗白华助手的北京大学叶朗教授，高度肯定了宗白华美学在中国现代美学史上的独特价值，认为“在宗白华身上，同样也反映了西方美学从传统走向现代的历史趋势，反映了中国近代以来寻求中西美学融合的趋势”，他那“立足于中国古代‘天人合一’思维模式的美学思想，与西方现代美学是相通的”，并由此强调当代中国的美学应重新回到朱光潜、宗白华那里，从他们“接着讲”。因有如此卓然出众的学术成就，宗白华在学术界一直享有很高的声誉。早在20世纪30年代，宗白华便担任了中国哲学会理事、常务理事，并兼任中国编辑委员会、西洋哲学名著编辑委员会、中国哲学研究委员会等三个委员会的委员。当时，同时兼任三个委员会委员的，除宗白华外，仅有汤用彤、冯友兰。1937年，中国哲学会第三届年会便由宗白华在南京主持召开。

1980年5月，中华全国美学学会在昆明成立，宗白华当选为理事。

1984年11月，为表彰宗白华长期以来为中国美学事业所作的贡献，北京大学哲学系为宗白华任教60周年举行了隆重的庆祝会。学界俊彦纷纷到会，盛赞其非凡的学术造诣和人格风范，北京燕园画社还特地向宗白华赠送了一副对联："颉英学美，酿蜜育人"。

1997年，宗白华百年诞辰之际，北京大学、德国恩波大学汉学系等单位联合发起，在风景秀丽的安徽黄山举办了"朱光潜宗白华美学思想国际讨论会"。来自国内及德、日、英和港台的80多位学者，在会上集中探讨了宗白华的美学思想，充分肯定了他对于现代中国及世界美学发展的贡献。

1986年11月初，宗白华因病住进了北京友谊医院。躺在病榻上的他，喃喃着：我的脚老在走路，太累了、太累了……是啊，半个多世纪来，他不停地行走在学问探索的漫漫长路上，走过了多少里程，付出了多少辛劳！如今，生命的最后乐章已达到了辉煌的巅峰。

1986年12月20日，在北京大学医院，一代美学宗师的心脏停止了跳动。

美学的散步，这一天永远的驻留在白雪飘飞的未名湖畔。

三、意境理论

宗白华意境理论的成就使他能凭借其为数不多的美学散文，在现当代美学家中独树一帜。宗先生的艺术意境理论构筑在中国古典意境理论基础之上，不仅继承了古典意境理论的精髓，而且更有创新。他以意境为中心，力图构建起一个涵盖人生与艺术的中国式的理想审美境界，他的理论梳理和独创，激活了一系列古老的理论范畴，为我们打开了中国美学和艺术的大门，并为中国古典美学有效地融入现代美学体系树立了典范。

意境，是中国艺术美感力量的根本所在。它不仅是中国人创造、欣赏、诠释艺术的标准，也是中国艺术在世界确立自身独特地位的价值所在。然而，何谓意境？这个概念在我国艺术中的全面体现和成熟，是经过了一个孕育、产生、发展的漫长的历史过程的，对于这个过程，从古至今的许多学者都做了不少论述和分析。

刘勰在《文心雕龙》中提出“意象”概念，以为“窥意象而运斤，此盖取文之首术，篇之大端”。这实际上是对我国传统的“言志”说、“缘情”说与“立象”说、“感物”说的一次十分重要的综合。这里的“意象”，既不是单纯的情志、思理，也不是客观生活的物象，而是“神与物游”的结果。这已从内在构成、主客观的统一上接近了“意境”的内涵，可以说直接为从艺术美学上提出艺术意境的范畴奠定了理论基础。

唐代诗人王昌龄在《诗格》中最早提出“意境”概念，但其含义与我们谈到的意境含义不同。

清代著名学者王国维在其《人间词话》等论著中，对艺术意境作了全面、深入的研究和关注，并形成了相当完整的意境美学体系，进入近代以后，意境的研究更有新的发展和成果。

宗白华先生在《中国艺术意境之诞生》一文中论述了他的意境理论。宗先生认为意境有待于主体性慧眼的发现，意境是艺术家心中之意境，是艺术家与自然互相接触时造成的灵感直觉，善于发现意境是一切高等艺术产生的源泉，是一切真诗好诗的条件。

宗白华说艺术家以心灵映射万象，代山川而立言，表现的是主观生命情调与客观自然景物之间的交融互渗，成就一个鸢飞鱼跃、活泼玲珑、渊然而深的灵境，这便是艺术的意境。就意境的创构而言，宗白华强调的是中国艺术意境“化实境而为虚境，创形象以为象征，使人类最高的心灵具体化、肉身化”。“虚”、“实”同为中国艺术意境创构之二元，所谓“情”与“景”的统一，就是“虚”与“实”的统一，其实也是想象与形象的统一；离形无以想象，去想象则无以存形，惟有“虚”、“实”统一，才能写出心情的灵境而探入物体的诗魂，即“直探生命的本原”。诚如我们从中国艺术实践形态方面所看到的，尽管中国艺术时时泛流着强烈的道德情绪，但就艺术意境创构的纯粹性而言，采取“虚实相生”二元统一的意境表现方法，通过“离形得似”、“不似而似”的意象来把握对象生命本质，却是中国艺术家一以贯之的理想态度和方法。这一点，或者说中国艺术意境创构的哲学本性，其实源于中国哲学本身对天人合一的运动世界的理解观念。就像宗白华曾经认识到的，道家和儒家都强调虚实结合的宇宙本质，却发现宇宙深处是无形无色的虚空，但这虚空却又是万有之根源、万物之源泉、万动之根本、生生不已的创造力。《易传》有云：“易之为道也，累迁，变动不居，固流六虚。”万物在虚空中流行，运化。而艺术作为世界生命的精神表现形式，当然要体会、表现这种对于世界的虚实相远的哲学的领会了。并且，意境创构在本体上既然是二元的统一，这种统一无疑就应表现为互相互溶、渗透的关系。只有这样，意境表现才能完成，意境之美才得以诞生，从而使精神构成的“二元”真正成为艺术意境的二元。

对于中国艺术意境的内在层次结构，是一个涉及中国艺术美感特征及其价值的问题。宗白华认为艺术意境不是一个单层的平面的自然的再现，而是一个境界深层创构，从直观感相的模写，活跃生命的传达，到最高灵境的启示，可以有三个层次。

第一个层次是“直观感相的模写”，即心灵对客观对象的直接反映。这个层次其实就是意境的“境”，是审美对象的外部构成，是“情胜”之境，“情胜”是艺术家心灵对印象的直接反映，表现为“万萼春深，百色妖露，积雪缟地，余霞绮天”。这一层以物象为基础，是“象内之象”，是对客观物象的再现，是写实、自然、社会、人生呈现出种种物象，它们时时处于一种“动”的状态，只有“动象”才能表现精神，表现生命，表现宇宙的真相。

第二个层次是“活跃生命的传达”，即表达“生气运出的生命”，是“气胜”。这个层次显现出“烟涛倾润，霜飙飞摇，骏马下坡，泳鳞出水”。宗白华先生认为“气”是指生命之气势、生气、力度、节奏。早在庄子对气就有阐述，他认为“气”是“道”的实体形态，是一切生命形象的原质。气是天、地、人乃至人类精神现象的本质，是一种可以包含有形无形、静态动态、主观客观的宇宙生命的本体。

宗白华先生所言的意境的第二层其实是一个虚实交融的境界，在意境的第一层中我们已经讲到实境，它是溢满着生命活力和生命内涵的自然，虚境的产生必须以此为基础，在直接观照实境的基础上，方能使创作主体和审美主体进入虚境的自由天地，虚实二境的完美结合，才能使艺术品呈现生命的节奏和韵律，妙造自然，达到“同自然之妙有”。

在这一境层里，宗白华先生非常注重虚境所具有的审美意义和价值。宗白华先生说：“化实为虚，就有无穷的意味，幽远的境

界。”这就实现了由实的生命形态的审美向虚的生命的功能的审美的转换，也就是由“象”的审美进入到更高、更广的“气”的审美领域了。在这种艺术意境美感特征中，情景交融互渗，融成一片，具有无尽的气韵生动。

宗白华意境的第三层次表达为“最高灵境的启示”，是格胜，映射了人格精神的高尚格调。这个层次呈现为“皎皎明月，仙仙白云，鸿雁高翔，坠叶如雨，不知其何以冲然而澹，翛然而远也”。这一层面里，宗白华先生较多地借用了“禅”的理论。他认为“禅是动中的极静，也是静中的极动，寂而常照，照而常寂，动静不二，直探生命的本原”。

这一层面达到了“无”这样一个哲学高度，是“境外之意”，它以前两个意境层面作为存在的基础，对“气”的主旨进行传递，使意境在“天人合一”中达到至境。这个意境层面即是情景交融，又超越情境之外，是高尚的人格格调与景、情的高度统一与融合，达到了审美体验的最高点。

对于中国艺术在整体上的意境追求，宗白华将自己个人对艺术之美的理想联系起来，认为中国艺术致力于求得意境美感的第三个层次——与意境之“深度”相统一的“格胜”之境，亦即中国人所谓“神境”。他的理由是：中国艺术的理想境界是“澄怀观道”，它是中国艺术意境创造的根本，也是中国艺术意境创构的最高追求目标。这一最高目标传达为一种艺术美感类型，就是宗白华理想中的最高艺术之美“芙蓉出水”——由清幽、自然秀丽而生的美感。从中可以得到如烟如雨、清真可爱的情感享受。对于宗白华来说，“芙蓉出水”本是一种在深度上直寻人的生命本真和自然本真意义的意境创造，其与“格胜”之境在内在意蕴方面是同一的，都是要达到最高生命的理想艺术之境。事实上，美和美的创造作为人类对于自我生命、自然生命的积极咏叹，其最高表现境界也正是这种能探入生命至深内核的意境或艺术美。人类虽长久以来未能真正实现对生命的积极的崇拜和精神表现，但这种最高表现境界却永远是人类渴望和追求的。人类似无止境地追寻着生命最深、最后的泉源，艺术则成为人类实现这一追求和渴慕的唯一可能而又现实的途径。宗白华无疑在理想的纯粹之国看到了中国艺术的理想一面，从美学的纯粹性上发现了中国艺术意境发展的理想之路；尽管在事实上，现实进程中的中国艺术整体面貌还远没有真正达到他所指明的理想之境。艺术家的精神受传统与现实的制约，使得中国艺术的理想之境与现实之境在大多数时候只能是隔岸相望的两个极端。因此，宗白华从理想的纯粹之国向理想的艺术精神及其表现的探索，从一个方面表现了一个艺术心灵对人类理想实现的不懈努力和坚定执著；在他从理想诠释中达到的意境结构的最高境界与艺术之美的最高表现形式相同一的理解中，承负着人类深深的渴慕和追求。

宗先生认为“‘舞’是中国一切艺术意境的典型”。中国古代工匠喜欢把生气勃勃的动物形象用到艺术上去；汉代的绘画、雕塑无一不呈现出飞舞的状态，充分反映出汉民族生生不息的前进的活力。

其实，空白与飞动（舞）之美正是意境所揭示出的中国人生命意识的感性形态。宗白华说：“人类的空间意识，照康德哲学的说法，是直觉性的先验样式，用以罗列万象，整顿乾坤。然而我们心理上的空间意识的构成，是靠着感官经验的媒介。”在中国，这个“直觉性的先验样式”，就是能够“广摄四旁，圜中自显，在远者近，抟虚成实，心自旁灵，形自当位”的宇宙意识，即老庄之道与阴阳二气，它可以“罗列万象，整顿乾坤”。

空白美就产生于体现这“非无非有，不敫不昧”的宇宙生命本体的虚实相生之中。宗白华认为，空白美的产生，会赖于艺术创作中虚实审美法则的运用。虚境体现了实境的升华，体现着实境创造的意向和目的，决定着整个艺术境界的品位和效果。怎样促使实境向虚境的生成和升华，宗白华引宋人范希文的话说：“不以虚为虚，而以实为虚，化景物为情思。”这几句话包含两层意思：其一，虚实不可分离。以虚为虚，是完全的虚无，会流于浮泛；以实为实，则物象极滞，难以动人；惟有化虚为实，又抟虚成实，才能产生无穷的意味，幽远的意境。其二，化景物为情思是实境向虚境生成的关键所在，意境是艺术家“灵想之所独辟”，是“于天地之外，别构一种美奇”。只有承载了艺术家的情感，景物意象才能唤起欣赏者的共鸣，引发想象，形成虚境。化景物为情思的过程，同时也是情思向景物的转化。艺术家因心造境，为情造文，情思化为实体物象才能暗示出情感的踪迹，引发无穷的遐想。经过这样一番梳理，“虚实相生”这一古典美学命题中蕴涵的复杂体验、微妙经验不再混然一片，并以其切合艺术特征，富于辩证意味的内涵显示出融入现代美学理论的可能。此外，宗白华还对“虚静”、“气韵”、“空灵”、“充实”、“风骨”等古典理论的精华进行了清理工作，在其中融入了颇具现代性的思考。

纵观宗白华的意境论，我们可以感觉到其中包涵几个基本向度：一是对主体人格精神的重视，二是对宇宙生命本体的珍爱，三是对中华民族审美精神的眷念。意境就是以艺术家禀赋的诗心去体悟宇宙生命最内在的底蕴——那难以言喻的“天地之心”，而借美的形式幻现出的让人流连沉迷的诗意空间，它是中华民族的心灵安居之地，是人格美、自然美与艺术美高度统一的理想境界。因此宗白华的意境论是站在宇宙、人生、民族的视野中对传统意境论作出的重新阐发。他在现代中国开辟出一方富于艺术之美与人情之美的学术园地，对传承“中国文化的美丽精神”作出了不容忽视的贡献。

宗白华先生的意境理论是艺术的，同时也是人生的，给人以“最高灵境的启示”。生命意识的表达是“象外之象”、“境外之境”，是超越景外却引发人深思的启示，是对生命本原的探求。艺术的境界，往往是与人生感悟、人类意义、宇宙真谛这样高深的价值内涵相连接、相沟通的。

中国道家那种孕育着强烈自由生命意识的艺术理想的追求，使宗白华在探讨中国艺术意境之际发现了个体生命的艺术实现可能性和理想性——个体生命的孤寂与落寞，理想的自由艺术之境完全可以转换为对于生命的歌颂和热烈追求。对意境结构的分析，对意境层次结构的把握，其中都与宗白华这种对于生命本真的自觉联系在一起。“虚”与“实”体现了生命的无穷尽及其与现实对象的统一，“阔、高、深”表现了生命的广度、高度和深度，而“格胜”之境更可体会出宗白华对生命本真的强烈自觉。

宗白华认为艺术意境根源于生命真实的“活力”，生生不息的生命运动。意境层次结构的美感特征和价值，就表现在它们对活泼生命的层层深入与捕捉当中。而艺术意境的本质就是“化实景而为虚境，创形象以为特征，使人类最高的心灵具体化、肉身化”；而意境的飞动之美，如空白美一样既是其审美表现，又是其审美内在规定性，它正好具有使中国人的宇宙意识形上感具体化、肉身化的功能，因为“舞”具有“最高度的韵律、节奏、秩序、理性，同时是最高度的生命、旋动、力、热情”，因而，“舞不仅是一切艺术表现的究竟状态，且是宇宙创化过程的象征”。

宗先生在《庄子·养生主》“庖丁解牛”中就已经发现了这种用流畅舞姿体现“道”的生命节奏之美，“游刃有余”的“游”之境界，就是“道舞空白”的宇宙创化过程的究竟状态。“一阴一阳之谓道”，“道”就是以虚实二元互动相生的结构固流万汇无往而不在的，如同《周易》云“天地氤蕴，万物化醇”，“这生生的节奏是中国艺术境界的最后源泉”。

仔细考察宗白华这一对艺术意境运动生命表现特征的认识，它其实与宗白华本人人格精神中对于生命运动的无限崇仰相一致。宗白华坚定地追求“深情与活力”的新时代精神，认定“大自然中有一种不可思议的活力”。自然的调谐，人的精神生命的丰富与昂扬，在他那里无一不是生命活跃的果实。贴近自然，融于造化的宇宙情怀，发展成个体的生命体验，表现生命力、生命情调、生命意蕴，其实就是人生的最深的意义和境界。

对于宗白华来说，离开人格精神的“动”的感型，也就没有了对于艺术意境表现生命运动的认识和追求理想了。而宗白华这种人格精神中的“动”，很大程度上来自歌德的启示。“拿叔本华的眼睛看世界，拿歌德的精神做人”。于是在自然和社会中发现了生命的真实和崇高，形成了从理想到行动的全体的“生命在运动”之人格精神。

歌德曾经热烈赞美自然生命的新鲜与活跃，认同自然“永远创造新的形体，去者不复返，来者永远新，一切都是新创”。这是一股沉淀在理性精神下层的永恒活跃生命本体的生命情绪。正是从歌德这里，宗白华看到了“生命本身价值的肯定”，看到个人人格生命就建立在生命永恒变化的信仰之中，在有限的生活里就包含了无尽的生命，而每一段生活则潜伏着生命的整体与永久，生命整体即在永恒活动之中；艺术意境正在那如梦如烟、幻变无常的象征背后隐伏着宇宙生命永久深刻的意义。

艺术的创作若能律动着生命意蕴，包含着人生的精神境界，应该是最高的艺术境界了。而对于生命本原的探求，以及对于生命意识的自由创化，这不是最现实的吗？宗白华先生为中国古典意境理论向现代的转换架起了一座桥梁，在意境的建构上树立起一座巍峨的丰碑。

四、美学的散步

在中国现代美学的发展历程中，宗白华的美学思想以其独特的视野和卓越的贡献，在20世纪的美学研究领域中有着重要的地位。随着时间的推移，他的成就为越来越多的有识之士深刻地认识到。虽然从表面上看来，他几乎没有一本系统的美学研究专著。但实际上，他的美学思想从研究方法到思维方式、表达方式，乃至对待外来美学和中国传统美学的态度，都对后人有着很深的启迪意义。他无疑是中国现代美学的开拓者之一。最集中体现他的美学思想的论文集《美学散步》1981 年一出版，就春风化雨般地在美学界产生了广泛而深远的影响。我们至今都能感受到它在美学界的那种潜移默化的影响力。在此背景下，对宗白华先生的美学思想研究，就不仅仅是对他本人学术思想的总结，还更需要对他的思想和研究方法的启蒙意义及其影响，以及中国美学的未来发展方向，进行深入的探索。

这里主要就宗白华先生的美学成就及成因进行探讨。

宗白华独特的艺术气质和知识结构，决定了他的美学思想在思维方式和表述方法等方面，有着与众不同的独创性。他那诗人的气质和敏锐的艺术感受能力，以及坚实的诗歌创作和文艺鉴赏方面的实践，为他的美学研究提供了他人难以企及的、必要的基础。而青年时代在德语学校的学习，去德国学习哲学和美学的经历，和长期对歌德、海涅、康德等德国作家与美学家的研究与译介，以及对叔本华、柏格森等人的情有独钟，由罗丹雕塑等西方艺术作品所获得的感动，使他能够自觉地以西方美学为参照系，从而对中国艺术和中国美学的独特性有了深刻的认识。而对于中国美学和中国艺术理论的具体思想，他则能结合中国传统哲学观念中的生命意识，把它们放到中国人的宇宙观和人生观的大背景下，从总体上予以阐释。这就使得他的中国美学研究，对于我们发掘和继承传统的美学思想，建构具有中国特色的当代美学理论，具有指导性意义。

宗白华从小喜爱静思和浪漫，喜欢对着天上的白云流连遐想，具有诗人的气质，幼年时代尤其喜爱唐代诗人王维、孟浩然、韦应物、柳宗元等人作品的那种闲和静穆、自然明快、冲淡自然的境界，又直接受到冰心《繁星》小诗的启示，写了《流云小诗》。这些诗歌以其灵气飞动的生命意趣、悠渺的意境和圆融的智慧，体现了作者透彻的人生体验、卓越的才情和超人的艺术敏感。它们大都呈现出柔和温厚的意象，沉挚冲淡的风格，给人以安详宁静的印象。他是五四时期的著名诗人。李泽厚在为《美学散步》所写的序中谈到20年代的新诗时说："它的内容也带着少年时代的生意盎然和空灵、美丽，带着那种对前途充满活力的憧憬、期待的心情意绪，带着那种对宇宙、人生、生命的自我觉醒式的探索追求。"而宗白华的《流云小诗》正是这种时代音调的体现，并且把他带进了美学的篇章中，形成了自己几十年始终一贯的特点。"这样一种对生命活力的倾慕赞美，对宇宙人生的哲理情思，从早年到暮岁，宗先生独特地保持了下来，并构成了宗先生这些美学篇章中的鲜明特色。"作为一个诗人，宗白华在他的美学论文中，不仅体现着诗性的智慧，而且表现出一个优秀的美学家所应该必备的对"艺术的博学"（黑格尔语）。

宗白华是以西方哲学和美学为参照，实现了对中国艺术的深刻体验。他早年在青岛大学中学部语言科和上海私立同济医工学堂学习德语，后又赴德国在法兰克福大学、柏林大学学习哲学、美学等，这种经历使得他在相当程度上受到了西方学者特别是德国学者的影响。他在1923年所写的《我和诗》一文中提出："拿叔本华的眼睛看世界，拿歌德的精神做人。"足见叔本华和歌德两人对他的影响。他曾与人合著过《歌德之认识》等著作，翻译过《海涅的生活和创作》、《判断力批判》上卷等著作。其他如柏格森等人，对宗白华都曾有过一定的影响。他明确地感到中国学术与西方学术相比在形式上的弱点。"学术上没有他们的精确真实幽深玄远，直造形上至精至微之域。"但他在青年时代就坚决反对照搬西方的文化，"我以为中国将来的文化决不是把欧美文化搬了来就成功"。他一生的学术成就，乃是借鉴了西方的研究方法，通过中西比较，深入地探索中国美学和艺术的独特贡献和杰出成就，并且通过中国传统的富有诗情的深刻感悟，以诗一般的语言传达出来。他晚年曾对人说："我一直对中国的艺术，如绘画、雕刻、建筑、书法、戏曲等都有兴趣，自己也收藏了一些绘画和雕刻。我留学前也写过一些有关中国美学的文章，但肤浅得很。后来学习和研究了西方哲学和美学，回过头来再搞中国的东西，似乎进展就快一点了。"通过中西美学的比较，宗白华深刻地体会到了中国美学的独特特征。他认为西方古典艺术的内容是模仿自然，而艺术的形式则是形式和谐。而中国美学则以"气韵生动"，即"生命的律动"为始终的对象，强调物我浑融，强调人与自然的生命统一。即便如书法的筋、骨、血、肉等感觉，也是中国古代书法家生命意识的反映。

根据中国艺术精神的特点，宗白华结合中国哲学来理解中国艺术的生命意识。他认为中国哲学是就"生命本身"体悟道的节奏，"道"给予"艺"以深度和灵魂。因此，中国哲学的境界与中国艺术的境界在生命意识上是相通的。他在具体地谈到文艺的空灵与充实，谈到艺术生命的虚实结合，谈到化景物为情思的"化实为虚"时，莫不体现了中国哲学精神。他认为中国艺术体现了天人合一的宇宙观。他以阴阳二气化生万物的思想，来阐释艺术的生命节奏，包括中国画中明暗虚实所构成的气韵节奏。他认为中国诗画中的空间意识，来自《周易》里的俯仰往返、远近取予。中国画的散点透视法则，也集中显示出物我交融、时空互渗的生命宇宙观。他所说的魏晋人欣赏山水的由实入虚，即实即虚，超入玄境的感受方式，也正是哲学上虚实相生的一种表现。他强调审美的意境以宇宙人生为对象，化实景为虚境，创构出意蕴深厚的象征的形象，从而使人类的最高的心灵感性化、具体化。这种哲学精神同时体现了一种自由精神。"我说魏晋时代人的精神是最哲学的，因为是最解放的、最自由的。"这种精神上的自由，正是中国哲学之道的表现。解放的自由的人格洋溢着生命，展现出超迈的神情。由此实现了自然哲学与人生哲学的沟通。

独特的艺术气质和知识结构，西方思想和艺术的影响，以及对中国传统艺术的高度重视，使得宗白华的美学思想在研究方法和研究思路上，为后人作出了楷模，留下了宝贵的遗产和探索经验。宗白华的研方法和研究方向，是值得后人继续的方法和方向。他无疑是现代中国美学研究方法的重要的启蒙者。

宗白华高度重视人生境界的审美评赏，推崇积极进取、独立自在的人格精神。他给予魏晋人物品藻的《世说新语》以崇高的评价，认为它反映了中国人自我意识的觉醒。他说："中国美学竟是出发于'人物品藻'之美学。美的概念、范畴、形容词，发源于人格美的评赏。"这句话是否准确当然还可以讨论，但对《世说新语》给予足够的重视，无疑是非常必要的。由春秋战国发端、盛行于汉末的人物品藻，包括其中的比德思维方式，到《世说新语》时代进入了"登峰造极"的境地。摆脱了礼法束缚的晋人，在弘扬人格个性精神方面，进入了自由自觉的境界，深为宗白华所欣赏和感佩。当然，欣赏是一回事，完全接受又是一回事。从宗白华的美学思想中，我们既看到他强调魏晋人高蹈脱俗的一面，又能看到他强调积极进取的另一面。

宗白华的人生境界观，是一种既超尘脱俗又积极进取的人生观。这在他早年的思想中表现得尤其明显。说他积极进取，是他在青年时代的著述中，体现了意气风发的人生态度。在1919年7月15日出版的《少年中国》第1卷第1期上，宗白华发表了他的《说人生观》一文。文中批评了"旷达无为派"和"消闲派"，说他们"于人世责任，有所未尽也"。他提倡"超世入世派"，一种积极进取的超然观："真超然者，无可而无不可，无为而无不为……故能永久进行，

不因成功而色喜，不为事败而丧志，大勇猛，大无畏，其思想之高尚，精神之坚强，宗旨之正大，行为之稳健，实为今后世界少年，永以为人生行为之标准也。”这种积极进取的人生态度，就像是古来的圣哲，“毅然奋身，慷慨救世，既已心超世外，我见都泯，自躬苦乐，渺不系怀，遂能竭尽身心，以为世用，困苦摧折，永不畏难”。在1920年3月15日出版的《解放与改造》第2卷第6期发表的《青年烦闷解救法》中，宗白华提出要以“唯美的眼光”、“研究的态度”、“积极的工作”的方式对待人生。

1935年在日寇入侵、国难当头之际，他写了《唐人诗歌中所表现的民族精神》一文，发表于《建国月刊》1935年第12卷第6期。文中借古喻今，强调在盛衰存亡之际，应具有民族自信力。他认为“文学是民族的表征，是一切社会活动留在纸上的影子”。文学和其他艺术都可以左右民族思想，既能激发民族精神，又能使之趋于消沉。所以他极力推崇初唐诗人的豪情壮志，称颂他们有高远的眼光，伟大的胸襟。尤其是对于《从军行》、《出塞曲》这样的诗歌，宗白华高度地评价作者的人格和精神状态。而对于晚唐内忧外患之际颓废堕落的诗歌，他则给予了强烈的抨击。他如此赞颂那些抒发豪情壮志的诗歌，而谴责消极悲观的意识，在当时有着积极的现实意义，同时也反映出宗白华人生观的一个重要方面。因此，孤立地、片面地强调宗白华人生态度闲适的一面，是不公平的，至少是一种误解。

他曾说：“人到中年才能深切的体会到人生的意义、责任和问题，反省到人生的究竟，所以哀乐之感得以深沉。”写于20世纪60年代，发表在1979年《文艺论丛》第6辑的《中国美学史中重要问题的初步探索》一文，高度推崇《易经》中“刚健、笃实、辉光”的思想，认为它“代表了我们民族一种很健全的美学思想”。中年以后的他，由于社会因素的影响，表面上看来，他显得旷达逍遥，其实在某种程度上说是一种无可奈何，未必是他由衷的行为，也不尽符合他的人生理想。他的心灵深处，依然有着积极进取的抱负。直到临终的前几天，他还对人说："我感到无比的惭愧，我没有做出什么成绩。"这起码对他本人来说，是一种愧疚和无奈的遗憾。

同时，宗白华的思想还有其超尘脱俗的一面。这一点他深受老庄的生命哲学和魏晋玄学的影响。他曾以魏晋人格为理想，在评介的字里行间，体现出自己的人生理想观。他在1940年所写的《论〈世说新语〉和晋人的美》一文中，认为魏晋人倾向于"简约玄澹，超然绝俗"的美，寻求"'事外有远致'，不沾滞于物的自由精神"。在他们超迈的胸襟中萌动着西方近代人才有的宇宙意识和生命情调。他指出，"魏晋人生活上的自然主义和个性主义，解脱了汉代儒教统治下的礼法束缚"，从而发现和肯定了自我价值，以率真的性情和宽仁的胸襟造就了自我的新生命。阮籍葬母时的那种痛切、率真，对待邻家当垆美妇的那种磊落不羁的态度，都是宗白华所推崇的。他们虽然超尘绝俗，却未能忘情，相反还因率真而极具深情。这种深情是"哀乐过人，不同流俗"的，正是魏晋人追求精神自由的表现。他们在人格上追求唯美主义，重视友谊。竹林之游，兰亭禊集的社交文化，正反映了这种人格的追求。"晋人向外发现了自然，向内发现了自己的深情"，又推己及物，从而使山水虚灵化了，也情致化了。魏晋人欣赏山水，由实入虚，即实即虚，超入玄境。从而由此造就了自己超尘绝俗的理想人格和冰清玉洁的心灵。在人物的品藻上，他们拿自然界的美来形容人物的品格，并着意追求简淡玄远、澄怀观道的意趣。

宗白华看到，魏晋人将自己的内心对自然的体验，集中地表现在艺术之中。他们是通过对自然美的发现造就出自己的艺术心灵的，并且从中体现出自己的人格精神。其对神韵的追求，深刻地影响了中国的绘画和书法。王羲之书法雄逸的风格，正是其时代人格精神的体现。中国绘画和书法中的勃郁活泼的生机，都深刻地受到了魏晋人生理想的影响。在讨论意境的论文中，宗白华认为艺术意境的创造，是“艺术家以心灵映射万象，代山川而立言，他所表现的是主观的生命情调与客观的自然景象的交融互渗”。

宗白华对中国传统艺术有着深厚的修养、独到的颖悟和精湛的见解，特别是在对西方近代的哲学和艺术有了接触和研究以后，视野开阔了，领悟则更为深刻，从而使他的体验和研究有了现代意义上的理论水平和深度。这当然也得益于他的诗人气质。同时，对中国古典艺术的重视，与他对中国未来的美学和艺术走向的展望有关。他激烈地反对全盘西化，觉得中国不适合生硬地照搬西方艺术，而应该以深厚的传统艺术为基础，借鉴西方艺术的长处，实现古典艺术的当代转换。李泽厚在《美学散步》的序中说“宗先生更是古典的，中国的，艺术的”，说明宗白华深受中国古典艺术的陶养，有中国古典艺术的气质，因而对中国古典艺术也特别重视。

宗白华高度重视对艺术意境的研究。宗白华继承中国传统的诗学观，将意境看成艺术家由情景交融而创构的境象，其中体现了艺术家的人格涵养。人以富有诗意的同情的心态去看待自然万物，于是情趣盎然。“艺术的生活就是同情的生活”，艺术感觉的发生，艺术创造的目的，正在于对于自然、对于人生、对于星天云日、鸟语泉鸣，乃至生死离合、喜笑悲啼，都能寄予无限的同情。“艺术世界的中心是同情。同情的发生由于空想，同情的结局入于创造。”他把艺术意境看成是人类最高心灵的具体化、感性化。他认为美和艺术意境是中国人的最高追求。“中国人的个人人格，社会组织及日用器皿，都希望能在美的形式中，作为形而上的宇宙秩序，与宇宙生命的表征。这是中国人民的文化意识，也是中国艺术意境的最后根据。”艺术意境既使心灵和宇宙深化了，也使心灵和宇宙净化了。意境的创造和欣赏，可以成就审美的人生。

在虚实相生的意境中，宗白华特别强调了艺术的动静相成。艺术家通过创作，表现出自己在静观状态下对整个世界和自我的生命的体验。"艺术心灵的诞生，在人生忘我的一刹那，即美学上所谓'静照'。静照的起点在于空诸一切，心无挂碍，阻世务暂时绝缘。这时一点觉心，静观万象，万象如在镜中，光明莹洁，而各得其所"，从而有自得之趣。他在引用王羲之的诗"争先非吾事，静照在忘求"后说："'静照'是一切艺术及审美生活的起点。"同时宗白华更强调动。谢赫的六法以"气韵生动"为首，"而中国哲学如《易经》以'动'说明宇宙人生（天行健，君子以自强不息），正与中国艺术精神相表里"。宗白华认为绘画也可以在静态的线条形式中，体现出生命的律动。他说中国绘画将形体化成飞动的线条，并且着重于线条的流动，从而使绘画带有舞蹈的意味。在看了罗丹的雕刻之后，他认为动是生命的姿式，描写就是在表现生命，描写精神。离形得似，在于通过虚传神，恰恰是在表现生命，表现精神，现气韵，表现动。动静相成的意境是宗白华对生命的最高体认和最高追求。

在对艺术意境重视的同时，宗白华受叔本华影响，最为推崇音乐精神。在1947年10月发于《学识》第1卷第12期的《艺术与中国社会》中，他曾说："社会生活的真精神在于亲爱精诚的团结，最能发扬和激励团结精神的是音乐！音乐使我们步调整齐，意志集中，团结有力而美。中国人感到宇宙全体是大生命的流行，其本身就是节奏与和谐。人类社会生活里的礼和乐，是反射着天地的节奏与和谐。一切艺术境界都根基于此。"他尤其重视《乐记》中的美学思想，认为中国"本之性情，稽之度数"的音乐乃是哲学的象征，以"中正中和"作为万物内在生命目的。因此，中国音乐与西方不同，它与度数和道德在源头上是结合着的。他认为："音乐领导我们去把握世界生命万千形象里最深的节奏的起伏。""它使我们对于事物的感觉增加了深度，增加了纯净。"宗白华通过对中国古代音乐思想的考察，认为形象和抒情的音乐精神弥漫在整个生活中，闪烁在婴儿的眼睛里，贯穿在圣人的人格中。孔子将齐郭门外的婴儿视精、心正、行端，看作是韶乐将作的征象。孟子则说孔子的人格是“金声而玉振之”。而从《乐记》开始的中国音乐思想认为，音乐在根本精神上与天地四时的生命节奏是统一的，“音乐能够表象宇宙，内具规律和度数”。

他认为中国文艺家如宗炳、嵇康等，在山水间感受到一个音乐的境界，拿音乐的心灵去领悟宇宙，领悟道。当他们用心灵的眼睛去看待世间万象时，那种俯仰自得的感受方式体现了中国人节奏化、音乐化的宇宙感。而中国的诗画所表现的也正是这种节奏化、音乐化的宇宙感。“一个充满音乐情趣的宇宙（时空合一体）是中国画家、诗人的艺术境界”。“绘画有气韵，就能给欣赏者一种音乐感。”对音乐精神的推重，是宗白华追求诗意人生和生命情调的高度体现。他的美学思想本身就荡漾着音乐的精神！我们欣赏他的《美学散步》不就是像在欣赏美妙的音乐么！

五、中西比较美学的先行者

在现代中国，宗白华与朱光潜、钱钟书、邓以蛰等人同为中西比较美学、比较艺术研究的早期开路人。其中，宗白华既是最早从理论上从事中西比较研究的学者，也是最具文化意识和哲学思辨深度的。他的中西比较美学和艺术研究，不仅大量而具体地涉及了中西方两种不同的美学理想、艺术旨趣和创造实践，而且深入到了它们彼此的文化精神之核心，从而使得其对于中西美学和艺术的理论阐发体现了一个广大而深邃的思想境界。

尤其可贵的是，宗白华的中西比较美学和艺术的理论探讨，始终根基于对中国文化、中国艺术神髓和意蕴的深度认识与发掘。他既不是机械地套用近代以来的西方美学观点来说明中国美学、中国艺术实践，也不是简单笼统地比附两种不同文化语境中的思想和理论，而是要通过具体、深入的比较，来张扬中国文化的美丽精神和中国美学、中国艺术的独特价值——早在20世纪20年代初，宗白华就曾以自己的亲身感受，清醒地看到“东方的‘静观’和西方的‘进取’实是东西文化的两大根本差点”，但“中国将来的文化决不是把欧美文化搬了来就成功。中国旧文化中实有伟大优美的，万不可消灭。譬如中国的画，在世界中独辟蹊径……中国以后的文化发展，还是极力发挥中国民族文化的‘个性’，不专门模仿，模仿的东西是没有创造的结果的”。“东西虽对流，其原因不同。一是动流趋静流，一是静流趋动流。我们了解他们的本质和动因，然后才有确当的批判，才许以相当的价值，不至于趋向极端了”。而1982年，他在给全国高校美学教师进修班的学员作报告时，又特别地强调：“中国美学有悠久的历史，材料丰富，成就很高，要很好地进行研究。同时也要了解西方的美学。要在比较中见出中国美学的特点”，“中国古代的东西，我们自己应该研究。我们要从这些材料出发，研究中国美感的特点和发展规律，找出中国美学的特点，找出中国美学发展史的规律来”。——正因此，宗白华能够屹立于中西文化、哲学、美学和艺术交汇的时代背景下，在清澄通明的思维中深入阐发中国古典艺术独特的意蕴和精神，凸现其不同于西方的时空意识和意境本质，并将之提升到哲学高度来作探讨。他的中西比较美学、比较艺术研究及其理论思想，为后来的学者点燃了诠释、欣赏中国古典美学和艺术的理论火炬。

可以这么说，自开始美学研究之时，宗白华就一直十分注意对中西两种不同文化精神照临下的美学观、艺术实践进行比较性的探索。他之所以这样做，当然有其深刻的社会文化动因。对此，不妨引用他自己的几段话：

我看见现在社会上一般的平民，几乎纯粹是过的一种机械的，物质的，肉的生活，还不曾感觉到精神生活，理想生活，超现实生活……的需要。推其原因，大概是生活环境太困难，物质压迫太繁重的缘故。但是，长此以往，于中国文化运动上大有阻碍。因为一般平民既觉不到精神生活，理想生活的需要，那么，一切精神文化，如艺术，学术，文学都不能由切实的平民的“需要”上发生伟大的发展了。所以，我们现在的责任，是要替中国一般平民养成一种精神生活，理想生活的“需要”使他们在现实生活以外，还希求一种超现实的生活，在物质生活以上还希求一种精神生活。然后我们的文化运动才可以在这个平民的“需要”的基础上建立一个强有力的前途。

大凡一国家的土地民族总有他特长的优点，也有他遗传的弱点，将来世界人类全体的进化就是将各地民族的优点充分发展，弱点调整和消灭，总汇成一个更幸福的世界，更优秀的人类，这个大事业是世界各地民族的共同责任。各地民族需解决他自己的问题，发展他自己的优点，以共同解决世界问题，促进世界的进化。

文学诗人所追慕的幻景与意象是一个个的人生及其命运。哲学家所瞑想探索的是一个个民族文化的灵魂及其命运。中国在古代接触了印度文化，在近代又接触了西洋文化，这使中国的人生内容增加了无穷丰富，但也产生了许多问题与危机。应付这些问题与危机，是中国人的命运和责任。所以“东西文化及其哲学”是近几十年来每一个中国思想家预感到兴趣的问题。

显然，宗白华之感兴趣于中西文化、美学和艺术的比较研究，最直接的动机，就是为了能够从比较中见出切实解决中国社会现实、现代中国人生实践问题的根本办法，借不同文化之间的比较研究而找到振兴中国文化、提升国人精神的路向。由此以观，宗白华在中西文化、美学和艺术的比较研究中，将理论的立足点放在中华民族文化精华的提炼、深化之上，也就很可以理解了——它不仅有着理论上的动机，更有着现实生活实践方面的追求。

同时，我们还应该看到，宗白华之于中西文化、美学和艺术的比较研究，始终贯穿了一种深厚的人文关怀精神。宗白华在理论上所做的比较工作，不是某种泛泛的表面现象之比，也不是就美谈美、就艺术谈艺术，而是建立在一种更深的文化精神、哲学理念的比较基础上的。早在1919年，宗白华就曾在《说人生观》一文里，从人生哲学的角度，对屈原的诗篇和但丁的《神曲》作了这样的比较：

哲学之悲观既已颇得证据，于是文学思潮亦因之大变：……悲观诗人，自古已多，《离骚》之作，是忠君爱国所激发之悲观也。此外穷愁抑郁之篇实不可胜数，尤以中古时意大利诗人但丁地狱之诗，最为著名。但丁所描写之地狱，即指此人世言耳。

从近代哲学的发展来理解中西文学中的悲剧性因素，宗白华抓住了相差近千年的两部伟大文学作品之间的共同点：《离骚》体现了诗人满腔的爱国忧愤和崇高理想，而但丁在《神曲》之《地狱》篇里大骂贪婪骄妒的市长，不也是诗人爱国热情的特殊表现吗？

站在现实人生改造、现实文化建设的思想立场上，擎举着人类理性的火炬，宗白华在其60多年的美学生涯里，对中西美学、艺术展开了充分、深刻而睿智的比较探索。

（一）中西美学形态的比较

1934年，宗白华在读了郑午昌的《中国画学全史》和黄憩息的《山水画法类丛》两书之后，专门写下了《介绍两本关于中国画学的书并论中国的绘画》一文。在这篇文章中，宗白华鲜明地提倡："将来的世界美学自当不拘于一时一地的艺术表现，而综合全世界古今的艺术理想，融会贯通，求美学上最普遍的原理而不轻忽个性的特殊风格。"美学的发展，既不应仅仅局限于某个民族、时代的特殊的理论、学说，但也同样不可为着片面的"求同"目的而放弃不同理论内部的自身特性和价值；美学的发展前途，在于能够辩证地"综合"不同民族、时代的理论特点，而这一"综合"的前提，则是比较——于比较中见差异，又于差异里见融通会合的可能性。

如果说，这是宗白华在中西美学和艺术比较研究中一个具体的学术理想的话，那么，他本人对于这个理想的具体落实之举，首先就在于抓住美学的理论形态特点来着手分析中西方的异同。虽说这还不是宗白华全部比较研究活动的中心，但也是他花了很大气力来做的一件重要工作。

这里，我们发现，宗白华对中西美学、艺术的比较研究，同他所具有深厚的中国传统哲学素养和西方近代哲学研究基础，是密切联系的。

前文曾经谈到，宗白华的青年时代，佛理的境界虽然投合了他潜在的哲学冥思，但在哲学上，他最深的心源还是在于中国老庄的道家哲学。老庄哲学不仅影响他的学问态度、学问方法，也影响了他个人的人生理想。与此相关的是，在西方哲学家中，宗白华所推崇的则是康德、叔本华和歌德；康德美学从观念上影响了宗白华，也奠定了他进行美学研究的现代思想基础。

这些都说明，宗白华的美学研究是在对哲学的热爱和探索基础上转过来的。因而，在中西美学和艺术的比较研究领域，注意从理论形态上来把握问题，在宗白华那里，应该说是一个必然的发端。

为着深入探讨、比较中西美学的理论形态，宗白华最先在思想上明确了对中西美学理论的总体性认识。他反复深入地强调，就总体特征而言，“在美学思想发展的最初阶段，中国重形象，西方重理性”；中国古典美学往往“利用艺术形象来表达它的思想，生动活泼”，而西方美学“是从古希腊传下来的，基本上是一个理性主义的传统，注重规则、规律”。

对于中西美学这一总体特征的哲学根源，宗白华曾在他的《形上学》一稿中，从中西哲学不同取向的分析出发，作出过精辟的概括。宗白华指出：

西洋化“命运”为命定之自然律。中国推天人合一于“保合太和，各正性命”之形上境！

……

……希腊哲学家常为小国立法以代神权（故柏拉图哲学于立法归结），测量地形以建立几何学，其理智精神欲摧毁宗教（多种不道德），以“纯理性”代多元的人格化之神祇。以逻辑论证代神们的启示（其神们本太人类化，为哲人道德标准所轻视）。希腊哲学出发于宗教与哲学之对立（苏格拉底死于此）。两趋极端。而哲学遂走上“纯逻辑”、“纯数理”、“纯科学化”之路线。而“纯理”界与“道德”界、“美”界的鸿沟始终无法打通……中国哲学家承继古先圣王政治道德之遗训，及礼乐文化，故对政治及宗教不取对立的革命的分裂态度（宗教与哲学分裂），而主“述而不作”、“信而好古”。对古宗教仪式，礼乐，欲阐发其“意”，于其中显示其形上（天地）之境界。于形下之器，体会其形上之道。于“文章”显示“性与道德”。故哲学不欲与宗教艺术（六艺）分道破裂。“仁者乐道，智者利道”。道与人生不离，以全整之人生及人格情趣体“道”。《易》云：“圣人以神道设教”，其“神道”即“形上学”上之最高原理，并非人格化、偶像化、迷信化之神。其神非如希腊哲学所欲克服、超脱之出发点。而为观天象、察地理时发现“好万物而为言”之“生生宇宙”之原理（结论）中国哲学终结于“神化的宇宙”，非如西洋之终结于“理化的宇宙”，以及对“纯理”之“批判”为哲学之最高峰。……

“测地形”之“几何学”（原于埃及测地形之知识加以逻辑条理）为西洋哲学之理想境。“授民时”之“律历”为中国哲学之根基点。中国“本之性情，稽之度数”之音乐为哲学象征，西洋“不懂几何学者勿进哲学之门”。

中国哲学主“参”天地赞“化育”（大陆、平原、境界），“为天地立心，为生民立命，为万世开太平”，而非仅为一小城邦立法！“致中和”是“为天地立心”；“天地位焉，万物育焉”，为“生民立命”之“序秩理数”境，为“万世开太平”则以器载道矣！“天地位，万物育”是以“序秩理数”创造“生命之结构”。生命有条理结构，则器（文化）成立（文章之器及机械之器）。

对比一下中西两种文化思想、哲学观的不同旨趣与精神，我们可以看到，宗白华的这个把握不仅是深刻的，而且深中肯綮。事实上，渊源于古希腊的西方文化、西方哲学，它们的根本归趋就在于“求知”，柏拉图和亚里士多德便是以知识的渊博、论证的精辟和理论体系的严整完备而著称的。其影响及于西方的哲学和美学，则形成了彻底分析的精神、侧重理论探究及修辞与逻辑的严密这样一些特征。康德、黑格尔就是其代表性人物，偏于理性分析和哲学思辨是他们的最大特色。黑格尔虽然使“理性”流动了、发展了、生动了，但却仍试图以逻辑精神控制和网罗生命。而中国文化、中国哲学，从先秦的孔子、老子、庄子等人开始，其最根本的要旨便在于研究“处世”、“做人”。其影响及于中国古典美学思想，便是侧重于探讨文艺的社会功用和人生教育意义，而不是追问文艺的本质、美的本质等纯思辨的问题，所形成的思想特点乃是重感受而不重分析、重联想的丰富而不重逻辑的推论，直观感性的欣赏往往多于理性思辨的论证。并且，由“处世”、“做人”而牵涉到伦理层面，更使中国美学与伦理学紧密挂钩，审美问题中渗入了许多道德的问题。

可以认为，中西文化和思想的实际情形，正与宗白华所发现的相一致。

正是从这种对中西哲学观的整体把握上，宗白华在他对于中西美学理论形态的比较研究中抓住了中西美学总体特征上的差异。他的探讨主要从两个方面展开：

第一，着重对中西审美理论进行形态比较。

以立普斯“移情说”为典型的西方审美理论，重在从审美过程中人的主观情感向对象的移入方面来把握审美活动的实质，人类的审美活动是被当作一个纯粹的心理过程来理解的。而中国古典的审美理论则以“移易”说为典型，审美过程被看作为人（主体）的情感移易、改造活动。宗白华强调，这种中国美学的“移易说”之与西方美学“移情说”不尽相同，就在于它真正捕捉到了产生审美愉快、诞生美的形象的过程的本质。他分析指出，中国美学的“移易”说，包括了“移我情”和“移世界”两个方面：“移我情”是在实践基础上的人（主体）的主观情感改造过程，从而使人（主体）能够在审美活动中更好地发现美、感受美，为此中国美学也特别重视人的艺术修养能力的培植问题，力图在整个主体人格改造的基础上完成艺术的造就；这是审美心理方面的积极因素。而“移世界”则强调改变客观世界的现象，使它能够成为审美的对象，从而在审美的主观心理条件之外又深刻地具备了客观的物的条件。这样，在中国美学的这个审美“移易说”里，便突出地体现了鲜明的实践特性——“移我情”和“移世界”在主体审美实践基础上完成了它们的内在统一。宗白华认为，这就使中国人所面对的世界，成为了一个丰富多彩、有声有色、有形有相的真实存在的美的世界。

无疑，从主体审美“实践”这个角度，宗白华探出了中西美学在审美问题上的理论差异相，从而在一个最本质的意义上把握了中国古典审美理论的精神核心。

而在美感发生的具体途径问题上，宗白华则从尼采的“日神精神”和“酒神精神”那里得到理论上的启悟，并用之于比较西方美学的审美“静观”与中国古典美学的审美“静照”的理论异同。在宗白华看来，“醒者张目人间，寄情世外，拿极客观的胸襟，‘漱涤万物，牢笼百态’，他的心就像一面清莹的镜子，照射到街市沟渠里面的污秽，却同时也映着天光云影，丽日和风！人情物理，体会无遗，世间的光明与黑暗，人心里的罪恶与圣洁，一体显露，并无差等”。这也就是中国人所谓“赋家之心，包括宇宙”的审美方式，其中散布着由身心的体验所获得的晶莹的智慧。

宗白华又同时指明，美感的发生，在这“醒”之外，更重要的还是主体要在审美过程中能醉、能梦，“由梦由醉诗人方能暂脱世俗，超越凡近，深深地堕入这世界人生底一层变化迷离、奥妙惝恍的境地”。这就是中国人所谓“诗家之境，如蓝田日暖，良玉生烟，可望而不可置于眉睫之间”的审美观照方式，其如“古诗十九首，空乱道，归趣难穷，读之者回顾踌躇，百端交集，茫茫宇宙，渺渺人生，念天地之悠悠，独怆然而涕下；一种无可奈何的情绪，无可表达的沉思，无可解答的疑问，令人愈体愈深”。

而就这两种审美方式相比较而言，宗白华则强调，它们的共同特点都在对于审美者（主体）的要求，即审美主体具有“不沾滞于物的自由精神”。

宗白华对于美感发生途径问题的这一认识，我们从康德和叔本华的思想中可以见到其踪影。康德曾认为，审美鉴赏是“凭借完全无利害观念的快感和不快感对某一对象或其表现方法的一种判断力”，尤其是叔本华所持的审美静观可以使人暂脱生活羁绊并忘却自身的主张，应该说，对于宗白华在这里所作的比较研究有着更大的影响力。叔本华在《意志及表象的世界》中说：“静观这对象则使我们客观化，也就是说，我们在静观它之时，不再觉得自己是个别的人，而是纯粹无意志的认识之主体。”显然，宗白华之于中西审美“静观”与“静照”理论的比较研究，不仅受了尼采思想的启发，同时也受了康德、叔本华的影响。而这一点，也正是宗白华早期美学思想中的一个显著特点。

不过，通过理论上的一番深入比较，宗白华也看到，相比于西方美学的有关思想，惟有中国古典美学的这个“静照”理论，才具有独辟的思想深度。因为在中国古典美学里，“静照”是容纳了生命运动内容的审美范畴，它的最大成就，在于把审美（美感诞生）的过程看成是“自得的、自由的各个生命在静默里吐露光辉”的过程，是“静照”者内在生命与外在对象生命的交相感应，“静而与阴同德，动而与阳同波”（庄子语）。它不像西方美学的“静观”理论那样，绝对地强调与世界隔绝——康德就曾经说过：“审美感是无私心的，纯是静观的，他静观的对象不是那对象里的会引起人们欲求心或意志活动的内容，而只是它的形象，它的纯粹的形式。”——而是“静故了群动”，其中有灵气往来，在无所欲求中寻得了对象生命的光辉。何况，中国美学在这种“静照”中，向外发现了自然，向内发现了自己的深情，有人格美的韵致。

作为“静照”（“静观”）的条件，审美心理距离问题在中西美学理论中都占有很重要的地位。英国美学家布洛（E. Bullough）在《心理距离》一书中就曾认为心理距离是“美感”的一种显著特征，提供了审美过程中一个“最需要的判断标准”；它使得审美对象成为“自身目的”，并把艺术“提高超出个人利害的狭隘范围之外，而且授予艺术以‘基准’的性质”，“当人与艺术接触，或者仅仅作为欣赏者或者作为创作的艺术家，而对艺术发生一种无我的但又如此有我的关系之时，心理距离在审美欣赏和艺术创作上就代表着此种关系所固有的一种特质”。因而，“最广义的审美价值，没有距离的间隔就不可能成立”。而宗白华则从中西两种审美理论的比较研究中发现，西方美学的审美“心理距离”范畴，其实就是中国古典美学中的“空”范畴——要求对物象造成距离，使审美者不沾滞于物象，物象得以孤立绝缘，自成一独立的美的境界。这种“空”，在中国古典美学里所表现出的深层意义，在于它具有两层含义：一是依靠外界物质条件造成的“隔”。二是由精神淡泊造成的心灵内部方面的“空”（“自远”、“闲和平静”），从而感受到物有远致；而这“空”的第二层含义，正同西方美学中的“距离”范畴相近。不过，我们从宗白华的研究中又可以看到，在中国艺术意境创构中的这个“空”，并不是真正的空无、虚无，而是由此获得生命的充实，由精神的淡泊接近到宇宙生命的“真意”。无论是物质间隔的

“空”，还是心灵内部的“空”，其中都有着严整充实的生命，有着人生的广大、深邃和充实。显然，这就是宗白华所揭示的中国古典美学在对待审美心理距离方面深刻于西方美学的实质。

第二，着重探讨了中西方在“诗（文学）与画的美学关系”上的理论异同。

1959 年，宗白华发表了著名的《美学的散步》一文。这篇文章，也是宗白华对美学中的重要问题——诗（文学）与画（造型艺术）的美学关系进行中西比较研究的非常重要的成果。他在其中提出了两个极具辩证精神的观点：其一，画和诗（也是各门艺术之间）的分界、区别是不能泯灭，也不应该泯灭的，应当承认各门艺术都有其自身特殊的审美表现力和表现领域；其二，各门艺术之间“各自又可以把对方尽量吸收进自己的艺术形式里来。诗和画的圆满结合（诗不压倒画，画也不压倒诗，而是相互交流交浸），就是情和景的圆满结合，也就是所谓“艺术意境”。

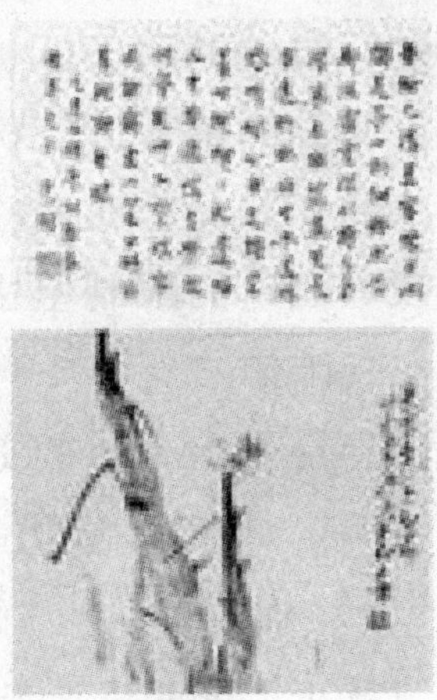

德国启蒙运动时期的著名美学家莱辛，曾在《拉奥孔》中提出，由于诗与画在题材、媒介、审美感受和艺术理想等方面都存在差异，所以“雕刻、绘画之类造型艺术用线条、颜色去描绘各部分

在空间中并列的物体，不宜于叙述动作；诗歌（推广一点来说，文学）用语言去叙述各部分在时间上先后承续的动作，不宜于描绘静物”；“绘画，而且只有绘画，才能摹仿物体美”，“诗人既然只能把物体美的各因素先后承续地展出，所以他就完全不去为美而描写物体美”。莱辛以希腊晚期群雕“拉奥孔”来具体说明了这一点。18世纪德国艺术史家温克尔曼在《关于在绘画和雕刻艺术里模仿希腊作品的一些意见》一文中，曾经指出：由于希腊人的智慧克制着内心情感的过分表现，所以，在“拉奥孔”这座雕像上，被两条大蛇捆绕着、正在垂死挣扎的拉奥孔的脸上，并没有表现出人所期待的那种强烈痛苦的疯狂表情；雕像拉奥孔的嘴仅是微微启开呻吟着，而不是痛极狂吼，全部雕像给人的印象是在极大的悲剧的苦痛里保持着镇定、静穆。“一个这样伟大心灵的表情远远超越了美丽自然的构造物。”然而莱辛却不完全同意温克尔曼的这种见解。在莱辛看来，人的肉体在遭受剧烈痛苦时大声喊叫以减轻痛苦，本身合乎人情，也是很自然的事情，所以荷马史诗里的战士受伤倒地时就常常大声叫痛，维纳斯的玉体被刺痛时也不禁狂叫，他们都没有时间照顾到自己脸相的难看。同样，拉奥孔雕像上的那种微呻也不是由于希腊人的品德如此，我们应当到各种艺术的材料不同、表现的可能性不同及其创造的限制里去找出它的理由。换句话说，对于莱辛来说，拉奥孔雕像之所以不像在史诗里那样痛极大吼，并非如温克尔曼所说的那样是出于道德上的考虑，而是由于雕刻的物质表现条件在直接观照中显得不美（在史诗里没有这种情况），因而雕刻家（画家也一样）须将表现的内容改动一下，以配合造型艺术因物质表现方式所规定的条件。“有一些激情和某种程度的激情，它们经由极丑的变形表现出来，以至于将整个身体陷入那样勉强的姿态里，使他的在静息状态里具有的一切美丽线条都丧失掉了。于是古代艺术家完全避免这个，或是把它的程度降低下来，使它能够保持某种程度的美。”

应该说，莱辛在这里所作的“诗”（文学）与“画”（造型艺术）的区分，主要的目的是要把绘画性的描写从诗歌里赶出去，并且不让造型艺术同情节——富于表现和意蕴的情感变化节奏发生任何直接的联系。这一理论原则，在西方近代的美学中无疑是具有相当代表性的。萨里（Sully）在《大英百科全书》“美学”条目里就认为，莱辛的这个区分原则“成了近代美学的真正道路的开路先锋”。

宗白华首先肯定了莱辛思想中的合理成分，认为莱辛在对诗（文学）和画（造型艺术）进行深入分析的过程中，揭示了不同艺术创造各自的局限性和特殊的表现规律，“艺术家若不注意它，遵守它，就不能实现美，而美是艺术的特殊目的。若放弃了美，艺术可以供给知识，宣扬道德，服务于实际的某一目的，但不是艺术了。艺术须能表现人生的有价值的内容，这是无疑的。但艺术作为艺术而不是文化的其他部门，它就必须同时表现美，把生活内容提高、集中、精粹化，这是它的任务。根据这个任务，各种艺术因物质条件不同就具有了各种不同的内在规律。拉奥孔在史诗里可以痛极大吼，声闻数里，而在雕像里却变成了小口微呻了。”宗白华就此并认为，莱辛在《拉奥孔》中的创造性分析，启发了以后艺术研究的深入，开创了近代美学对于艺术形式的研究。

“诗中有画，但不全是画，画中有诗，但不全是诗。诗画各有表现的可能性范围，一般地说来，这是正确的。”宗白华看到，不同的物质条件局限了各门艺术的特殊表现力和表现范围，各门艺术之间既不能相代，也不必相代，因而各门艺术之间的界限是客观存在着的。宗白华曾以唐代大诗人兼画家王维的《蓝田烟雨图》为分析对象，指出其题画诗“蓝溪白石出，玉山红叶稀。山路元无雨，空翠湿人衣”中后两句之意味，就不能在画面上直接画出来；假使刻舟求剑似的画出一个人穿了一件湿衣服，即便不难看，也不可能把“山路元无雨，空翠湿人衣”的诗境蕴涵和感觉像诗句那样完全地传达出来。“好画家可以设法暗示这种意味和感觉，却不能直接画出来”，“诗中可以有画，像头两句里所写的，但诗不全是画。而那不能直接画出来的后两句恰正是‘诗中之诗’，正是构成这首诗是诗而不是画的精要部分”。

然而，宗白华并没有因为艺术分界的客观存在，而忽视了各门艺术之间的交融互渗；相反，他更要从艺术结合的可能性和现实性中，来揭示中西两种理论的差异。其实，莱辛也曾经指出过，“诗人要求画家能打破画的艺术的限制，表出诗的境界来”，只是由于莱辛所代表的西方近代美学的根本立场，主要还在于强调诗（文学）与画（造型艺术）的分界，强调各种艺术形式之间的差别，所以，莱辛乃至于整个西方美学，在这一问题上仍然是有相当局限性的。而在宗白华看来，事实上，诗（文学）与画（造型艺术）的界限，并不像莱辛所说的那样狭窄、严格，它们在更大程度上是可以而且应该相互渗融、相互结合的。即如罗丹，就曾创造了疯狂大吼、躯体扭曲、失去了一切美的线纹的人物，却仍不失为艺术的杰作，创造了一种新的美。由此，宗白华认为，尽管不同艺术之间因具体物质条件不同而有着各自表现方面的局限和区别，但是它们各自“又可以把对方尽量吸进自己的艺术形式里来”。甚至，诗和画（即各门艺术）之间只有相互启发、相互结合，才能够使艺术的意境更具深意。即以绘画和诗歌的关系而言，“画里若不能暗示或启发人写出这诗句来，它可能是一张很好的写实照片，却又不能成为真正的艺术品——画，更不是大诗画家王维的画了”。比如达·芬奇的传世杰作《蒙娜丽莎》，画面突破了画和诗的界限，使画成了诗。那谜样的微笑，曾使后来无数诗人心魂震荡，让人感觉到那双妙目巧笑，深远如海，味之不尽。

宗白华善于从中国古典美学思想和艺术实践中发现并说明问题。在他看来，宋人晁以道所谓“画写物外形，要物形不改，诗传画外意，贵有画中态”，就是中国古典美学有关艺术交融思想的经典性理论表述，其中不仅说明了诗与画的离合异同，更是创造性地揭示了诗（文学）与画（造型艺术）的辩证关系，这就是：诗启发了画中意态，画给予诗以具体形象，诗画交辉，意境丰满，各不相下，互有千秋。换句话说，画外之意，待诗来传，才能圆满；诗里具有画所写的形态，才能形象化、具象化，不至于太抽象。宗白华专门分析了唐代诗人王昌龄的《初日》：“初日净金闺，先照床前暖；斜光入罗幕，稍稍亲丝管；云发不能梳，杨花更吹满。”这首诗的意境，在宗白华看来，便很像是一幅近代印象派大师的画作：画里现出一座晨光射入的香闺，日光在这幅画里是活跃的主角，它从窗门跳进来，跑到闺女的床前，散发着一股温暖；接着穿进了罗帐，轻轻抚摩一下榻上的乐器——闺女所吹弄的琴瑟箫笙——枕上如云的美发还散开着；杨花随着晨风春日偷进了闺房，亲昵地躲上那枕边的美发上。这诗里，上演着光的独幕剧，歌唱着光的抒情诗；诗里，抒写了光的活跃的先后曲折的历程，更丰富和加深了情绪的感受。于是，宗白华由衷地感叹：“诗里并没有直接描绘这金闺少女（除非云发二字暗示着），然而一切的美是归于这看不见的少女的。这是多么艳丽的一幅油画呀！”

实际上，我们从苏轼、王安石等人的思想，以及中国艺术家的作品中，都能够看到中国美学在各门艺术规律的特殊性和普遍性问题上的那种辩证观念。“诗中有画，画中有诗”（苏轼语），这就是中国古典美学与西方美学在艺术分界问题上的一个极大的理论差别。而从宗白华的分析中，我们还可以了然，中国古典美学关于“诗中有画，画中有诗”的辩证理论，不仅在根本上是同西方的“诗画分界”说不相抵触的，而且它还扩充了西方美学的蕴含，使得美学对艺术实践的指导意义变得更为深刻。

通过宗白华对于中西美学形态的比较，我们可以发现，在中国美学中，回旋荡漾的是一种情感与形象相交融的生命精神的活泼；而西方美学中反映出来的，却是理性精神的严肃冷静。这也正是宗白华在其比较研究中所要阐明的一个重要方面。

（二）中西审美空间意识的比较研究

在宗白华的整个中西美学、艺术比较研究中，最富有理论的独创性价值，同时也是现代中国美学史上最具理论系统性的，是宗白华对于中西方艺术表现的审美差异特征的深度研究和阐发。有人曾因此评价宗白华“从世界美学史的角度，把中国、外国的艺术、美学，包括美学家，沟通起来，加以对比研究，既阐明了美学的一些共同规律，又着重研究了不同民族的文学、艺术作品的不同特点，及由此表现出来的不同美学思想和欣赏趣味”。

进一步讲，宗白华对于中西方艺术表现的审美差异特征的比较研究，主要又集中在有关艺术的审美空间意识问题上。从这里，宗白华不仅发掘出中西美学的不同特征，而且更深地探入到中国古典美学的深层核心。

在审美空间意识问题上，宗白华有一个总的、明确的观点，那就是认为：“向着无尽的宇宙作无止境的奋勉”是西方艺术审美空间意识的内在精神，而中国艺术却是“无往不复，天地际也”、“饮吸无穷于自我之中”。这其实也就点出了中西艺术在审美空间意识上的主要差异之所在。

宗白华首先从中西哲学和文化层面上，对形成这种美学和艺术上的意识差异之根源，进行了非常认真谨细的理论探究。宗白华发现，西方人对于无穷的宇宙空间的态度，是追寻的、控制的、冒险的和探索的，其结果是彷徨不安、欲海难填。中国人的态度却不是野心勃勃、追求无穷，而恰如古诗所云：“高山仰止，景行行止，虽不能至，而心向往之”，“深广无穷的宇宙来亲近我、扶持我，无庸我去争取那无穷的空间”。这种对于空间的不同态度，便造成了中西方在审美过程中两种截然不同的空间意识：西方人的审美空间意识是在由近及远的层层推进中，到达目极难穷的远天，驰情入幻，其中暗示着物与我之间的一种紧张和分裂；中国人的审美空间意识，则是流动变化和虚灵的审美空间随着心中意境可敛可放，空间的延伸与时间的节奏相交汇，物和我在其中交互浑融。

宗白华试图从哲学上找到这种中西差异的深刻根源。他的《形上学——中西哲学之比较》一稿，就专门对中西方哲学本体论进行了非常仔细的比较。在宗白华看来，心与物、主观与客观的关系问题，始终支配了西方的哲学探求。无论古希腊的哲学观是将有限的具体世界包涵在和谐宁静的秩序中，还是近代西方哲学观在无尽的交流关系里容纳了一往无穷的力的系统，它们的态度终究都是一致的，即人与物、主观与客观对立相视。西方人的审美空间意识就植根于这种“人与世界对立”的哲学基点上，所以他们的人生便也是向着这无尽的世界作无尽的努力，表现为“积极活动的生命”和“企向无限的憧憬”。而中国人的审美空间意识则深深地培基于中华民族的基本哲学——《易经》的宇宙观：阴阳二气化生万物。万物皆秉天地之气，而一切物体可以说都是一种“气积”。这生生不已的阴阳二气织成一种有节奏的生命，所以伏羲画八卦，也就是以最简单的线条结构表示了宇宙万象的变化节奏；而人在静寂观照中求返于自己深心的节奏，便体合了这种宇宙内部的生命运动，人与物交相浑融。“东方的智慧却不是飞翔于‘自然’之上而征服之，乃是深潜入于自然的核心而体验之，冥合之，发扬而为普遍的爱。”因此，中西美学在审美空间意识上的差异，根本上也就是中西哲学观的分界之所在。可以认为，宗白华的这一分析，从一个极为深刻的基础上向我们说明了，中西美学的差异主要还在于各自基本哲学观念的不同，以及中西方对于世界人生追求的不同。这就为我们深入研究中西审美空间意识问题，指明了一个新的方向。

同时，如果我们进一步从中西两种文化、社会的历史考察去看，也可以见出宗白华这个分析的深刻性。西方自进入奴隶社会以后，基本上是一个宗教性的商业社会，因此，其社会生活、文艺活动及美学思想首先就具有了宗教性的色彩。神性与人性、灵与肉、神与魔的搏斗，成为西方文艺经常的表现主题，其美学思想与“神”的观念也经常地结合在一起——因不满足于现实生活中的美，而要到超现实、超自然的“神境”中去寻找美。所以，西方美学思想中始终笼罩着某种神秘的光环，秩序井然的“此岸世界”与不可知的“彼岸世界”。与此相联系，商业性的特点又使得西方社会的人们富于冒险精神，不断地谋求向外发展。反映在文艺创作中，便是从个人出发而又不断地追求自我、扩展自我，从而其美学思想也具备了这种无穷探寻的理想目的。因此，由宗教性、商业性的社会而影响的西方美学，其对于审美（艺术）空间的态度必然像宗白华所说的，是“追求无穷”。不同的是，中国社会却是一个宗法性和农业性的社会。它不是以“神”为中心，而是以君主家长式统治为中心的“人本”社会，强烈的宗法性使得神的光彩淡没了、人化了。在帝王的统治下，“此岸世界”与“彼岸世界”相统一，帝王的生活就是神的生活，歌颂帝王、帝王生活就成了中国文艺的重要内容。其影响及于美学和艺术实践，便体现为不用“灵”来反对“肉”，不用现世的苦行来祈求来世的幸福，而是要在“威仪反反”中“既醉既饱”。这不仅是中国社会最具代表性的人生理想，也是中国社会最具代表性的美学思想。同时，也由于中国社会的农业性特点，使得封闭式的自我满足精神在中国古典美学中具有了特殊的力量。“知足之足常足矣”（老子语），因而中国古典美学构成了一个以自我为中心、以自我感受为直径的既大又小的完整宇宙——其“大”而与天地精神相往来，其“小”而万变不离一个“我”，“目送归鸿，手挥五弦。俯仰自得，游心太玄”（嵇康语）。人们对于空间和生命的态度不是正视的抗衡，紧张的对立，而是纵身大化，与物推移。“中国人由农业进于文化，对于大自然是‘不隔’的，是父子亲和的关系，没有奴役自然的态度。中国人对他的用具（石器铜器），不只是用来控制自然，以图生存，他更希望能在每件用品里面，表现出对自然的敬爱，把大自然里启示着的和谐、秩序，它内部的音乐、诗，表现在具体而微的器皿中”，“在中国文化里，从最低层的物质器皿，穿过礼乐生活，直达天地境界，是一片混然无间，灵肉不二的大和谐，大节奏”。中国诗歌中所常用的字眼如盘桓、周旋、徘徊、流连，哲学著作如《周易》所常用的如往复、来回、周而复始，等等，便正描写出中国人的这种空间意识。由此而诞生的中国人的审美（艺术）空间意识，则必定如宗白华所指出的，是“网罗天地于门户，饮吸山川于胸怀”。

对于中国美学和艺术这种空间意识的文化历史根源，宗白华还曾有过这样两段非常透辟的阐释：

《易经》在《说卦》一章里发挥了这个四时配合四方的思想，表现得很清楚，当然带了些神秘色彩。从这里可以见到中国古代思想意识是从农业生产的实践中获得它的时空（宇宙）观念的。“世界”二字也是这样，“世”字在金文上本是树上枝叶之状，就是现在的“葉”字，金文上“世”，即葉字。葉原为枼，从世，一年一度新枼就是一世，子孙世世相承也如新叶，“谍”谱记录之。“界”字从田，即田地画界。“世界”二字反映着农业生产生活。“时”字古写，上面是“之”字，下面是“日”字，就是日出上升的形象。在中国，时间是由下向上升腾的一条线，“寓万物萌生之义”，而不是由上往下垂的一条线。这也是表象着中国意识里“时”的创造性。“日出”是“时”的展开，“时”不是一条几何学上的死线条。中国的“四度世界”是一个生命的有机体，不是一个几何体。……

古代中国人深深感到时间的创造性的节奏和成果，把它推高到世界上贯串形上（道）形下（器）的原理。《易·系辞》里总结性地说道："是故阖户谓之坤，辟户谓之乾，一阖一辟谓之变，往来不穷谓之通，见乃谓之象，形乃谓之器，制而用之谓之法，利用出入，民咸用之谓之神。"这一段话不但是把宇宙观和生产实践（制造工具和利用工具）打成一片，也是把空间的开阖和时间的节奏，运动的效果和规律的发现打成一片。阖辟、阴阳、乾坤、天地，就是从几个不同角度来称呼这同一的对象的。这个对象也就是宇宙、时空，和里面的创造性的动力。

中国人的宇宙概念本与庐舍有关，"宇"是屋宇，"宙"是由"宇"中出入往来。中国古代农人的农舍就是他们的世界。他们从屋宇得到空间观念。"日出而作，日落而息"（击壤歌），由宇中出入而得到时间观念。空间、时间合成他的宇宙而安顿着他的生活。他的生活是从容的，是有节奏的。对于他空间和时间是不能分割的，春夏秋冬配合着东南西北……时间的节奏（一岁十二月二十四节）率领着空间方位（东南西北等）以构成我们的宇宙。所以我们的空间感觉随着我们的时间感觉而节奏化了、音乐化了！画家在画面所欲表现的不只是一个建筑意味的空间"宇"，而须同时具有音乐意味的时间节奏"宙"。

天地为庐，时空合一，动静一律。人们从日常的居室推及广大无垠的空间，又由广大的空间返回日常的居室，其中体现了中国人对世界和宇宙的亲切感、归宿感。时间率领了空间，时间的韵律组成了空间的节奏，空间流动着一片生气盎然，人们在空间中领略时间，也就是领略了生命的律动。"会心处不必在远，翳然林木，便自有濠濮间想也。觉鸟兽禽鱼，自来亲人!"（《世说新语》）应该说，这是一种对于中西审美空间意识的准确而深刻的根本性揭示。它也许只有用美学家洪毅然的话来评价最为恰当：宗白华是"唯一提高到哲学高度研究中国艺术的学者"。

以这种哲学、文化精神的深入发掘为本，宗白华集中从中西艺术的具体表现方面，对中西审美空间意识的差异性进行了深入探问。

宗白华对于中西方的绘画艺术有着十分精深的透察和理解。其比较研究富有特色的一个方面，就是紧紧抓住了中西方绘画艺术创造过程中的不同透视法则来认识、说明中西审美空间意识问题。宗白华有这样一段非常精彩的话：

> 中国画家并不是不晓得透视的看法，而是他的“艺术意志”不愿在画面上表现透视看法，只摄取一个角度，而采取了“以大观小”的看法，从全面节奏来决定各部分、组织各部分。中国画法六法上所说的“经营位置”，不是依据透视原理，而是“折高折远自有妙理”。全幅画面所表现的空间意识，是大自然的全面节奏与和谐。

在宗白华看来，这种“以大观小”的审美（艺术）空间表现方式，从根本上说，就是“提神太虚”，主体用心灵的眼睛自世外鸟瞰的立场观照全整律动的大自然，俯仰宇宙。画家的空间立场在时间中徘徊移动，游目周览，集合数层与多方的视点谱成一片超象虚灵的诗情画境。这样，构成中国画透视法则的，也就是摆脱了科学的数理原理而服从于艺术原理的“以大观小”，所形成的就是“高远”、“深远”、“平远”这“三远”层次。“我们欣赏山水画，也是抬头先看见高远的山峰，然后层层向下，窥见深远的山谷，转向近景林下水边，最后横向平远的沙滩小岛。远山与近景构成一幅平面空间节奏，因为我们的视线是从上至下的流转曲折，是节奏的动。”关于这一点，清代画论家华琳在《南宗抉秘》里曾有过非常明确的论述：“吾见诸前辈画，其所作三远山，间有将泉与云与烟颠倒用之者，又或有泉与云与烟一无所用者，而高者自高，深者自深，平者自平，于旧谱所论大相径庭，何也？……盖惟有推法焉，局架独耸，虽无泉而已具自高之势。层次加密，虽无云而已有可深之势。

低褊其形，虽无烟而已成必平之势。高也，深也，平也，因势取形，胎骨既定，纵欲不高不深不平而不可得。惟三远为不易！然高者由卑以推之，深者由浅以推之，至于平，则必不高，仍须于平中之卑处以推及高，平则不甚深，亦须于平中之浅处以推及深。推之法得，斯远之神得矣。”而郭熙《林泉高致》也同样地强调：“山有三远：自山下而仰山巅谓之高远，自山前而窥山后谓之深远，自近山而望远山谓之平远。高远之色清明，深远之色重晦，平远之色有明有晦。高远之势突兀，深远之意重叠，平远之意冲融，而缥缥缈缈。其人物之在三远也，高远者明了，深远者细碎，平远者冲澹。明了者不短，细碎者不长，冲澹者不大，此三远也。”显然，宗白华是深得中国美学和艺术之精神，其所言所论，在于揭明了中国美学与艺术的审美空间立场。正由此，宗白华颖悟道，“无数空间有机的统一，化空间为生命的境界，以行游动作在时间中体验空间。空间成了万线律动的原野，由线文的力的方向，人的行动，画上线文，组合统一，引起空间高、深、远之感”，是以“中画空间，是打破了统一的唯一的几何空间，为无数空间而又隔而不隔，有离有合，有隔有通。绵延不断，如离卦之是‘明两作离’。是积聚两明乃作于离，必取两明（即两空）前后相续，乃得作离卦之美”。

与中国绘画艺术所取之立场不同的是，西方绘画的透视法则却是“一远”法则，即画家由一固定的主观立场来看客观世界，貌似客观而实是主观，形成为几何式的三进向立体空间，一切视线集结于一个焦点（或消失点）。对此，宗白华曾经归结性地指出：

西洋透视法的三个主要画法：（1）几何学的透视画法。画家利用与画面成直角诸线悉集合于一视点，与画面成任何角诸线悉集于一焦点，物体前后交错互掩，形成按距离缩短，以衬出远近……（2）光影的透视法。由于物体受光，显出明暗阴阳，圆浑带光的体积，衬托烘染出立体空间。远近距离因明暗的层次而显露。……（3）空气的透视法。人与物的中间不是绝对的空虚。这中间的空气含着水分和尘埃。地面山川因空气的浓淡阴晴，色调变化，显出远近距离。在西洋近代风景画里这空气透视法常被应用着。

宗白华认为，由中西方绘画的两种大相径庭的透视法则，便表征了两种相悖的审美观照方式，这一切当然都是各有认识基础的：中国人的空间体验特质如鸟之拍翅、鱼之泳水，在俯仰往还、远近取与的过程中成一回旋的视觉节奏，其视线是流动的。“俯观江汉流，仰视浮云翔”（苏轼语），“仰视碧天际，俯瞰绿水滨”（王羲之语）。“我们向往无穷的心，须能有所安顿，归返自我，成一回旋的节奏。我们的空间意识的象征不是埃及的直线甬道，不是希腊的立体雕像，也不是欧洲近代人的无尽空间，而是潆洄委屈，绸缪往复，遥望着一个目标的行程（道）！”这也便是中国人对于空间的独特观照方式。而希腊人自发明了几何学和数学，在把握自然现实的过程中就极为重视宇宙形象的数理和谐性；经中古时代到文艺复兴，西方艺术更是自觉追求了艺术与科学的一致，画家们兢兢于研究透视法、解剖学，以建立合理的真实空间表现和人体写实。艺术不惟模写自然，而且修正自然，以合乎数理和谐的标准——整齐、对称、均衡就是其特色。这样，西方人实际上从古希腊开始，就墨守着人与对象正面对立的观照立场。西方画家由于是站在固定地点、由固定角度来透视深空，因此画家的视线失落于无穷、驰之于无极，其对于无穷空间的态度也必是追寻的、控制的、冒险的、探索的。

这便是宗白华从中西绘画艺术的两种透视法则中，所概括出来的中西方两种审美观照方式之认识上的不同基础。这样一种比较研究的特点，在于从不同文化和哲学、美学理想的内在因素方面寻找差别，这就为继续探索中西审美空间意识在艺术里的表现形式，奠定了坚实的理论前提。

从中西绘画的不同透视法则，宗白华进一步探入到了对于中西艺术空间感型差异的分析之中。他旁征博引、上下周游，以十分精到的眼光，充分、深入地揭示了问题的实质及其表现形式，形成了一系列令人称绝的观点。

每一种艺术都将在它的内部反映出一种空间感型，并且在一定程度上将会互相交错地加以表现，从而使各种艺术首先在空间形式上体现出互相渗融的性质。这一点已经为人类艺术史的发展所证明。宗白华美学的高明之处，在于他看到了西方绘画的基本的空间意识，常常是偏于建筑和雕塑的。也就是说，西方人对于空间的情绪感觉，寄托在了一片光影明暗彩色之中，画的平面上构出了逼真的空间框架——逼真到了往往令人感到可怖的空幻，根本上体现了“彷徨追寻”，象征了人类心灵的苦闷。可是，中国艺术的空间感型，其表现在绘画中，却既不是凭借光影的烘染衬托，也不是移写雕像立体及建筑的几何透视，而是显示了一种类似音乐或舞蹈所引起的空间感型；表现在诗词中，则“墨气四射，四表无穷，无字处皆其意也”；表现在书法里，即“开始于一画，界破了虚空”，有人心之美与万象之美。

从宗白华的这个提示中，我们确乎能够看到这么一点，即他虽然无意贬低西方艺术的空间感型，但实际上，他又特别地钟情于这种中国式的独特的空间感型。在宗白华心目中，静止的几何空间无法容纳流动的生命节奏，只有“诗意的创造性的艺术空间”，方能表现出对象的生命律动，才体现着艺术空间的特殊性和优越性，而这恰恰是中国艺术空间感型的普遍特征。同时，一切艺术又都趋向于音乐。而宗白华则强调，中国画的空间便是“似真似幻的境界涵浑在一无形迹，而又无往不在的虚空中”，是诗，是音乐，是舞蹈，却不是立体的雕刻，在一片似主观而实为客观的全整宇宙的艺术境界里，体合了中国人的文化观念和哲学的精神，能够在节奏流变的空间中写出物的内部生命，而不必刻画雕琢、渲染凹凸。“其由‘动’生出空间感，非由空间间架测推远近，乃所谓‘如决流之推波’、‘行云之推月’之感也。由被画面之‘动的韵律’所推动，如乘于此‘决流之推波’上感到远景、感触深度之宇宙！”因此，在宗白华那里，这样的空间感型才是“世界第一”。

英国美学教授莫里斯（Morris）曾经在他的《艺术讲演集》里提出，西方人“非常认真的态度和加在日常生活用品之上的深刻的感觉，事实上构成了建筑的灵魂……其他艺术的存在是同建筑的存在分不开的”。这个看法无疑是准确的。然而，莫里斯同时却又以为，中国人不擅长建筑，因而对这些艺术没有全面精通，“他们似乎是拿这些艺术来游戏，而不是设法把自己的灵魂灌注到其中去”。这实在是一种认识上的偏颇了。宗白华的中西美学和艺术的比较研究则提示出，中国艺术在空间感型上的特征，具体体现了对于生命意义的高度重视，只不过它不是表现静止呆滞、失于真态的“虚假生命”，也不仅仅表现个人的生命，而是要在艺术的创造性过程里表现出一个更为广大深远、变幻流动的宇宙生命，在一个音乐性的空间中体征生命律动的本质。即如“中画走向水墨之无声音东，而摆脱色相。其意不在五色，亦不在形体，乃在‘气韵生动’中之节奏。一阳一阴，一开一阖，昼夜消息之理”；纸面上的画境是艺术家借托物象的描摹以写出胸中的宇宙和自心的韵律，这便是“造境”——所造之“境”必是一个崭新的、和谐的、均衡的小宇宙。而西方偏于建筑的几何式的艺术空间，恰恰无法容纳这流变的生命节奏：西方的绘画，给予一种光影构成的明暗闪动茫昧深远的空间；其雕刻艺术给予我们的，则是一种圆浑立体可以摩挲的坚实的空间感觉；其建筑艺术由外面看也是一个大立体，如雕刻内部是一种直横线组合的可留可步的空间，富于几何透视的感觉。

很明显，宗白华的这个提示，应该说更合乎中西艺术的实际，因此也将抵消由于西方学者的偏见或误解所产生的认识混乱。

中国人"范围天地之化而不过，曲成万物而不遗，通乎昼夜之道而知，故神无方而易无体"（《易经·系辞上传》第四章）。"以虚运实，乃能不'举一隅以当之'。无方无体，不是几何学的境界，'通乎昼夜之道而知'，其知在通乎时间之节奏，而非以勘测空间之排列为主。"在宗白华看来，中国艺术既已超脱了数理的几何式的空间感型，在诗意的创造中体尽了生命的律动，故而它便诞生了一种特殊的审美特征。宗白华集中探讨了中国绘画的空间感型问题，认为它在笔笔虚灵之中，又笔笔写实，这物传神，摈弃刻板的凹凸实体和光线阴影，结成了全幅流动的虚灵的节奏。"绘画是托不动的形象以显现那灵而变动（无所见）的心。绘画不是面对实景，画出一角的视野（目有所极故所见不周），而是以一管之笔，拟太虚之体。那无穷的空间和充塞这空间的生命（道），是绘画的真正对象和境界。所以要从这'目有所极故所见不周'的狭隘的视野和实景里解放出来，而放弃那'张绡素以远映'的透视法。"

这里，宗白华进一步以"空白"和"舞"两个概念来诠释中国艺术的空间感型特征。"中国山水画中亭台楼阁桥等，皆已化实为虚，成为虚空的部分，不是室实有墙壁的部分，反而是为山水中留出虚空，吐纳云气的部分，留出空白。茅屋瓦房的作用皆如此。或用云气缭绕，又树干、树枝、人物等皆'镂空'（双钩竹子）。中国画，因用线钩出轮廓，轮廓内为虚空，不似油画之涂色平铺成为实相，遂成虚实结合。线文为实，而线内为虚，其表现基于线之节奏美。"宗白华特别强调，中国画中的"空白"不再包举万象位置、万物轮廓，而是潜入万物内部、参加万象之动的虚灵的"道"；空白即道，"道"即为事物的本体和生命，是生生不息的宇宙节奏。所以，纸上的"空白"乃是万物的源泉、万动的根本、生生不已的创造力，是中国画真正的画底，它"由实即虚"，获得生命的充实

——对象的生命本质就是这“充实”的内容。这一点也是与整个中国艺术的审美特点相通的：中国音乐在“无声之中，独闻和焉”，中国诗词则“广摄四旁，圜中自显”；在它们的空间构架上都有灵气往来、生命流迁，艺术家心灵与自然对象生命在“空白”中完全全一。因此，中国艺术的审美特点之一，就在于构成一个超象虚灵的讲情画境，使人涵泳在虚灵的空间中而又绸缪往复、盘桓周旋，抚爱万物而澄怀观道。

山川大地是宇宙诗心的影现，画家诗人的心灵活跃，本身就是宇宙的创化，它的卷舒取舍，好似太虚片云，寒塘雁迹，空灵而自然！

即此，宗白华进一步提醒我们：“澄观一心而腾绰万物，是意境创造的始基，鸟鸣珠箔，群花自落，是意境表现的圆成。”“澄怀观道”在拈花微笑中领悟大千世界的微妙至深境界，这是中国艺术在空间创造上的体验。应该说，这个提醒是非常深刻的，它从中国艺术空间感型的审美特征上，又联系了中国艺术意境的创造，在一个完整的层面上把捉了中国艺术的根本物质。“低徊留得无边在，又见归鸦夕照中”（周亮工语），“体尽无穷而游无朕”（庄子语）。这种以“追光蹑影之笔，写通天尽人之怀”的艺术空间，就是中国艺术创造的最后目标，达到了艺术创造的最高成就。而这个审美特征的实现，最终是由于艺术创造的“虚实相生”——在虚与实的统一中，写出心情的灵境而探入了生命的本源。

我们在前面曾经提到，宗白华在探讨艺术空间意识的时候，用一个“舞”字来概括了中国艺术的空间意识。现在我们再从他对于中西艺术空间感型的比较方面，进一步来看他的这个重要思想。在宗白华那里，中国艺术意境的核心被认为是“道”——虚灵的、出没太虚而自成文理的生命节奏与和谐。而“舞”则是物质的对象和精神的自我在艺术空间里自由往来的最直接、最具体的自然流露，其中飘荡着流连往回的生命本质，透出了生命起搏的运动节奏——它因此成了中国艺术的又一个审美特征，人们可以由音乐、舞蹈来体验到一个节奏鲜明的“时空合一”的艺术空间。

也因此，宗白华以为，洋溢着音乐的和谐与舞蹈的律动的自然——艺术对象，通过中国的书法艺术可以最真实地传达出来。宗白华视书法为表达最高意境与情操的民族艺术，强调它“于天地山川得其方圆流峙之常，于日月星辰得其经纬昭回之度。近取诸身，远取诸物，幽至于鬼神之情状，细至于喜怒舒惨，莫不结載”（唐李阳冰语），“观与物，见山水崖谷、鸟兽虫鱼、草木之花实，日月列星、风雨水火、雷霆霹雳、歌舞战斗，天地事物可变、可喜、可愕”（唐韩愈语），其中表达了艺术家的情感与人格，也寓示了自然界的各种形象；不是描摹实物，也不是完全抽象，而暗示了实物与生命的姿势，创构了情景交融的艺术意境，所以人们“因情生文，因文生情”，可以经由书法的点、线、笔画，仿佛从情绪和直觉中体验到客观对象的生命，就像音乐和建筑也能通过诉诸我们的情感而启示人类的生活内容与意义一样。在宗白华看来，中国书法这种形象化的意境，像中国的绘画，像音乐，像舞蹈，像建筑，“众美随之焉”。这就是说，中国书法里的审美观念通于其他中国艺术形式，一切中国艺术都趋向于书法，“中国的诗词、绘画、书法里，表现着同样的意境结构，代表着中国人的宇宙意识”，乃至于“西洋人写艺术风格史常以建筑风格的变迁做基础，以建筑样式划分时代，中国人写艺术史没有建筑的凭借，大可以拿书法风格的变迁来做主体形象”。

而从宗白华的这个见解里，可以见出，他所谓的“舞”，其实就是艺术的“动态之美”。在宗白华看来，中国书法“用强弱、高低、节奏、旋律等有规则的变化来表现自然界、社会界的形象和自心的情感”，生命运动在其中自由自在、翩翩自得，是“有深度的，它是螺旋运动的终点，显示着力量”。这同他对于“舞”的理解——最高度的韵律、节奏、秩序、理性，同时是最高度的生命、旋动、力、热情，实际表达了同一个含义。由此，我们也就可以肯定，宗白华所说的“舞”不仅是“一切艺术表现的究竟状态，且是宇宙创化过程的表征”，也就是指中国书法的动态形象表现是一切中国艺术的趋向，艺术家正是在这里失落自己于造化的核心，沉冥入神，“穷元妙于意表，合神变于天机”（张彦远语）；行气若虹，形神若空，书法的动态形象使这深不可测的玄冥境界具象化、肉身化——中国艺术以书法的意境表演着宇宙人生的创化。比如中国书画的神采都生于用笔，而“用笔不板，就能状物不平扁而有圆浑的立体味”。因此，宗白华认为，“中国在纸面上不用几何学的透视法，也不用光影明暗的晕染，却能下笔便有凹凸之形，此中妙诀，全在‘下笔’二字。笔下的‘点’和‘线’，能以它的轻重浓淡表达出物体的生命，把握住物体的精神，自然便会涌现出空间的氛围。八大山人在一张白纸中心用两三笔墨画一条鱼，顿觉江湖满眼，烟波无尽。石涛画几笔兰叶，也觉周围是空气日光，春风袅袅，空间凹凸不写而自现，笔法之妙原来如是”；“中国人画兰竹，不像西洋人写静物，须站在固定地位，依据透视法画出。他是临空地从四面八方抽取那迎风映日偃仰婀娜的姿态，舍弃一切背景，甚至于捐弃色相，参考月下映窗的影子，融汇于心，胸有成竹，然后拿点钱的纵横，写字的笔法，描写出它的生命神韵”。

在深入表里的探究中，宗白华意识到“忽飘渺以想象，若鬼神之仿佛”（王文考语），中国古代建筑的一个重要特点就是体现了“飞动之美”；中国戏剧的舞台动作则在两千多年的发展中，形成了富有高度节奏感和舞蹈化的基本风格；中国音乐在旋律的变化中，表达了高山流水所唤起的情操和深刻的思想，领导我们去把握世界生命万千形象里最深的节奏起伏。不过，在宗白华眼里，最能体征这种“舞”（书法）的空间意识特征的，还是中国的雕塑和绘画。他曾反复指出，中国雕塑不雕凿凹凸立体的形似，而注意飞动姿态的节奏与韵律，重线纹的表现，人物、禽兽、虫鱼、龙凤等形象，跳跃宛转，完全熔化在流动线纹之中，每一个动物形象都是一组飞动线纹节奏的交织，而融合在全幅花纹的交响曲中，个个生动，个个抽象化；雕像的线纹不仅表达了形象外在的内容，而且传达了形象内在的生命。就像敦煌的雕塑，其线条、色彩、形象，无一不飞动奔放、虎虎有生气。由于人像“在飞腾的舞姿中（连立像、坐像的躯体也是在扭曲的舞姿中）；人像的着重点不在体积而在那克服了地心引力的飞动旋律，所以身体上的主要衣饰不是贴体的衫褐，而是飘荡飞举的缠绕着的带纹。佛背的火焰似的圆光，足下的波浪似的莲座，联合着这许多带纹组成一幅广大繁复的旋律，象征着宇宙节奏，以包容这躯体的节奏于其中”。全部的雕像都以音乐舞蹈为基本情调，在线纹旋动所刻画的形象里透进了世界生命的原始境界，意味幽深而沉厚。中国的绘画“气韵生动”，画中形象无不充满了活泼泼的生命，呈现出一种“建筑的形线美，音乐的节奏美，舞蹈的姿态美”；它的要素不在机械的写实，而在于创造意象，所以“真像一种舞蹈，画家解衣盘礴，任意挥洒。他的精神与着重点在全畅的节奏生命而不沾滞于个体形相的刻画”。画家用他那枝万能的笔，依靠笔墨的浓淡、点线的交错、明暗虚实的互映、形体气势的开合，谱成了一幅如音乐如舞蹈、透着书法美的图案，其中有宛然在目的物体形象，更有熔化在笔墨点线的互流交错之中似真似幻的生命。由此，中国绘画便“以书法为骨干，以诗境为灵魂”，结成了全幅流动的、虚灵的节奏。

天地是舞，是诗，是音乐。通于诗画、音乐、建筑的中国书法，因此就取代了建筑在西方美学中的地位而成为贯穿中国艺术各个时代的骨干，成了一种表达最高意境与情操的民族艺术。

在同中国艺术的比较中，宗白华发现，西方艺术之空间感型的审美特征，因其所依据的是科学的数理空间表现，没有中国艺术那种由阴阳虚实所谱出的生命节奏与和谐，缺乏一种生命的流动境界，而是在“一个近立方形的框里幻出一个锥形的透视空间，由近至远，层层推出，以至于目极难穷的远天，令人心往不返，驰情入幻”。对此，宗白华精确地表述为：模仿自然之“真”及和谐、比例、平衡、整齐的形式美，即“以目睹的具体实相融合于和谐整齐的形式”，所造就的也是缺少深层意蕴、规划化了的“神的境界”与“理想的美”。

在宗白华看来，西方传统绘画用油色填没了画底，不留空白，画面上动荡的光和气氛乃是眼中的物理事实；由于着重明暗光影的韵调，故其境界是光影的气韵包围着立体雕像的核心。这种西方绘画的境界实在是同中国画抽象笔墨的超实相结构不同的——即便是后期印象派重视线条构图的创作，也不如中国画那样运笔流动变化、意义丰富。按照宗白华的看法，西方艺术的最终归结，正在于雕塑和建筑。“静穆稳重”，这就是西方传统艺术（如希腊艺术）的特点。其雕像生动写实而高贵典雅，给我们一种圆浑立体可以摩挲的坚实空间感，且融合具体形象于标准形式，实现了“理想的”形式和谐美。所以，古希腊的人体雕像重“体”，象征神性，是人类永久的理想型范、人间的神境。西方传统的建筑艺术整齐匀称、静穆庄严。如古希腊的建筑，高雅清丽、质朴庄重，充分表现了“和谐、匀称、整齐、凝重、静穆”的形式美，象征了形式严整的宇宙观——在数量比例中表示着音乐式的和谐，真如一曲凝固了的音乐，简洁的形体线条构造了典雅的庙堂，使人千载之下瞻赏的是有无穷高远圣美的意境，但却乏于生命的不息运动。于是，整个西方艺术的空间感型带来的审美特征，就统一在了理想的形式美上面，而这也是贯穿于西方艺术与美学之始终的。

不难发现，宗白华对于中西两种艺术空间感型的比较研究，不仅成就卓著，更主要的，他实际上热爱与憧憬的正是中国艺术的美的光辉。宗白华最终的观点是强调：中国艺术以气韵生动为理想，但又充满了“静气”，“是世界最心灵化的艺术，而同时是自然本身”。从审美的角度而论，宗白华更倾向于以中国式的审美空间意识为艺术空间的模范，“于空寂处见流行，与流行处见空寂”。

在现代中国美学家中，宗白华是第一个将中西审美空间意识作为比较对象加以探讨的。在这方面，宗白华的成就迄今无他人可比。而宗白华之所以致力于这方面的比较研究，根本上是因为审美空间意识问题同时也反映了中西两种宇宙观、人生观的差别，表现了两种文化精神的特色，更反映了中西方民族心理结构的差异。透过这个问题，我们可以更为明彻地认识中西美学理想、艺术实践乃至中西文化的差别，宗白华自己在《中国书法里的美学思想》中就说过："空间感的不同，表现着一个民族、一个时代、一个阶级，在不同的经济基础上、社会条件里不同的世界观和对生活最深的体会。"所以我们说，宗白华把比较研究的注意点放到这个方面，是极有道理、极富理论深刻性的。

（三）中西艺术创造理想的比较

1938年9月11日，《时事新报·学灯》发表了心理学家潘菽的《艺术扯谈》以及田津生等的《亚里士多德及其文学批判》。宗白华以主编身份专门为之撰写了一段"编辑后语"，其中说道：

> 亚里士多德的诗学与艺术论主用模仿说，虽不是主张文艺是机械的照相式的模仿自然，然而分离人与物的对立，倾向于以客观的模写为出发点，使西洋的文艺二千年来始终不能完全脱离这"自然（写实）主义"的窠臼。一切的反动终于回到新的"自然（写实）主义"。中国二千年前最早的诗说就主张"诗言志"，《毛诗序》说"情发于声，声成文谓之音"，注重文艺的抒情性和音乐性……这是中西文艺路线的不同表示于两方最早的文艺理论。

这段话，表明宗白华对于中西艺术的创造实践，有着一个最基本的体会，即认为渊源于古希腊美学和艺术理想的整个西方艺术，是"模仿自然"的，其艺术内容就是所模仿的自然，追求的艺术形式则是和谐整一。这是西方美学的中心问题，也是西方艺术的传统。而中国艺术却以"气韵生动"（"生命的律动"）为先，"应物象形”（模仿自然）与“经营位置”（形式和谐）为次。这是两种截然不同的艺术创造理想，也是两种不同的美学所启示的结果。

可以认为，任何社会的艺术创造理想，总是植根于一定的美学观，反映着一个时代、一个民族的基本审美趣味与普通标准，也体现了对于艺术的基本认识。不同的时代，不同的民族，都会有各自不同的艺术创造理想，这是意识活动的必然，也是历史的必然。在西方，古希腊的柏拉图和亚里士多德都将模仿自然当作艺术的本质。柏拉图就认为，艺术是“理念世界”的幻影的幻影。亚里士多德则提出，人类有模仿的本能，艺术所模仿的是一个有生命的形体；艺术的理想就是用最适当的材料、在最适当的形式中描摹出最美的对象，所以艺术的创造就是“模仿自然创造的过程”。毕达哥拉斯以“数”为宇宙的原理，以为美就是数，数即是宇宙的中心结构，艺术家就是要从这个“数”中探索宇宙的奥秘。正是针对这一点，宗白华指出，“模仿自然”与“形式美”成了古希腊美学的两大核心。而由于整个西方美学的逻辑发展始终是以古希腊美学为承继的，所以，这两个核心便同样成为西方美学直至20世纪的理论主题。即以文艺复兴时期的艺术运动来看，“真”与“美”就是当时艺术家所共同追求的目标——所谓“真”，就是模仿自然、刻意写实，所谓“美”，就是寄“模仿自然”于“和谐形式”之中。就此，宗白华认为，“理想的艺术创作即系在模仿自然的实相中同时表达出和谐、比例、平衡、整齐的形式美”，就是从古希腊一直延续到近代西方艺术创造的最高理想。

进而，宗白华又发现，由于“模仿自然”是西方艺术的内容，“形式和谐”是其“外形”，故而“形式与内容”的问题便为西方艺术家所重点关注的问题：绘画“抚摸着肉体，显露着凹凸，体贴轮廓以把握坚固的实体感觉，如同真人；西方雕刻则模范人体，以创幻逼真为贵”。整个西方艺术就在这种无限强调同“自然”齐同划一的口号里向前迈进着。

中国艺术则不同。中国艺术家们不愿描写从“一个光彩”所看到的光线与阴影——仿佛眼见的主体真景（虽然他们也提出了模仿自然的要求，即“应物象形”、“随类赋彩”），而是要将全幅意境谱入一种明暗虚实的节奏之中，“神光离合，乍阴乍阳”，以表现全部宇宙的气韵生命。如中国画，画幅中每一片丛林、一堆石头，皆成一种意匠的结构，神韵意趣超妙，所谓“山之精神写不出，以烟霞写之。春之精神写不出，以草树写之”（刘熙载语）；笔墨的点、线、皴、擦从单纯刻画实体中解放了出来，更能自由地表达艺术家自心意匠的构图，在“骨法用笔”这一表现手段中，创现出全宇宙的生命律动。“气韵生动”正是对生命运动与节奏韵律的追求，以达到对象核心的真实。

这里，宗白华已经很清楚地意识到，“气韵”就是宇宙中鼓动万物的“气”的节奏、和谐；“生动”则体现了热烈的生命飞动。中国艺术正因为有了这种“气韵”，才给人以鲜明的音乐感，从绘画、书法、诗词、建筑、雕塑到园林，无不潜伏着这音乐性的美感——“韵”。而飞动与生气则隐寓在艺术形象之中，给人以强烈的生命感受。所以在敦煌艺术中，迎面飞腾旋舞的人像、背后火焰似的圆光、足底波浪式的莲座，联系了以线纹组成的一幅广大繁复的旋律，象征着宇宙节奏，纯然是音乐意味的生命境界。更难能可贵的是，中国艺术以“气韵生动”为最高创造理想，将自我溶化在对象里，使欣赏者有丰富的想象余地，也使得艺术家本身为了达到“气韵生动”、对象核心的真实，而充分发挥了自己的艺术想象能力，通过“迁想”而“妙得”——把客观对象的真正特性、内在精神表现出来，实现“气韵生动”的创造目的。这样，宗白华就抓住了中国艺术创造理想中最本质的方面。《淮南子·天文训》曾云：“虚廓生宇宙，宇宙生气”，这个同宇宙合而为一的“生生之气”，其实就是中国画的对象，因而中国的山水画是目所绸缪、身所盘桓的层层山、叠叠水，在尺幅间写千里之景，而重重景象又虚灵绵邈，犹如远寺钟声，回荡无尽，叫人“抚琴弄操，欲令众山皆响”（宗炳语），其中有画家自己心灵的寓示，在不动的形象中显现了灵而变动的“心”，神韵意趣超妙。

就在这种以“气韵生动”为最高理想的创造中，中国艺术舍具体而趋抽象，轻形似而重神似，在点线交织的笔情墨韵中，成为一种音乐性的“谱构”，“不赋彩色而神韵骨气已足”。宗白华侧重从中国画来理解、探讨中国艺术的这个特色，认为“中国画运用笔法墨气外取物的骨相神态，内表人格心灵”。这“骨”就是艺术形象内部的核心，是形象生命和行动的支持点，表现了形象内部的坚固组织。它一经艺术的形象化，便同时反映了艺术家主观的感觉、感受，表现了艺术家主观的情感态度。中国画运用笔法以捉物的骨气表现生命动相，“骨”的表现同“笔法”的运用直接相系。宗白华就此指出：“中国画运用笔勾的线纹及墨色的浓淡直接表达生命情调，透入物象的核心，其精神简淡幽微”，“遗形似而尚骨气，薄彩色以重笔法”，与西方绘画形式逼真、色彩浓丽的趋向大为不同。在他看来，正是由于这种对“笔法”的讲究，中国画家才创构了一个“本于立意而归乎用笔”的神游意境，丰富的暗示力与象征力在其中代替了形象的写实，超脱而浑厚，对欣赏者产生了一种异乎寻常的深刻感染力。就像中国的人物画，一方面很重视眼睛的传神效果，一方面又重视在衣褶的飘洒流动中，以各种线纹的描法来表现各种性格与生命姿态。也因为这种“笔法”的运用不是为了追求机械的形似，所以它能“笔笔虚灵，不滞于物，而又笔笔写实，为物传神”。这样，中国画便也抒写出了画家自己胸中浩荡之思、奇逸之趣。不难看出，宗白华把书法艺术认作为中国绘画的“骨干”，进而认为书法是中国艺术的统一核心，是有充分考虑的，也是合乎中国艺术实际的。

在这种大量、具体的比较研究基础上，宗白华方始得出了有关中西艺术创造理想的差异的一个总结性意见：西方艺术是重“形似”的艺术，中国艺术是重“神似”的艺术；前者提供了一个写实的世界，后者则诞生为“气韵生动”的世界。

这是一个极有说明性、又极具深刻性的美学理论，它道出了中西艺术在创造理想上的境界差别。主张客观论的英国美学家哈罗德·奥斯本在《美学与艺术理论》一书里曾认为，中国古典美学重视的不是表面现象的真实，而是艺术作品本身所体现出来的宇宙原理（“道”），以及与“道”冥契一体的艺术家人格；艺术作品——道——艺术家人格的统一，成就了中国艺术，也成就了中国古典美学思想。所以，中国古典美学和艺术的基本态度是非自然主义的，同西方美学和艺术的自然主义倾向正好相反。奥斯本的这个看法，与宗白华的见解颇有异曲同工之处，只是宗白华的比较研究比之奥斯本要透彻许多。

诗词、绘画、书法、戏曲、音乐、舞蹈、建筑、雕塑，无一不是宗白华感兴趣的，因而，他的中西比较美学和艺术的研究涉猎面非常广泛，且又左右逢源、潇洒自如、不即不离、贴切圆融。

六、散步者的风范

“散步出智慧”。

公元前3世纪，雅典吕克昂学园的宽大回廊下，亚里士多德一边悠闲地散着步，一边与学生们热烈地探讨科学、议论学理，显得那般的逍遥自在。后来的哲学史家因此而将发端于吕克昂的亚里士多德学派又誉为“散步学派”。

公元1959年，中国的《新建设》杂志第五期上，发表了一篇题为《美学的散步》的文章。作者宗白华在其中写道：

散步是自由自在、无拘无束的行动，它的弱点是没有计划、没有系统。着重逻辑统一性的人会轻视它、讨厌它，但是西方建立逻辑学的大师亚里士多德的学派却唤做“散步学派”，可见散步和逻辑并不是绝对不相容的。中国古代一位影响不小的哲学家——庄子，他好像整天是在山野里散步，观看着鹏鸟、小虫、蝴蝶、游鱼，又在人间世里凝视一些奇形怪状的人：驼背、坡脚、四肢不全、心灵不正常的人，很像意大利文艺复兴时大天才达芬奇在米兰街头散步时速写下来的一些“戏画”，现在竟成为“画院的奇葩”。庄子文章里所写的那些奇特人物大概就是后来唐、宋画家画罗汉时心目中的范本。

轻松自在、无牵无挂。散步是灵魂闪现、精神自由的时刻。散步中，可以产生高超的智慧，可以造就一片轻灵独特而不乏逻辑理趣的思想天空。散步是创造性思维的诱导者，也是在一刹那的直觉、飞跃驰骋的热情想象间寻得自然和人生之美的心灵活动行程。

宗白华将自己的研究工作就视为这样一种“散步”。“散步的时候可以偶尔在路旁折到一枝鲜花，也可以在路上拾起别人弃之不顾而自己感兴趣的燕石。无论鲜花或燕石，不必珍惜，也不必丢掉，放在桌上可以做散步后的回忆。”这是一种对美和艺术的热情鉴赏、深心喜爱，是审美人生的特殊映射——其中有流动无尽的生命情怀与深沉隽永的哲理。“散步”，是宗白华美学研究方法的自我写照，也是其美学思想的风格传真。

于是，在“美学的散步”中，清晰分明地呈现了宗白华美学：

“入乎其内，得其环中”的学术风采。中国的艺术鉴赏理论很注重“入乎其内”、神与物化的审美感受，讲求在形象的体验过程中获得清明的判断，形成富有启示性的语言表述。宗白华深得此中真意。他不仅具有卓越的学识，具有浸染了近代西方科学精神的深厚理论意识，同时还具有纯真的诗人气质和成就斐然的创作经历。这些，便使得宗白华美学同样在注重理论探究的过程中，染了一层诗意的抒情色彩。宗白华的学术文章不但充盈着博大精深的思想，而且充满了画意诗情，富有浪漫的情调和深邃的意境。有些文字似乎是信手拈来、不露痕迹，但其中却常常蕴涵了极为渊博的知识、深厚的学理和澄明的精神感悟，如叶燮《原诗》中所说：“可言之理，人人能言之，又安在诗人之言之；可征之事，人人能述之，又安在诗人之述之。必有不可言之理，不可述之事，遇之于默会意象之表，而理与事无不灿然于前者也。”人们读宗白华的文章，就好似欣赏一件艺术品一样，在得着一系列具有浓郁中国特色的思想启示之际，又全然沉浸于一种审美的精神享受之中。故而，有人这样赞叹：“读宗老的美学著作，未必就如散步那般轻松，然而确又能唤起人们始于足下的游兴。他的作品具有独特的凝练、深邃、明澈如诗意的美。他总是写到恰到好处可以发人意会时戛然而止，宛觉烟云之中又无限的丘壑在焉，确有一种‘丘壑美’。”

“游心于物之初”，从整体上进行把握、诠释的理论风格。从一定意义上讲，艺术意象乃是一个全整的统一体，它的完整性是不能破解、也不应该破解的。所以，从整体上对艺术进行把握，更符合于艺术的内在规律，也更符合于审美理解的精神特征。宗白华的美学研究并不刻意追求某种严格的逻辑分析，而往往善于用一种看似并不确定、但却常常出人意外的表述方式来诠释艺术现象。宗白华一生并没有发表过一部大部头的理论专著，除了为教学需要准备的讲义以外，多为一些万字、甚或千字的论文。这并非由于宗白华不擅长篇宏论——实际上，像《美学》、《艺术学》、《孔子形上学》、

《西洋哲学史》、《中国哲学史提纲》等讲稿，都已经显示了宗白华驾驭长篇巨制的能力，而他的其他许多文章，也都是可以推陈出鸿篇巨制的——而是因为他在美学的研究上，本来就并不追求以逻辑推理来实现理论的体系化构造。特别是，在宗白华的美学理论中，不仅没有那种同艺术意象的生动直觉特性截然分离的纯粹逻辑性的语言敷陈，而且还处处洋溢着同艺术的整体经验相印合的感受与认识。人们常常可以从他那里获得澄澈通明的点化，却又并未由具体的对象和具体的审美经验脱出而掉入纯粹抽象的思维框架，而仍然保持了完整的艺术感受，保持了对艺术意象的深刻体悟。也因此，宗白华之于艺术和审美的一系列思想，可以达到逸趣横生的境界。

不脱实际、一切从具体出发的学问意识。歌德曾经认为，显现出特征的理性内容必须获得个别具体的感性形象，“凡是没有从艺术中获得感性经验的人最好不要去和艺术打交道”，“谁若是不会向感官把话说清楚，谁也就不能向心智把话说清楚”。宗白华完全实践了歌德的要求。他的美学研究，时时刻刻关注着艺术的实际、人类审美的实际。宗白华对于中国人的审美经验发生、发展史的探讨是深入精湛的，而这个成就同他长期高度重视发掘中国艺术、中国人审美创造的实际材料直接相关。细读宗白华的美学文章，我们可以发现，他从来都不是从抽象的观念、纯粹的理论概念出发去研究问题，而是从大量生动的文学艺术创作实践，特别是联系了中国古代的诗词、绘画、建筑、园林、书法、音乐以及学术史料，来具体论述美学问题。不惟如此，在晚年，宗白华在《中国美学史中重要问题的初步探索》这部名篇里，还专门提倡要重视文物考察，“大量的出土文物器具给我们提供了许多新鲜的古代艺术形象，可以同原有的古代文献资料互相印证，启发或加深我们对原有文献资料的认识”；强调要把哲学、文学同工艺美术品联系起来研究，“一方面是因为古代劳动人民创造工艺品时不单表现了高度技巧，而且表现了他们的艺术构思和美的理想……另一方面是因为古代哲学家的思想，无论在表面上看来说多么虚幻（如庄子），但严格讲起来都是对现实社会、对当时的实际的工艺品、美术品的批评。因此脱离当时的工艺美术实际的材料，就很难透彻理解他们的真实思想”。这些话，无不反映了宗白华美学独有的特色：从具体出发，在实际生活现象的艺术、审美经验的认真考察过程中，生发思想的睿智，开掘理论的深境。

法国人卢梭说：散步能促进我的思想。

德国人歌德说：我最宝贵的思想及其最好的表达方式，都是在我散步时出现的。

“归来笑拈梅花嗅，春在枝头已十分”。中国的美学家宗白华，毕其一生，悠悠然，散步于美学和艺术的林间花径。

宗白华——中国的美学散步者。

诗意的哲学家——方东美

方东美（1899—1977），安徽桐城人，现代学者、哲学家，现代新儒学代表人物之一，同时又是一位诗人。三四十年代，他已享誉于哲学界和教育界。40 年代末他去台湾，继续从事学术研究和教学。他毕生立足于教育界。当今一些学业有成、正活跃于哲学界的学者，如刘述先、成中英等人，均是他的学生。

方东美著述宏富、思想活跃，美国当代学者 S·瓦赖特科在评论方东美的英文专著《中国哲学之精神及其发展》一书时说："方东美教授能轻而易举地从一场关于中国佛教理论深奥论点的讨论，转移到对存在主义的现代倾向进行评述，在他的评论中穿插着对印度佛经的详细引证。"诸如中国大乘佛学、现代西方存在主义哲学、古老的印度佛教教义之类的东方和西方学术思想，都能被方东美熔于一炉，并据此进而形成自己的学术观点。他关于东西方哲学和文化的一些见解，在国际哲学界产生了影响。

作为美学家的方东美尚未引起人们的足够重视，他的思想给一些急于为中国传统文化的现代化寻找出路的人以"一种逡巡于历史现实之外的印象"，是可以理解的。方东美学术历程中自始至终对"美"倾注着热情，"美"的灵魂统帅着他的思想体系。他比较东西哲学与文化以及对中华民族集体智慧的阐释和弘扬，最终都可以归结到对各自生命情调与美感的探幽显微和对思想境界的精心构筑上。他用真挚的情感把自己的学术与生命融为一体。本文拟通过对方东美的美学致思和情感世界的粗略梳理，以期对他的思想和人格有一更加完整和丰满的认识，而他对"情"的推崇，也给我们反思中国传统文化及其现代转化提供了许多有益的启示。

一、生平及著作

方东美，1899年2月9日出生于安徽桐城。方氏是桐城望族，曾经出过方以智、方苞等著名文人。方东美自幼生活在儒家的家庭氛围之中。他回忆说，自己3岁就开始念《诗经》，接受儒家思想的熏陶。但童年时期，他也很喜欢读庄子的书，颇受道家思想的影响。后来方东美成为现代新儒家学者，他在人格上遵循儒家“圣贤之道”，具有醇厚的儒者风范，而在个性上又表现出洒脱不羁的道家气质。这与他早在幼年时期就接受了儒、道两家思想的影响不无关系。

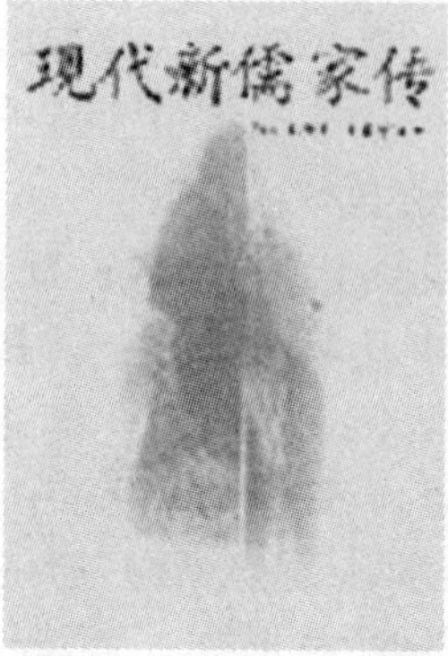

在桐城，方东美读完了新式小学。我国当代著名学者、美学家朱光潜先生，也曾在那所小学就读。方东美14岁那年，与朱光潜一同考进了桐城中学。1917年，18岁的方东美考进金陵大学预科。他告别故乡，来到南京求学。

次年，方东美正式进入金陵大学哲学系学习。金陵大学是教会学校，学校当局用一些清规戒律来约束学生的言行。为此，方东美曾两次在课堂上带头进行抵制，并得到很多同学的响应。学校规定所有的学生都必须像基督徒一样做礼拜，方东美对此尤为不满。于是他就在做礼拜时偷看小说。《红楼梦》、《水浒传》、《三国演义》

等古典专著，他就是利用做礼拜的时间偷偷看完的。不巧的是，有一次当他看小说入迷时，被当场抓住，学校当局联系他两次在课堂上带头“闹事”的表现，提出了开除方东美的议案，呈送教授委员会通过，幸亏在该校任教的美国教授汉密尔站出来为他说话，方东美才免于被开除。有趣的是，由于这件事，方东美反而引起了校方的重视，得到了校长的召见。他便趁机向校长陈述了自己关于革除弊端、办好学校的一些主张。从这件事，可以看出方东美的反抗精神和敢于直言的性格。

五四运动在北京爆发以后，南京的学生热烈响应，方东美是南京地区学生运动的积极组织者之一。不久后，他在金陵大学参加了“少年中国学会”。这个学会是由李大钊、王光祈等人发起，于1919年7月在北京成立的，该学会的宗旨是“本科学的精神，为社会的轰动，以创造少年中国”，会员的行为准则是“奋斗、实践、坚忍、简朴”。这年11月，“少年中国学会”南京分会成立。方东美成为首批会员之一。第二年，他被选为这个学会的机关刊物《少年中国》的编辑，《少年世界》的总编辑。

在金陵大学，方东美还发起了学术团体“中国哲学社”，并当选为社长。当时他的主要爱好是西方哲学，特别是西方的生命哲学。1920年，他在《少年世界》上发表了评介生命哲学的论文的《柏格森生之哲学》、《唯实主义生之哲学》。这期间，他对实用主义哲学也曾产生浓厚的兴趣。美国实用主义哲学家杜威来金陵大学讲演时，代表“中国哲学社”致欢迎词的就是方东美。而且，他还翻译了由英国人莫越写的介绍实用主义思想的小册子《实验主义》。这是他毕生唯一的译著。但是后来，随着方东美在哲学领域中知识的积累和视野的不断扩大，他认为实用主义是一种肤浅的哲学，于是不再将它作为自己治学的重要内容。

方东美大学毕业后，经学校推荐，于1921年9月乘“中国号”轮船远涉重洋，赴美留学，就读于威斯康星大学。其间适逢英国著名哲学家罗素来该校讲学。在讲课中，罗素激烈地批评柏格森的生命哲学。但这反而激起了方东美进一步研读柏格森哲学的热情。仅一年之后，他就写出了论文《柏格森生命哲学评述》，并获得硕士学位。威斯康星大学和当时的美国哲学界一样，弥漫着反黑格尔的气氛。对此，方东美颇不以为然。于是他又一次表现出自己独立思考、不随大流的性格：经过与校方反复交涉，他获准赴俄亥俄州立大学读书一年，师从黑格尔专家蓝塞教授。一年后，他如约返回威斯康星大学，继续攻读博士课程。不久，他写出了博士论文《英美新唯实论之比较》。他之所以选择这个论题，与当时"新实在论"哲学在美国哲学界的广泛流行有关。而他利用一年时间专门研读博大精深、代表着德国古典哲学最高水平的黑格尔哲学，无疑对于他后来从事哲学研究并且取得累累硕果，具有深远的影响。

留美期间的一件事，曾引起方东美对于"学问与人生"问题的思考。那是在一年暑假，房东的儿子煤气中毒，幸亏被方东美发现，及时抢救，才幸免于死。方东美将这件事与"哲学的意义"联系起来进行了一番深沉的思考后，得出了如下的结论：学哲学应该是为了救人，"哲学是救人的大学问"。尽管我们现在无从知道他当时的思考过程，不了解他是如何得出这个结论的，但这件事表明，他善于将自己的生活经历、生命感受与所追求的学问结合起来。这体现了方东美勤于思考、敏于感悟的哲人气质。

1924年6月，方东美结束了近3年的留学生活，回到祖国。他先求职于武昌高等师范学校（武汉大学前身）。当时，想获得该校教职的人，必须通过三个程序，即：在校刊上发表一篇论文、进行一次学术讲演、对师生们的质询进行答辩。方东美在顺利地通过了这三关之后，被录用为该校的副教授。但第二年9月，方东美就放弃了武昌高师的教职。他应东南大学之聘来到南京，讲授西方哲学课程。当时梁实秋、罗家伦等名人也来到东南大学。

1927年国民党中央党部建立政务学校（后改建为中央大学），

罗家伦就职于该校，在他的邀请下，方东美去政务学校任教。也就在这一年，蒋介石被迫“下野”，李烈钧成了南京政府的负责人，11月22日，在段锡朋的鼓动下，政务学校的一些学生去国民政府请愿，“吁请”蒋介石复职。李烈钧下令开枪，打死1名学生并打伤5人。段锡朋、谷正纲和方东美3位教授以及学生们用棺材抬着死者的遗体，游行到南京政府，将棺材停在门前，高呼口号，要求李烈钧下台。次日，李只得宣布辞职。这次事件，和方东美青年时期组织南京学生响应五四运动那件事，是他一生中两次突出的政治活动。就方东美自己表明的主观愿望来说，他是想超脱于政治斗争之上的。但客观的社会显示，必然地使他具有一定的政治观点，并且在特定的形势下介入了政治运动。他无法真正地超脱政治。不过，方东美一生始终以教书和治学为业，从来没有步入仕途、跻身政界。

方东美于1928年与高芙初女士结婚。次年，他离开政务学校，回到东南大学（此时已改名为中央大学）任教，并担任哲学系主任。他讲授“科学哲学与人生”课程，直至抗日战争前夕。1931年，方东美发表了《生命情调与美感》。同时，他将原先作为授课讲义的《科学哲学与人生》增订后，于1936年由商务印书馆出版。这都是他早期的重要著作。

1937年，日本帝国主义加紧筹划侵华战争，神州大地呈现“黑云压城城欲摧”之势。这年4月，方东美应邀在广播电台发表了关于中国人生哲学的演讲，共8次，每次约20分钟。他对全国中学生“倾心谈论中国人生哲学”，激励青年们以中国先哲的伟大人格精神武装自己，英勇地投入抗战。这个演讲稿，被编成《中国先哲人生哲学概要》一书（后更名为《中国人生哲学概要》），由商务印书馆于同年6月出版。这可以说是方东美第一部关于中国哲学的专著。但这部专著的问世，并不是纯粹的学术研究的结果，而首先是为抗日战争进行宣传、鼓动的产物。

这一年，方东美还在中国哲学年会上宣读了论文《哲学三慧》。所谓“三慧”，指的是希腊、近代欧洲和中国三种不同的哲学智慧。此文对这三种不同的哲学智慧进行了深入的比较研究。文章不仅在内容上时有创见，而且形式上别具一格，行文恣肆汪洋，文笔古朴典雅，当时就被哲学家视为一篇罕见的“奇文”。此文于1938年6月19日在重庆《时事新报》首次刊出，后来被编入《生生之德》论文集。

抗日战争爆发后，方东美随中央大学西迁入川，来到重庆。他除了担任哲学系教授，还兼任该校哲学研究所所长。他和家人居住在嘉陵江畔的临时校舍中。当时尽管国难当头、民族危亡，可是一些官僚和富商仍然过着灯红酒绿、纸醉金迷的生活。方东美对此十分愤慨，他将自己在沙坪灞的寓所命名为“坚白精舍”，以表明自己追求坚韧与清白，不屑与达官富贾同流合污的气节。

在西迁时，方东美几乎失去了所有的藏书，原来的研究项目在重庆难以为继。他便在教书之余，研读当时在重庆可以搜集到的佛学资料，而且颇有心得。他曾通过书信往来，与熊十力先生讨论佛学。这段时间，他还致力于《易经》的研究，写出了《易之逻辑问题》。此文运用现代逻辑学的方法，从新的角度对《易经》进行了探讨。随着方东美在哲学研究领域的成绩日益显著，1944年他被推选为中国哲学会第四届理事会理事。

重庆时期，方东美的学术思想开始发生转向。正如他自己所说的，原来他“所读的书和所教的书都是西方的”，所研究的也是西方哲学。由于抗日战争，他感受到民族文化，特别是自己民族的哲学思想对于振奋民族精神的重要意义。他“觉得应当注意自己民族文化中的哲学，于是逐渐由西方转回东方”。这期间，还有一件事对他学术思想的转向也发生了重要影响，那就是印度著名学者拉达克里希南对他的“挑战”。

40年代初，拉达克里希南在重庆访问了中央大学。当谈到当时一些西方学者在他们的著作中介绍中国哲学的情况时，他问方东美："对于西方人介绍中国哲学，你们中国人是否觉得满意?"方东美明确地说感到不满意，因为西方人的心态毕竟是西方的，与中国人的心态有明显的差距。他们对中国哲学难免产生许多误解，在介绍中国哲学时往往存在着不准确的情况。拉达克里希南便说，那你们自己为什么不用西方文字向世界介绍中国哲学？我们印度学者正因为不满意西方人对于印度哲学的介绍，所以自己用西方文字来写关于印度哲学的著作，向世界介绍印度哲学。方东美认为，拉达克里希南这是向自己"挑战"，是想看看中国哲学家能不能也用西方文字传播本民族的哲学。这件事对他产生了强烈的刺激，促使他下决心"用西方文字讲中国思想"。后来，他用英文写出了《中国人的人生观》、《中国哲学之精神及其发展》等关于中国哲学的专著和论文，并且多次在国际哲学会议上用英文发表关于中国哲学的演讲。这固然是由于他精通英文，用英文表述中国哲学思想同样得心应手，而更深刻的原因，则是他通过与达拉克里希南的交谈，感受到由中国人自己来向世界介绍中国哲学的必要性。他认为，这是中国哲学家应当为自己的民族承当的一项义不容辞的职责。

抗日战争胜利后，方东美随中央大学返回南京。这时，他已经具备了深厚的学术积累，并且形成了富于个性的学术风格。

1947 年夏，方东美迁居台湾。次年 9 月起，任台湾大学哲学系教授，并一度兼任系主任。由于教学的需要，他这时讲授的课程主要还是西方哲学。但他已经开始将自己"用西方文字讲中国思想"的决心付诸行动。他利用一年的休假时间，写出了"The Chinese View Of Life"一书，并于 1948 年出版。此书后来有两种中文译本，一本名为《中国人的人生观》，另一本名为《中国人生哲学》。50 年代中期，方东美应邀赴美国讲学。行前，台湾大学的一些人说方东美去了美国就不会再回来。方东美十分明确地表示："我一定要在一年之内回国，决不食言。"他说自己要回来讲中国哲学，要 10

年、20年……一直讲下去。在美国，方东美在南达科达州立大学、密苏里大学等学校任访问教授。一年后，他如约返回台湾大学。

1964年，65岁的哲学教授方东美，以自己捍卫中国哲学的热忱和关于东西方哲学的广博学识，在国际哲坛上引起了强烈的反响。

这一年夏天，第四届东西方哲学家会议在美国夏威夷大学举行，方东美应邀赴会，并宣读了论文《中国形上学中之宇宙与个人》，受到普遍赞誉。可是来自英国伦敦大学的哲学教授芬里，却抱着对中国哲学的偏见提出质询，并且不无嘲讽之意地说，从方东美的论文看，中国人的世界观无非是一个“令人无法相信的美梦”。这种对中国哲学的轻蔑态度，激起了方东美的愤慨，遭到了他的强烈反击。他通过中国哲学与西方哲学的比较，对芬里的质询作出了令人信服的答辩。然后他说，想不到哲学教授芬里关于中国哲学的见解，竟然如同一位完全不懂希腊艺术的青年对于希腊雕像的看法一样幼稚可笑。这种幼稚，“不仅在古代中国哲学家的眼光中如此，即在我（方东美）的眼光中也是如此！”凛然之气，溢于言表。后来，方东美的学生、夏威夷大学哲学教授成中英回忆此事时，说方东美的这次讲演“可说是中国哲学家第一次在世界哲坛对中国哲学的有事发生强有力的宣言，引起了全会听众的注意与兴趣。”美国加利福尼亚大学的吴森教授，也称赞方东美在这次会议上，在东西方哲学界诸多名流面前，“以其雄辩、幽默和富于哲理的犀利言词，连同他对中国哲学的热情捍卫，给与会者以极深刻的印象”。

会后，方东美应邀前往密西根州立大学任两年客座教授，讲授“东西方比较哲学”和“柏拉图与苏格拉底哲学”。讲座结束后，他谢绝了纽约州立大学哲学系的高薪聘请，按时返回台湾大学。此后，在国际哲坛已颇有声望的方东美，又应邀参加了在夏威夷大学举行的第五届东西方哲学家会议（1969年）和王阳明诞生500周年纪念会议（1972年）。

讲学期间，方东美发现不仅美国的一些青年学生对中国哲学感兴趣，而且有些人对中国古代的几位大哲学家，如孔子、孟子、老子、庄子很有了解。相反，回到台湾之后，他觉得台湾的青年中“不少人忘本”，他们数典忘祖，对于中国哲学和传统文化有一种“内在的贫乏症”。他认为这是一个十分严重的问题。于是一有机会，他就呼吁台湾教育界努力帮助青年一代学习和保持祖国的文化传统。同时他自己决定“放下一切西洋哲学的课程”，专门讲授中国哲学。

于是，自1966年之后，方东美彻底实现了治学“从西方回到东方”的转变。他在台湾大学和辅仁大学专门开设中国哲学课，从原始儒家道家哲学讲到魏晋玄学，讲到隋唐佛学，讲到宋明新儒家哲学。此后他用10年时间，将中国哲学课程讲了三遍。学生们后来将他这个时期的讲课录音整理成书出版，这就是《原始儒家道家哲学》、《中国大乘佛学》、《华严宗哲学》和《新儒家哲学十八讲》。在讲课的同时，方东美念念不忘20多年前拉达克里希南对自己的“挑战”，孜孜不倦地致力于“用西方文字讲中国思想”的计划。继英文专著《中国人生哲学》之后，他又于1966年开始了另一本英文专著“Chinese Philosophy: Its Spirit And Development”（《中国哲学之精神及其发展》）的写作。

1973年6月，方东美从台湾大学退休。这年他已74岁，教书生涯已满50周年。退休后，方东美受辅仁大学之聘，讲授“中国哲学之精神及其发展”课程。他晚年投入大量心血的英文专著《中国哲学之精神及其发展》，在历时十载、数易其稿之后，于1976年8月完稿。就在他满怀欣喜地准备赴美国联系该书的出版事宜之际，因身体不适去医院检查，不料发现自己已经身患肺癌。他只得取消了美国之行，住院治疗。但是，这突如其来的打击，并没有使方东美的意志被摧毁。这位哲人自信在精神上已经超脱了生死之外。他平静地对亲友们说，自己并不畏惧死亡，但为了尽到作为一个

“人”所应有的责任，应该积极地接受治疗。这种态度，体现了他毕生所追求和弘扬的中国人生哲学中所包含的如下信念：人应当负责任地对待万事万物，包括自己的生命。

在行将辞别人世的日子里，方东美魂牵梦绕的是阔别30年的桐城故乡。在梦中，他再次登上了故乡的独秀峰。醒来后，他赋诗一首：

梦登独秀峰

独尊分与群山峻，
八面清风脚底来。
为问人间千万士，
可曾作意与余偕。

他留下遗信，嘱托亲友们日后将自己的骨灰撒进台湾海峡，以此聊慰自己对大陆故土的怀念之情。1977年7月13日，方东美在台北市邮政医院去世，终年78岁。亲友们遵嘱将他的骨灰撒入大海，一代哲人以这种方式，宣告自己的一生已经“清清爽爽地结束”。

由台湾“方东美先生全集编纂委员会”整理、黎明文化事业公司出版的《东美全集》，于1978年开始刊行，陆续出版了《坚白精舍诗集》、《方东美先生演讲集》、《科学哲学与人生》、《生生之德》、《华严宗哲学》（上下册）、《新儒家哲学十八讲》、《原始儒家道家哲学》、《中国大乘佛学》，以及英文著作中译本《中国人生哲

学》，约400万言。《中国人生哲学》的另一中文译本《中国人的人生观》，由台湾幼狮文化事业公司于1980年出版。英文专著《中国哲学之精神及其发展》由台湾联经出版事业公司于1981年出版，该书的中译本（上册）于1984年由台湾成均出版社出版。

1987年8月，为纪念方东美逝世10周年并探讨他的学术思想，由方门弟子发起，“国际方东美哲学研讨会”在台北举行。海内外的一些学术机构和团体也先后开始研究方东美的思想。特别值得一提的是，1987年我国哲学社会科学“七五”规划将“现代新儒学思潮研究”作为国家重点课题立项，方东美亦被列为现代新儒学的主要代表人物之一，成为该课题的研究对象。这使得方东美学术思想的影响不再局限于港台地区，而开始得到大陆学术界的重视和研究。

方东美的一生，出入东西哲学50年。作为思想活跃的哲学家和博学多识的学者，他在哲学与文化的研究领域都提出了一些独到见解，留下了丰厚的学术遗产。方东美早年留学专攻西方哲学，后来又长期讲授西方哲学，最终却“从西方回到东方”，用极大的精力，致力于以儒家思想为骨干的中国传统哲学的阐释和弘扬——这正是现代新儒家的一项基本的学术使命。方东美对现代新儒学的理论贡献，应该说是多方面的。在哲学领域，他建立了颇具特色的“生命本体论”体系，为现代新儒家重建儒家形而上学学作出了贡献。在文化学领域，他提出和阐明了自己的以精神价值、道德价值为核心的关于文化价值结构的理论，并且对中国文化和西方文化进行了深入的比较研究，为现代新儒家文化哲学的建立作出了贡献。而从方东美的学术生涯来看，他的学术活动最终还是归宗于对中国传统哲学、特别是儒家哲学的阐释和弘扬。应该看到的是，这种阐释和弘扬，不是简单地将包括儒家哲学在内的中国传统哲学加以解释或用现代语言翻译、陈述，而是要用现代哲学的理论框架和概念，来重新诠释传统哲学。第三代现代新儒家学者成中英认为，近代以来面对西方哲学和文化的冲击，中国老一辈哲学家梁漱溟、熊十力等人（新一代现代新儒家学者）主要致力于“为中国哲学所做的不遗余力且意涵深奥的辩解”。此后，方东美、唐君毅、牟宗三、徐复观等“新一代的哲学家”（第二代现代新儒家学者），凭借他们对于西方哲学和文化的更为深厚的学养，通过对中国哲学的阐释和中西哲学的比较，“得以将中国哲学以哲学面目示人”。须知中国哲学，尤其是儒家哲学，曾经在很长时期内被一些有偏见的西方哲学家轻蔑地说成“仅仅是一套道德信条”。方东美等人则运用现代的哲学理念来诠释中国传统哲学，使之展现出为现代人所认可和接受的哲学理论形态。这就是“将中国哲学以哲学面目示人”。方东美关于中国哲学与文化、关于中西哲学和文化比较的大量著述，包括他“用西方文字讲中国思想”的著作，对此作出了学术贡献。

二、诗和哲学

乾坤一戏场，生命一悲剧。方东美平生最服膺这两句名言，立论持说常以此为喻。他的哲学创获与贡献，都源于他对生命的深刻感悟。而对乾坤戏场的艺术体验即是方东美哲学生命诞生时的原始经验。“艺术是人生情趣之象征，科学是世界理性的象征。二者虽有内外之分，然在人类文化史上常有惊人的符合。”方东美首先是作为诗人和美学家，然后才是作为哲学家而存在。他的哲学是从艺术的路径，从美感经验而入，以体察宇宙人生这一和谐圆融的“情感集团”。托心身于宇宙，寓美感于人生。将“大千世界之形象景象，全体人类之欢欣苦楚”都“化作一场淋漓痛苦之戏情”，而方东美则以“坐客”之幽情，鉴赏乾坤戏场中几曲生命诗戏之韵味，追求一种“兰生于幽谷中，倒影还自照”的情怀。

以此，方东美潜入希腊人、近代西洋人、印度人及中国人的心灵，认为“民族之美感，常系于生命情调，而生命情调又规抚其民族所托身之宇宙，斯三者如神之于影，影之于形，盖交相感应”。

比观其特殊美感之所托，方东美以戏场所见为喻：

戏中任务：希腊人；近代西洋人们；中国人；印度人。

场景：有限乾坤；无穷宇宙；荒远云野；冲虚绵藐；火海清凉。

场合：雅典万神庙；哥特式教堂；深山古寺；“恒河净水”。

缀景：裸体雕刻；油画与乐器；山水画与香花；佛像。

题材：摩略自然；戡天役物；大化流衍，物我相忘；我即大梵，生身即法身。

主角：爱波罗；浮士德；诗人词客；道种智人（菩萨）。

表演：讴歌；舞蹈；吟咏；冥观静照。

音乐：七弦琴；提琴、钢琴。

境况：雨过天晴；晴天霹雳；明月箫声；海潮音。

景象：逼真；似真而幻；似幻而真；无相为相。

时令：清秋；长夏与严冬；和春；化长夏为严冬。

情韵：色在眉头；急雷过耳；花香入梦；万物皆世网。

素雅郎丽；震荡感激；纤余蕴藉；抱朴归心。

在方东美眼里，宇宙世界之于我们理性化的追求，毫不执著，任人刻画范成，于是生命艺术家便起来发挥自己的才情，各施其技。希腊人、近代西洋人、中国人和印度人以其不同的艺术情趣塑各自的心灵世界以其不同的生命情调，表现各自的“舞台形象”，从而显露出不同民族的文化差异。方东美深得中国哲学神髓，“以简短直接方式发抒名言，隐示至理”，用现象学描绘的技巧，展示各民族不同文化的造境，这一方面可以作为他的抽象理论架构的生动注释，同时又将其哲学精神安排在艺术境界之中。

方东美在他的著作中屡次提到庄子“圣人者，原天地之美而达万物之理”这句名言。儒家也主张“志于道、据于德、依于仁、游于艺”。成就整体文化，必须有艺术精神贯穿其中。哲学的高度发展总是与艺术上的高度精神配合，与审美的态度、求真的态度贯穿成为一体不可分割。方东美说："中国人总以文学为媒体来表现哲学，以优美的诗歌或造型艺术或绘画，把真理用艺术手段点化，所以思想体系的成立同时又是艺术精神的结晶。"他进一步强调，"哲学家创造的思想体系，不仅冷冷清清地形成思想的抽象系统，一定还要将整个宇宙的创造力量集中在自己的创造力量中，再表达他的思想，这样一来，这个思想家，这个思想体系才是宇宙形象之美的结晶。"方东美之所以时常提到学哲学的第一堂课是该去坐飞机，是因为坐飞机从高空俯视所得到的经验，可以培养出来一种精神，即是"提神太虚而俯之"。从高空来看地面，透过天之苍苍的正色，一切相对性的差别都被超越优化，这样现实的人世就变成一个宗教上所说的"地面上的天国"——价值理想所完成实现的领域。当我们透过中国哲学来看宇宙，它不只是一个机械物质活动的场所，而是一个沛然的道德园地，也是一个盎然的艺术境界。而现实世界，从中国哲学家的眼光来看，要发展成究极的本体境界，也应该超越点化，成为理想形态，纳于至美完美的最高价值统会。有感于此，方东美认为庄子在说"圣人者，原天地之美而达万物之理"这句话时乃充分展现了中国人的深邃灵性。所以方东美说："中国人在成思想家之前必先是艺术家，我们对事情的观察，往往是先直透美的本质。"

中国哲学家很多都是伟大的天才，正如方东美所言，他们直透宇宙人生之美，要想说，却说不尽，想不说嘛，又太重要了，不能不说。所以才用玄妙的寓言，对宇宙人生之美委婉曲折的巧为譬喻，方东美构筑的乾坤这一大戏场，也可谓用心良苦。

那么，美到底是什么？如何才能体会其内在本质？方东美简明扼要地这样答复："天地之大美即在普遍生命之流行变化，创造不息。我们若要原天地之美，则直透之道，也就是协和宇宙，参赞化育，深体天人合一之道，相与挟而俱化，以显露同样的创造，宣泄同样的生香活意。"宇宙生命的伟大奥秘即在大化流行，生生不息。天是大生之德，地是广生之德；天为原创力，天之行时，刚健而文明；地为化育力，地之顺动，柔谦而成化。天地交泰和会，协然互荡，盎然并进，即能蔚成创进不息的精神。这种雄奇的宇宙生命一旦外化成形，即为艺术珍品，天地大美之中有至理，可以贞洁通其志；有胜情，可以存心养其性。美即是情与理的活泼交融与灵动，是生命创化的动力和源泉，是中国积健为雄的艺术精神的根基。

正是这种美的理念与艺术精神启发了方东美的哲学智慧，他基于《易经》哲学，把情与理作为"无名之指"的太极与两仪，视宇宙人生为"一种和谐圆融的情理集团"，其哲学即是以此情理集团作为对象，他研究哲学不仅要贯通宇宙万物之理，使人与自然、人与自身和谐统一，而且要丰富人性的内涵，提升人性，依健全的精神领悟有情天下之情趣，从而使人类进入一种超越的理想境界。哲学的思想体系，就是要刻画出一种境界。方东美的哲学是一种美学化的哲学，即诗化哲学。其特点即是"本理性的情操，刻画自己意象中的世界"。知与欲、情与理、智与慧、境与界，在方东美的哲学中都已清清纯纯熔于一炉。方东美特标"情理两仪"为本体系统所涵泳的原始意象。在这里，情代表现实世界，理代表可能世界。情之世界与理之世界相互并存，"情缘理有，理依情生，妙如连环，彼是相因"，哲学活动就是对现实世界和可能世界中情与理的考察、探源、寻真、尽妙。“哲学意境内在胜情，无情者止于哲学法门之外，哲学意境中含至理，违理者逗于哲学法门之前。”方东美痛感现代学者尤其是学哲学的人，只紧紧抓住一个“理”字，而把“情”字疏忽了不去发挥，他认为这对任何一个时代的哲学思想而言，都是一个致命伤。

哲学对象的总和不外乎情理的一贯性，如分辨其属性，则生命以情胜，宇宙以理彰，生命是有情之天下，其实质为不断的、创进的欲望与冲动；宇宙是有法之天下，其结构为条贯的事理与色相。然而，何理之有？因色有。何缘造色？为情生。因此方东美主张“我们建设哲学时，每提到生命之创进，便须连类及于世界，每一论及世界之色法，亦须归根于生命”。即是得到一个理，也只是一个“瘦理”、“病理”，而得不到一个真理，真理是与真情一体同在的。二者同条共贯培养着、涵泳着象征民族共命慧的“圣贤、诗人、先知”三重复合人格。这正是方东美追求的人格理想。

19世纪中叶以来，科学主义和人文主义两大思潮已构成现代西方哲学的基本格局，方东美检视了两大思潮对峙背后的西方人“二分式”思维的致思趋向：他们把宇宙与人生、事实与价值、心与物、理想与现实置于对立的两极，故而价值作为一种精神意义与理想，在现实的物质世界中便失去了存在的根基。更有西方唯科学主义者将人性分解成若干互不相关的因子，完全置人的精神与价值于不顾。近代以来，西学东渐，这种对峙与分离也开始渗透到中国近现代哲学中，20年代的科学与人生观论战即是这种背景下的一个典型反映。方东美融汇了中国传统的形上学尤其是易学的生生大德以及现代西方哲学与美学尤其是柏格森、怀特海的思想，建立了自己以生命为中心的审美价值本体论。“生命”是方东美价值的根基。它作为宇宙的“究极之本体”具体有形上的超越意义。他确立的形上本体的思路不同于一般的本体论，为了使生命精神有更高的价值寄托，他强调，“生命”一方面“深植根基于现实界”；另一方面

“又腾衡超拔，趋入崇高理想的胜境而点化现实”，是“既超越又内在”的形上学。其注重之点不仅仅在于对现象与本体的关系做出形而上的说明，而主要在于为人生的价值找到一个根本的立足点。因而他的哲学本体论，同时也是一种审美价值论。

方东美继承和发扬了中华民族情理并重、一体圆融的优良文化传统，而他的哲学确乎描绘出一种意境，提升了一种精神。他的思想既是对西方现代思潮的一种回应，也是对中国近代以来科玄论战的一种回答，更是立足于中国传统文化，与西方文化汇通对话并探索其现代化道路与人类文化前景的一种可贵尝试。尤其他对于“情”的推崇给我们的启示无疑是具有建设性的。

平常大家只是看到方东美严肃的一面，而看不见其活泼的一面。他说，“活泼的一面是我内心的事”，“我自己的真情感，也许不在我的哲学思想里表现出来，而是在我的诗词里面不自觉地流露了出来”。

我们从艺术流露、道德情操与宗教情怀三个方面深入方东美活泼的情的世界。

化思入诗而又援诗入思的学做方式使方东美得到了个“诗哲”的美名。那么，他何以要以诗性的智慧来表达哲思呢？这并非属于个人的一种癖好，实在是方先生意识到诗的功能犹如在做“生命之梦”，他自己平生服膺的两句话也是：“乾坤一戏场，生命一悲剧！”可见，方东美是挟生命之幽情，拿生命诗戏做观赏的对象，欣然神会。在这里，哲学不是与生命隔阂着的，而是对生命现实苦难的抚慰。像怀特海所说：“哲学类似于诗。哲学是为世人的生动暗示找出一种常规表达的努力。”然而，透过方东美“玄学的诗”，我们会发现其哲学美学的思维方式已经远远超越了古典形而上的致思方法，他从不去追问美之作为实体是什么，也不去问艺术作为特殊的审美对象究竟该如何？他把美和艺术放到文化的背景上，对不同民族精神和文明做文化哲学的比较。因此，探讨方东美美学治思的方法，才能进一步说清楚他的美学问题。

（一）从人文的途径上建构“既超越又内在”的形上学方法，以反对西方“上界”与“下界”、“内”与“外”对峙的二元论和分析法

方东美心目中的美学，与宗教、道德同属于人类的精神层面，因此，他讲哲学实际上是包括了美学、伦理和宗教的。他不喜欢西方近现代的逻辑分析哲学和实证主义，而有着明显的形而上偏好，这一点和怀特海很相仿。所以，你很难在其著作中看到“主观”、“客观”这样的词。因为这两个词既不符合他有机形而上的哲学美学态度，同时又留下了传统西方旧形而上割裂人与自然而带来的偏于认识论的痕迹。在方东美看来，“任何科学研究，都有方法的设定”。虽然，方东美是一个世界主义者，他并不排斥其他进入哲学领域不同于自己的方法，但他在比较了三种典型的哲学进路时发现，人文主义才能透过生命不断创进而达哲学“玄之又玄”的至境。在这方面，中国的原始儒家、原始道家、大乘佛学以及新儒家担当起了这种精神指向。在西方，只有现代的怀特海、柏格森、海德格尔等是例外，并且，“这些例外却证明了方东美哲学时常应用的法则是对的”。换言之，在方东美的理想中，人文主义才是最好的进入哲学殿堂的通途。宗教和科学虽然也能进入哲学领域，但是宗教把现世和来世打成两橛，仿佛现实世界和理想世界是对峙的，只有牺牲现实世界来完成理想世界，结果“那哲学即使想为神学服务，也只能促使人们逃避此一玷污的现世，而寄望于另一完美的他世”。同样，科学的入径也有问题。因为，“科学追求真理虽然也是令人向往，但若一旦逾位越界，连哲学都被科学化，便深具排他性，只能处理一些干枯与抽象的事件，反把人生种种活泼机趣都剥落殆尽，这也是同样的危险”。于是，只有人文主义才打破了宗教现世和来世的隔绝，也突破了科学主义带来的所谓“价值中立”的偏执，从而把形而上和形而下贯穿了起来，再通过“超越形而上”

的点化，使之转化为“内在的形上”。这样一来，哲学是以生命为本体，并且“整个宇宙，无论它被分割成多少领域——自然界或超自然界，现实界或理想界，世俗界或神性界，在中国人文主义看来，都是普遍生命流行的境界，这种文化流衍，范围天地而不过，曲成万物而不遗，而人类承天地之中以立，身为万物之灵，所以在本质上便是充满升级，真力弥漫，足以驰骤扬厉，创进不已”。值得注意的是，方东美的人文主义哲学路径是遵循中国哲学“体用不二”的思维理绪，它和西方的“人本主义”是不一样的。西方的“人本主义”在人与自然之间设立了一个界限，甚至拿人来奴役自然。与此相反，方东美讲的这种人文主义体现了人与宇宙是彼此相因、同情交感的广大和谐的中道。所以，他说：“中国艺术妙契人文主义的精神。我所说的人文主义，不是像希腊 Protagoras 所说的‘人是衡量一切的依据’，因为这将陷入主观主义与感性的怀疑主义中，一如柏拉图在 Theastetus 语录所指出的。另外，我所说的人文主义也不是像希腊艺术所谓的‘以人体来设想所有性质’，或‘以人形来表现众神’，因为，前者将使艺术只陷入主观的感性快乐中，而忽略了客观的精神指望，后者则不论其表现如何完美，皆将使艺术只沦为描绘中。中国的艺术家并不只是以人体来表现美，他们永远是以人类精神的活跃创造为特色，所以他们能将有限的体质点化为无穷的势用，透过空灵的神思而令人顿感真力弥漫，万象在旁，充满了生香活意。”不难看出，方东美对形而上学的途径考量是从方法论意义上出发的，关于这一点，他说得很直接：“我所谓的形而上学途径是由方法学上来设想”，着可以说是大哲学的方法。方东美是拿人文主义的途径来区别于宗教和科学乃至希腊和近代哲学的。在他看来，宗教也好，科学也好，甚至是希腊哲学（柏拉图晚年思想除外）和近代哲学都脱不了“二元”的思维格局。这种思维明显的特征是机械性，把人与自然、有限和无限、物质和精神都看作是对立的。然而，方东美认为中国哲学以及西方现代像柏格森、怀特海一辈人则主张有机的形而上学观，把人和自然、宇宙看作是普遍生命的大化流衍，物质和精神、有限与无限是融会贯通的，甚至一切至善至美的价值理想也是可以随生命的流衍而得以充分实现的。这里，我们可以析出，方东美的人文主义入思的途径是综合了现代西方哲学的成果，同时又承继了中国传统的原始儒家、原始道家、大乘佛家的体用不二的“既内在又超越”的特性。一方面，这种人文主义的治思方法克服了西方主客两分的“二元”难局，突出了生命、生存为哲学的出发点。另一方面，它又不像近现代许多非理性思潮，以及逻辑分析哲学和实证哲学一味反对形而上学。在方氏看来，旧形而上的机械性固然应该反对，但“形而上”还是治哲学的根本入径。“形上学者，究极之本体论也，探讨有关实有、存在、生命、价值等。”可见，方东美心目中的大哲学是机体主义的，是价值论和知识论的统一，是一种境界哲学。也就是说，以生命为单位，层层超升，由物质层面到精神层面，直达“皇矣上帝”。

应该看到，方东美人文主义理想同时还是一个以高度美学化为面貌呈现的。人与宇宙、生命的情调之呈于美感是三位一体的。“各民族之美感，常系于生命情调，而生命情调又规抚其民族所托身之宇宙，斯三者如神之于影，影之于形，盖交相感应，得其一即可推至其余者也。”在这里，宇宙是有生命的，“宇宙自身便是情理的连续体，人生实质便是情理的集团”。既然，人与自然、宇宙的有机统一体是“情理集团”，那么，“情理集团”又是什么？关于这点，方东美认为是一个谜，我们只知道情理双融，情缘现有，理依情生，妙如连环，至于，要知道这情理从何而来？则“可以直观，难以诠表”。如此说来，避开方东美讲的形而上学途径的大方法，哲学本身的思维方法是演绎还是归纳，看来在方东美这里都不是，或者说他的方法不能简单归于其某一类。方东美的哲学方法其实是“直观”（直觉）的体验方法。大概也是值于此，方东美几乎很少从知识论角度谈哲学、美学。为什么比较轻演绎和归纳的方法（这两个词不是指一般逻辑意义上的，而是指理性从某一“自因”演绎意义上的经验论从某一“不可分”的单元出发的归纳）？我们可以从方东美对西方分析法的指责中见出：分析法——中国思想外表上看来似乎有缺点，不像近代西方之重分析法；其实中国不是没有，像刑名家、墨家在这方面都有高度发展，但是后来中国人觉得要讲分析就应当彻底，是片断的分析是错误的，看了一面就执著了，看了一面又执著了，如此构成边见，而无法透视宇宙人生意义之全体。所以谈分析就应当分析彻底，使全体不论上下左右没有一样遗漏，这才是彻底的分析：“整个宇宙的全体、整个人生精神的全体，才能都在善人面前一起透视出来，然后吾人可以针对宇宙人生各方面所形成的旁通统贯的观地，在精神上超越了，提升起来，再发展一个观点透视一切透视的系统。如此才知道分析法不到家是虚妄分析，真正彻底的分析才能帮助我们由直觉上把握宇宙人生的全体意义、全体价值和全体真相。”我们可以把方东美自己的方法称作“全体的直觉（观）”法。这很类似中国画，不是西方的几何透视关系，不是选择某一点按照透视法来表现空间的立体关系。相反，它是一种“提其神于太虚而俯之”的“以大观小”的总透视法。正所谓杜甫诗句所描写的“乾坤万里——眼，时序百年——心”。因此，我们可以说方东美的哲学也是一个美学态度的表现，说到底是本体论和价值论的合一，是一种境界哲学，也是一种人学。他非常明确地用中国绘画的这种“透视境界”说明其哲学境界，认为“中国哲学一向不用二分法以形成对立矛盾，却总是要透视一切境界，求里面广大的纵之而通、横之而通，藉周易的名词，就是要造成一个‘旁通的系统’”。毫无疑问，方东美注重的是以“整体”的面貌解释哲学的精神内涵，他显然把直觉（直观或直透）的功能看的比科学的理性要优越。他讲哲学应该是一个“旁通的系统”，这说明他要以这种“融贯说”来对抗二元的“分离说”（包括主客两分、人与自然对峙、内与外的对立、上界与下界的隔离等）。从这个意义上讲，牟宗三说方东美轻视《论语》，“是用审美的兴会来讲儒家”，虽带有不屑一顾的态度，但的的确确道出了方东美的哲学是一种美学化的哲学。只不过在我看来，方东美的这种美学化的表达是由其哲学的这种“互相旁通贯穿”的特性决定的。也许，M·怀特对柏格森哲学行文的评价一样适用于方东美的文体风格：“他的文体的运行方式，和他自己对意识的描述很是想象——不是作为一系列能够分别理解的句子，而毋宁是像一系列的‘互相贯通’的缺乏确定性、独立性和鲜明性的经验。它们产生的效果，与其说是像哲学散文，毋宁说是像诗歌那样；它们所表达的，与其说是在逻辑上彼此联系并含有一定结论的命题，毋宁说是定时地迸发为洞见的心境。”确实，方东美和柏格森太相似了。当我们从方氏用“时际人”来称呼儒家，用“太空人”来比喻道家，用“交替忘怀的时空人”来说明佛家时，难道我们不是一次次地在同方氏一起作诗心哲思的神游么？

（二）方东美在“原天地之美而达万物之理”的总原则下的生命美学诸问题

如前所述，方东美的哲学、美学方法是以人文主义为进路的。很明显，这种人文主义带有很浓厚的美学意蕴。这就是说，如果对方东美的具体美学观点作探讨时，必须时时刻刻不能忘记，恰恰是这种人文主义的形而上方法决定着方东美美学思想中的有着高抬精神性的价值（宗教、艺术、道德）而贬低科学的倾向。大致说来，从方东美1931年初刊于《中央大学文艺丛刊》第一卷第一期题为《生命情调与美感》的长文就可以见出，他已经建构了一个以人文主义为指归、“生命”为本体的美学思想体系。随后，他又在《生命悲剧之二重奏》和《哲学三慧》两文里加强了这种思想系统。不过，应该注意到方东美美学思想发展在总的人文主义倾向下侧重点还是有些变化的。三四十年代他注重中西文化哲学的比较，因此对外来文化多能以“他山取助，大为切要”的态度对待。但50年代以后，方氏开始转向以侧重阐述中国美学思想为主，只是附带提及西方怀特海、柏格森、海德格尔、柏拉图晚期著作的思想和中国哲学、美学思想可以并行不悖，这种转向并不是说方东美的美学观从西方转回了东方。其实，在我们看来，这种研究视角的调整多半是出于文化战略的考虑。鉴于中西文化的比较应该在平等的对话基础上才能正常交流，而事实上确实西方人对中国文化的了解远不如中国人对西方文化的了解。在这种情况下，方东美认为有必要多多向西方人阐明东方人的智慧。所以，方东美晚年谈到的美学问题都是以中国的艺术精神来统领的。下面让我们顺着历史的第次来撮要一下方东美的美学问题。

1. 方东美的早期美学思想（二三十年代）分析

首先，方东美最早、也是最系统地建立了以生命为本体的美学思想体系。关于这一点，顺便说一句，国内学界把这顶皇冠给了比方氏稍晚才提出同一观点的宗白华先生，这似乎有欠公允。事实上，在《生命情调与美感》里，方东美明显地讨厌西方近代以知识论来谈美的倾向。他说："孰为生命？曷谓美感？人之生生也因若是芒乎？其我独芒而人亦有不芒者乎？其人尽芒而我亦不芒者乎？美之为美是各人之私见耶？抑尚有客观性耶？此类纯理问题，姑置不论。"乍一看，似乎方东美这番话是不想深究生命和美的问题，其实不然。他是想说按照传统西方知识论的主客两分来探究生命和美是无意义的。那么，究竟如何来对生命和美感的本质探幽抉微？他沿着从人文主义的立场出发，"仰观俯察，穷天地之象以言万物之齐，通古今之变以明事功之故，立人道之极以正性命之理。"用庄子的话说就是"原天地之美而达万物之理"。进一步说，在方东美看来，"宇宙，心之鉴也，生命，情之府也。"即宇宙之"理"和生命之"情"是双融互摄的。美感是由情而发的，是以生命的生机灌注于人生，究理则是事以造奇境，是"托心身于宇宙"。毫无疑问，方东美是把人和自然、人生和宇宙视为融贯通彻的。

他曾把自己这一哲学、美学浑为一体的思想系统称作“有机的形上学”。显然，这种有机的形上学和西方传统把美学视为认识论的一部分是显然不同的。在这里，哲学和美学一回事，一由境生，一由情发。所以方东美说“各民族之美感，常系于生命情调，而生命情调又规抚其民族所托身之宇宙，斯三者如神之于影，影之于形，盖交相感应，得其一即可推知其余者也”。诚然，人与自然、生命情调与美感的统一虽然在各民族文化中都是普遍存在的，但方东美指出，希腊和近代西洋人之宇宙往往以科学观之，注重其“理境”，而在中国人的宇宙，则是以“艺术之意境也”。当然，“科学理趣之完成，不必违碍艺术之意境，艺术意趣之具足，亦不必损削科学之理境，特各民族心性殊异，故其视科学与艺术有畸重畸轻之别耳”。这里，“畸重畸轻”是就量的大小而言的。似乎方东美也认为西方宇宙观偏于科学的理境，而中国人的宇宙观是艺术的境界（意境）。前者取得科学的形而上途径，后者入的是人文主义的理路。从大的方面讲，都是“生命”的表现，情与理都是双融互摄的。不过一从理入，另一从情入。就这个意义上说，“中外宇宙观之不同，此其大较，至其价值如何论定，则见仁见智，存乎其人可也”。其次，方东美从宇宙人生是一个有生命的“情理集团”出发，阐述了生命悲剧的二重奏。在1936年中国哲学会南京分会成立会上，他宣读了《生命悲剧之二重奏》论文。在这篇文章里，方东美借萧伯纳说的“生命中有两种悲剧。一种是不能从心所欲，另一种是从心所欲”的划分，而将古典希腊悲剧以“从心所欲”来喻，又将近代欧洲悲剧以“不能从心所欲”来象征。不难看出，方东美思想借对生命悲剧“从心所欲”和“不能从心所欲”的二重奏来表达这样一种见解：即宇宙人生观既然是一个情理集团，那么对待这个情理集团就不应持肤浅的乐观或畏葸的悲观态度。换句话说，希腊人之伟大，在于“希腊人之思想始终以生命之美化为着眼处，所以他们尽管历尽艰辛而不致沦入悲观的颓境”。尼采把这种精神揭示得很精彩，他告诉人们，古希腊悲剧精神在“日神精神”对“酒神精神”的点化下，也就是“因为这人生幸福的结局是以深透回远的痛苦润饰而成之美型，我们如欲领略它的韵味，须将实际生活中所经历的酸辛苦楚都点化了，饰之以幻美，始能超越艰难，陶熔乐趣，以显耀人生的胜利”。简言之，生命的艺术升华可以现实的苦难为审美的愉悦。这的的确确是一种“从心所欲”，既乐观而又不肤浅的人生态度。一方面，它既肯定希腊悲剧时代的思想是悲观的，“痛苦为生命的根身，闪避不得”。另一方面，它又承认从艺术的观点看，“觉宇宙全境贯注形象之美，条理秩然，人类周遭满布欢愉之感，生机活泼”。与此相应，方东美还指出了叔本华则是代表了近代欧洲悲剧的精神，他“直叩欧洲人的心弦，故一方面主张生命欲之确立可以统摄宇宙万象，另一方面又断言生命欲之灭绝乃是人类脱离苦海的‘禅门’。这是近代欧洲思想的岔道，左之右之，都是不能从心所欲”。虽然，方东美也承认近代欧洲在“进取的虚无主义”引导下，“对于宇宙人生可以恣意欣羡，肆情享受，流露无限的美感”，但总不免驰情入幻，“毕竟未由契合宇宙之真情实理”。由此，可以见出方东美在揭示了古希腊“从心所欲”的悲剧到近代欧洲“不能从心所欲”的悲剧精神转变的同时，也盛赞古希腊人的审美态度，因为“希腊人观感宇宙，体察人生，情之所钟，理必应之，理之所注，情必随之，情理圆融，物我无间，所以他们的思想风格恰可体合生命径向，毫无溢妄”。对近代欧洲人的违情悖理不免有些微辞，这侧面反映了方东美本人人生艺术化的美学态度。最后，由于方东美把人与自然、人生与宇宙的相容相摄摆在一个以“生命”为支柱不断超升的立体架构的思想系统上面，这样，艺术和道德也就不可能像康德那样是平列地摆放在哪里，而是一层层的境界的提升。按照方氏的观点，道德境界要比艺术境界高，因为“这个世界美则美矣，或者丑则丑矣”，“只能够表现主观的感受”，在价值上还不具有“道德的境界”的客观性，再往上提升则是“宗教的境界”。很明显，方东美注重的是精神现象的这种整体向上的发展取向。他不主张像西方那样严格区分审美同情和道德同情，这毕竟是“二元”格局思维下的产物。不过，在刊于1938年6月《学灯》副刊上的论文《哲学三慧》里，方东美虽然指出了中国人的宇宙观是艺术化的，是即体即用的，但是，早期的方东美没有像后期那样一味地赞扬中国的这种艺术、宗教、哲学“三者合德”的统一性。他还是指出了：“中国哲学家之思想向来寄于艺术想象，托于道德修养，只图引归身心，自家受用，时不免趋于艺术诞妄之说，囿于伦理锢蔽之习，晦昧隐曲，偏私随之。原夫艺术遐想，道德慈心，性属至仁，意多不忍，往往移同情于境相，召美感于俄倾，无科学家坚贞持恒之素德，颇难贯串理体，巨细毕究，本末兼察，引发逻辑思想系统。”应该说，方氏早期的这一观点还是很冷静的，抗战爆发，在透过中央广播电台向全国青年广播演讲“中国人生哲学概要”里，他似乎更凸现秉持中国先哲美善的观点。他说：“中国先哲所认识的宇宙是一种价值的境界，其中包藏无限的善性和美景。”

综观早期方东美的美学思想，有几个问题值得进一步探讨：其一，突破了传统西方从知识论的角度来讨论美学问题。在方氏那里，哲学和美学是一体的两面，都是“情理集团”，“生命”是贯穿于人和宇宙之中的，不仅人是一个情理集团，宇宙也是一个情理集团。这样，方东美步了中国传统“天人合一”的思维模式，并不对诸“生命”和“美”作实体化的追问，而是从生命的实存出发，把美感看作生命情怀的一种抒发，因而是有意义指向的，这不能不说和现代西方存在主义和解释学的治思理路有相通之处。但方东美又不完全和现代西方反形而上思潮合流，他比较赞赏不太为西方主流哲学注意的怀特海的有机哲学，大概也是因为怀特海注意形而上，把形而上和美学统一起来，这些观点和方东美极类似。其二，由于方东美把哲学和艺术结合得很紧密，所以，他讲的艺术实际上是艺术哲学，不是“fine Art”的意思。也就是说，他是把宇宙作为艺术化的移情对象来处理的。因此，方东美的艺术哲学是“原天地之美而达万物之理”（庄子语）。艺术的艺境和哲学的理境可以由层层的境界超升而统一的。这里，“情”（艺术）为缘，“理”为有（存在）。情理双融，惟能直观，不可以逻辑名分。要言之，他是拿“艺境”去统领“理境”。“意”和“艺”不是相隔阂着的，是可以通过生命来打通与自然、宇宙的关系，生命的情调和美感渲趣恰恰就在于领会这宇宙太和的意境。从这个意义上讲，我们不同意讲方东美只有“美学观”，而没有意识地去建构“体系”的观点。因为，方东美是有美学体系的，这个体系是和哲学体系分不开的。其三，与西方二元思维格局不同，方东美是从“天人合一”的中国传统思维方法出发，把艺术和道德看作是可以统一的，认为它们同属于“形而上文化”，艺术、宗教、哲学是所谓“三者合德”。并且，他不太注重对道德同情和审美同情再作进一步区分，他虽然也看到艺术和道德有矛盾，不过在他那里只是“境界”的深浅、高低之分，本质上生命本身和道德并不发生矛盾，生命本身就是艺术，这种艺术的升华必趋于道德界。然而，“痛苦为生命的根身”固然不错，但痛苦之出还是有各一善与恶的问题，尼采讲的生命本身是不道德的这一观点似乎方东美注意的不够。所以，他的弟子傅佩荣曾说：“在谈到道德的时候，以人性论为基础。在我看来，老一辈人用词比较广泛，他喜欢讲中国人都是主张性善的，这个是主流，但也没有讲的很清楚，到底什么是性善，他也没有不论人有罪恶。当然，性善不指纯的本善，但如何解释恶呢，当时并没用考虑这样的问题。”

2. 方东美的后期美学思想（30年代末—70年代初）分析

除了我们前述的方东美从文化战略考虑逐渐由西方转向从东方视角来谈哲学、美学问题一个原因之外，还有另一个原因，即抗战爆发，民族情绪上涨，在此情景下，“才有了转变，觉得应当注意自己民族文化中的哲学，于是逐渐由西方转回东方”。前者可以说是理智的考虑，后者则有很大情绪的因素。不管怎样，的的确确方东美自1937年4月给全国青年发表演讲，后结集为《中国人生哲学概要》始，他开始进入到了中国先哲的生命美学来伸张或统领自己的形上学思想系统。大致说来，方东美后期美学问题集中在三个方面：一是无言之美；二是美的本质；三是中国艺术的特色。

首先，美是什么？美究竟能否言说？这在西方自希腊柏拉图开始就是一个老问题了。十七、十八世纪法国也流行一句口头禅：美就是“我说不出来的什么”（je ne sais quoi）。培根也说，美的最好部分，是笔墨无法形容的。可见，美是很难定义的。关于这一点，方东美认为中国先哲所以很少谈美是什么，这是因为他们最懂得美是无以用语言表达的道理。所以，庄子有“天地有大美而不言，四时有明法而不议，万物有成理而不说，圣人者原天地之美而达万物之理，是故至人无为，大圣不作，观于天地之谓也”。（《庄子》卷七，二十二章）当然，对于美的非概念性、非功利性在中西方文化中都有论述。但是，西方对于美的非逻辑性尽管也有思想家表述过，却真正占主导地位的仍然是把美放在知识论里加以讨论的思想家。反观中土对于美的无言性则是从整个宇宙人生出发来把握的。这一点的不同方东美没有直指出来，并不是他不知晓，而是他是一个“世界主义”者，他治学的大方向是“求同”。所以，他引贝多芬用不断的演奏而不是用语言回答观众对音乐美的追问为例子，他举了但丁、培根的许多言论以说明这一观点等等。这是问题的一方面。另一方面，方东美的的确确是更多地站在中国人的艺术理想立场上来揭示“无言之美”的内涵。他说：“但是对艺术而言，我们则可以暂且不谈，但是这个不谈，绝不是轻视的意思，而是深知真正艺术之美，必须以伟大的天才花费极大的苦功才能完成，不能轻易去谈，也就是说，美的创造是极其神圣的，必需神思勃发，才情丰富，始能直透宇宙人生的伟大价值。”有趣的是，方东美并不用“直觉”、“直观”这样带有西方知识论痕迹的用词，而是自己杜撰了“直透”这个词。我们认为，这个“透”非常好地说明了中国人的审美是把人与宇宙联系在一起的，是在“天人合一”的思维模式下作用的结果，是以“天地之心”来作“仰观俯察”产生的美，是中国画家的一种才能，可以将大的画成小的、小的画成大的这样一种打破西方几何透视的审美态度。在这样一种审美态度下，美是通过整体思辨而不是西方实体化的分析思维得到的，是“悟”、是“透”，方东美用“提其神于太虚而俯之”来比喻，并说这种审美的“直透”是“产生的美，是总透视法，透视其他许多相对的透视境界”。

其次，美的本质是什么？在方东美看来，美的本质就在于寻求“天地的大美”。换言之，这个“大美”和一般日常形容的美还是有所不同的，这是哲学家追问美的普遍意义指出来的，本来美是不能用言语表达，但这个美又太重要了，尽管“道可道，非常道，名可名，非常名”（《老子》），还是要“道”、要“名”，只不过这是哲学家来“道”、来“名”，它和日常对于美的名分要区分开来。对于这点，《老子》用“大音”、“大象”、“大美”来和“音”、“象”、“美”作区别就是这个道理。结果，方东美也不得不给美的本质有一个回答，他的答案是：“天地之大美即在普遍生命之流行变化，创造不息。我们若要原天地之美，则直透之道，也就在协和宇宙，参赞化育，深体天人合一之道，相与浃而俱化，以显露同样的创造，宣泄同样的生香活意，换句话说，天地之美寄于生命，在于盎然生意与灿然活力，而生命之美形于创造，在于浩然正气与酣然创意。”与西方思想家喜欢讲美离不开人、离不开主观性不一样，方东美讲美的这一特性则是“总透视法”下将生命与宇宙、本体论和价值论联系起来看的。他说：“宇宙假使没有丰富的生命充塞其间，则宇宙即将断灭，哪里还有美之可言，而生命，假使没有玄德，敝则新，生而不有、为而不恃、长而不宰、功成而弗居，则生命本身即将‘裂、歇、竭、蹶’，哪里更还有美可见。”同样，与西方人讲“同情”是放在主客关系来讲不一样，方东美也讲“同情”，但这是对宇宙的大道所生的“同情”，这在宇宙一方面就是“太和”，而在生命之情怀的表现则是诗与乐达到的“中和”。据此，方东美认为孔子之所以注重诗和乐，就“因为其审美的主要意向都是要直透宇宙中创进的生命，而与之合流同化，据以饮其太和，寄其同情”。

最后，方东美对中国的艺术特色概括了四点：一是玄学性重于科学性；二是象征性；三是方法是真正的表现；四是妙契人文主义的精神。在方东美看来，科学往往从具体的自然现象出发作细密的结构分析，而中国艺术则一开始就以广大和谐的宇宙为整体来作“总透视法”。相比而言，科学不免重技巧，有“匠”之嫌。而中国艺术则是用自己的慧心在融会贯通基础上直透“全体宇宙的真相及其普遍生命之美”。与西方重描绘性的艺术技巧不同，中国艺术是象征性的，“中国艺术所关切的，主要是生命之美，并不像希腊的静态雕刻一样，只是孤立的个人生命，而是注重全体生命之流所弥漫的灿然仁心与畅然生机，相形之下，其他只重描绘技巧的艺术，那能如此充满陶然诗意与盎然机趣”？方东美从人文途径出发，建构了一个“既内在又超越”的形上学方法作为哲学、美学论证的基础，但就艺术本身来说也有一个方法问题。对于这一点，方东美认为中国的艺术方法是真正的表现。这里，表现的意思是指“活泼的勾画出一切美感对象，它把握生命的黄金时刻，最擅长捕捉自然天真的态度与浑然天成的机趣”。这就是说，是将个体生命悠然契合大化的宇宙生命，也可以说是内在生命和外显生命的统一。根据中国艺术的这种内外统一的生命表现精神，方东美指出他的“浃化宇宙生意”不是西方立普斯讲的那个“移情作用”。因为，那个“移情作用”还是“将主观的感受投射于外”，根本上“那只能称为主观主义，反会产生心理与无力的二元论，在身与心之间恒有鸿沟存在，在主体与客体之间也会有隔阂”。此外，在方东美看来，中国艺术妙契人文主义精神，这种人文主义精神是把人和自然看作一致的。因此，“在中国艺术中，人文主义的精神，乃是真力弥漫的自然主义结合神采飞扬的理想主义，继而宣扬雄奇的创造生机”。

总的来说，方东美的后期美学思想确实有一个研究方向的调整，即从他早年侧重西方美学转向中国美学。自然，早年柏格森的生命思想对他仍有影响，这多在强调生命的外在性和创化部分。如今，方先生则更加注重生命为本体的“内在性”和“超越性”。而这是中国哲学、美学的精神命脉。应该看到，方东美的后期美学思想中仍然包含着许多值得进一步探讨的问题：其一，美的追问可能要突破西方的知识论的框架，倘若把人与自然、生命和宇宙作整体思维“总透视法”，而不是局部地、片断地分析，那么我们就会发现：对美的把握是“直透”（直观、直觉这个词在方东美早期用得比较多，但在晚期他更多的是用这个词）。显然，方东美的这个美难以用言语表达，只能直透的思想看似和西方克罗齐之流观点相仿，其实“离之千里”，原因就在思维方法的不同：方东美强调的整体思维“总透视法”是中国艺术家（特别是画家）的一种玄思方式；而西方人即使像谢林那样的哲学家，也讲人与宇宙、自然与艺术的“整体”思维，但那是逻辑的。两相对照，中国的这种思维至少是非西方那种逻辑和思维。如此说来，方东美的“直透”、“整体思维”和西方知识论立场下的“直观”、“整体思维”还是不一样的。究竟美的把握是这两种之一，还是两者皆有，如果是两者皆有，在具体美感经验中是如何生成的？其二，方东美从中国传统“天人合一”的立场出发，把美视为“天地之美”（大美），而且“天地之美寄于生命”，“生命之美形于创造”。这里，个体生命和整体（宇宙）生命本质上是融贯的、一致的。从这个意义上讲，方东美讲中国艺术精神的表现方法是一种“表情”方法，而且，这个“情”是“同情”，不是西方立普照斯讲的从主体移向客体的“移情”。如果这样看，国内一种站在西方逻辑思维方式下将生命分解成个体生命和全体宇宙生命的划分是否精当？从而又得出方东美“个体维度上思考展开得不充分”判断能否成立？其三，方东美认为中国艺术妙契人文主义的精神，而他对人文主义的理解显然和西方不太一样。因为，他讲：“‘性’字（Nature）特别是‘人性’，在中国哲学上，大都作‘生’字解（life），自周代一直到唐朝，很少例外，人类受命以生，或依天志，或本天命，或法自然，成就于人，形于一体，都可以叫做‘性’——更确切地说，就是人性。”从表面上看，似乎与西方没有太大区别，西方“nature”既指自然，也指人性，然而细想一下还是有很大区别的，原因就在中国人是把自然和生命看作一回事，是水乳交融，毫无隔阂。相形之下，西方的“nature”虽也可看作人与自然的统一，西方有些思想家和诗人也是这么看的，毕竟这是少数。从西方近代哲学思潮看，“恶性二分法”把人与自然对峙起来，人成了截天役物的主宰，在知识就是力量的口号下，人类开始了征服自然和改造自然的壮举，到了康德甚至提出了“人给自然立法”的口号，这些精神不是中国的人文主义的精神。中国哲学一向不用二分法以形成对立矛盾，却总是要透视一切境界，寻求人与自然的广大和谐。“回顾中国哲学，在任何时代都要‘原天地之美而达万物之理’，以艺术的情操发展哲学智慧，成就哲学思想体系。”我们无需讳言，西方的人文主义自近代演变为人本主义，科学昌盛，工业发展。然而呢，方东美所热爱的人文主义，多少有些重精神文化、轻物质文化的（科学和实业）倾向。究竟有没有一个中庸之道呢？无论如何，方东美的美学方法和他所回答的种种美学问题的答案是一致的。由于他是一个真正意义上学贯中西的大学者，他的美学方法和问题中显然既有传承中国古老文化的许多有益的因素，同时又有西方现当代合理的且可借鉴的思想因子，这无疑对于我们今天正在努力建构一个具有现代品格的当代中国美学的思想体系提供了一个极具参考价值的范型。

方东美把最伟大的哲学和最伟大的宗教，最终都归结成最伟大的诗。诗人用“比”、“兴”的手法，虽然是采用人世间的普遍语言，但是经由他所烘托出来的境界，完全不限于现实世界。他可以烘托出一个最高尚、最深远、最幽远、最芬芳的境界。所谓“人间扫文字，天外落言诠。”我们的心灵可以借此超升到精神的自由天国里去。哲学与宗教都是追求这种境界。

方东美主要是通过诗词来表达他的艺术情感的。诗是自由的，但不是无根的。他说：“在诗之真实性中的生命，或在生之创造性中的诗情，或在都与文化的每一层面，息息攸关。”对“生”之虔敬尊重之情，乃是一切中国诗人的会通处。

方东美从3岁开始读诗经，深受桐城文派的影响。据他的中学同学后来成为美学家的朱光潜先生回忆，在桐城中学他们主要学的是姚鼐（字姬传，人称惜抱先生）的《古文辞类纂》，与方苞的《古文约选》只重“义法”相比，姚鼐更注重文章的艺术性。他不像方苞那样将桐城古文与诗词之间划下一道不可逾越的鸿沟，而是认为“诗文皆技也，技之精者必近道，故诗文美者，命意必善”。他在《古文辞类纂序目》中，把文学特性分为两大层次，一是“神理气味”，二是“声色格律”，“神”、“理”并举，“气”、“味”兼顾，既重文章的内在实质（所谓“文之精”），又重其外在表现（所谓“文之粗”）。他的“神”、“理”即是包含了以作家情感为核心的主客体的统一，就是他所谓的“道与艺合”“天与人一”；其“气”、“味”，是作家蕴含于作品中的情感浓度及其波澜，表现为文章的“气势”和情感的“韵味”；其“格律”指布局谋篇与法度的节奏，“声色”更是语言的感情色彩。他把情感作为文学作品的核心之一，文章的实质是作家思想与情感的结晶。姚鼐的文论较大地发展了桐城文派的理论。方东美的诗文继承并实践了这种理论实践，而且进一步发挥，把情与理一体连贯，作为其哲学的原始意象。

以抗日战争作为转折，我们可以把方东美的诗词创作按实践先后顺序划分为战前、抗战、战后（包括赴台后）三个时期。他认为诗的功能都在作生命之梦、人生之梦。诗人之慧眼，帮助我们超脱渡过种种现实中卑陋存在之藩篱，而开拓精神解放之心天地。不但对古希腊诗人，而且对今天其他一切诗人而言，人生悲剧之终幕都应当是精神胜利之凯旋。方东美一生经历军阀混战到外敌入侵以及国共争雄，兵戈不断，可谓“抽肌换股历万苦”了。他感慨“人世尽屠窟，苍生谁止戈”，盼望“何年汉将驱骄虏，兵气销为五色云”。他的人生之梦在其诗词中的表现大约可分为灵台苦梦、客心旅梦、影国归梦。而方东美都能融其生命中的这些缠绵“诗梦”与“渊玄哲梦”于一境，“历尽苦中情，直悟解脱理”。方东美在苦梦中追去的是一种“幻美”，在客梦中追求的是一种“孤美”，而在归梦中追求的是一种“懿美”。

1937 年 2 月，商务印书馆出版了方东美的《科学哲学与人生》，此前，他还发表了《生命情调与美感》等重要文章。在方东美眼里，宇宙人生乃是“悲剧的合唱”，“我们对于这个情理集团不应保持浅薄的乐观态度，尤不当采取畏葸的悲观态度，只是用一种深心去领略它的韵味而已”。或以坐客的幽情去鉴赏，或逢场作戏，或临场观感，生命宛如一支芭蕾。方东美以苦心领略世相“一切景象可以兴，可以观，斯为美”。这种凭虚以幻现的美，只是一种“幻美”。方东美这一时期的诗词主要是翻译，从希腊古典诗歌到近代歌德、莎士比亚，一直到现代的泰戈尔，涉及经典诗作 10 余家，近 50 首，均以典雅的中国古诗词形式译出。

方东美的哲学发端之所以由艺术经验所启动，这也明显受到西方莎士比亚等文艺大家的影响，他们驰心入幻，把人世间的真相实况都写成戏剧的幻境，从这里方东美看出了那个时代的精神，他庆幸这些文艺天才“是我们治思想史者的造化”。此后，方东美也以诗来描摹生命的神韵，抒情则出之以美趣，赋物则披之以幽香，言事则造之以奇境，寄意则宅之以秒机。正如他在《闻乐》一诗中写道：“万种灵奇储肺腑，郁拔顿挫寄律吕。轻转重按移玉柱，水流云行传意绪……”其意绪之流在抒畅人生之美感。

在方东美早期创作的诗词中，也有不少表现诗人春心情愁和清闲逸美之作，如：

倒影娇姿艳碧漥，青溪妙女浣轻纱。停砧立尽横塘路，偷向桥边泣落花。

……俯仰隔星河，荡荡扬秋波，星河虚远莹如镜，照我情愁千万阵。

……山之河，水之涔，低迷烟草软，零乱雨花深。香袅碧霞萦远渚，光摇清影媚长林。佳人揽余肆游衍，闲窥蝴蝶抱芳心。

这些作品情深意远，妙趣存神，与之相伴的是更多的伤心苦闷，他在《春思》里写道：

瑶草伤心碧，灵台苦梦积，闲摘海棠花，慰君风雨夕。琴心、素心虽若，他收视反听，忍辱负重，但充满希望：

感慨苍生多辛苦，百劫修成忍辱人；

一朝还我自由身，终有胜情匹至尊。

抗战军兴，方东美的希望和理想被日寇的铁蹄踏碎，只有客梦寄巴蜀，“八载长伊郁，纷吾倦旅情。”在嘉陵江畔，诗人“悄立危楼绮断霞，半酣春梦到天涯，如今满眼都是泪，忍看巴山处处花。”居蜀期间，是方东美诗词创作的高峰，生活愈苦，时势愈乱，其诗情愈浓。他察时变，叹时运，说时空，并把自己所有的理智与情感都一并诉之与诗中，以“新诗养梦”，在幽恨与忧愤交织的这颗“悠悠独客心”中，当年那种“营梦臻奇境，幻美亦可喜”的心境已改。由于时危客梦长，方东美追求的是“灼灼成孤美”的品格。他遍植花树，长想花容（“花魂幻作妾”），独吊花影。下面是一道题为《园景》的小诗：

小园幽径画东桥，春在江南冶梦中。

未逞娇羞身自转，尽无人处拾残红。

中国古典诗词中许多象征寂寞、清高、劲节的卉木也都成了方东美歌咏寄情的对象，比如竹、柳、兰、松、梅等等。他这样咏柳：

不向人间问是非，却从花径识精微。

庭前生意能扶梦，物外禅心自息机。
雪絮分张元亮宅，莺声婉转子贞扉。
无弦琴上多情思，金缕飘香净晓晖。

看似垂首花径，不问是非的杨柳，诗人以物外禅心观之，便显出情精意微，金缕飘香了。方东美曾说只能作本事诗的人，大半都是第二、第三流的诗人，“每当诗的情绪，或诗的精神意义被提升到最微妙的境界时，我们就必须用一种比体来作诗，或者用兴体来作诗，甚至两者和而变成比兴体的诗歌。经由这一种诗，才可能表达一切情意的高潮，尤其是悲剧性的诗体更是如此”。每一种景物都具有一种精神意义，每一种意义都是诗人心灵的自我剖白。凡此种种，限于篇幅，不一一论列。相比之下，方东美更钟情于能“认取诗人心里事”，“皎洁以全真”的梅。下面是他的《寒梅浴月歌》：

瓦瓶养性心更洁，截枝千根留生诀。
元气纯全天地设，枝柯金刚杈枒铁。
玉骨冰肌坚贞揭，虚室怀芳尘想绝。
拟人轩轩神傲兀，格高品圣谁渎亵。
罘罳影流溶溶月，癯仙僵卧太古雪。
冷淡为欢食玉屑，衔诗造妙能濬哲。

方东美以“诗思养梅魂”、以“似梅人格”自况，且发愿“会当乘胜收京国，遍植梅花艳五州”。抗日战争胜利后，世界并未太平，“劫灰供聚敛，残炙起贪瞋”，经过8载凄凉，已是“霜花经眼老知常”了。方东美一面书愤，“细写浮生千万绪，”同时，“养志作神仙”。

1947年夏，方东美应台湾教育厅长许恪士之邀，赴台作为期一个月的学术演讲，1948年任台湾大学教授，至1977年逝世，居台近30年。初来台时，撰有台湾杂咏22首，抒发其对“家家围绿援，树树发红花”的乐土的初恋，并希望“天海曲尘色，郊坰锦绣春。畴能绵万载，永作太平人”。但是到1948年《台北除夜》，心情已骤变：

娇疾齐入梦，独我守寒更，
十载鸱鸟噬，三年虎豹兵，
乾坤腾厉气，鼎镬煮苍生，
谁谓蓬瀛好，能逃世网婴。

从此之后便作“苦海望乡人”，只能“看花思旧国”了。1950年在《台北元旦雨中看杜鹃凄然淹泪》，感慨万千：

十年四蜀听援愁，三载南暝泛梗忧。
落落区中难驻梦，茫茫海外阻归舟。
鹃呼旧国魂何在，花泣微心泪不收。
莫道无情潜地脉，绸缭解送水西流。

既然故园不能归，诗人也只好一心筑构自己的精神家园，“宅心在淳朴，安处即吾家”。方东美潜心中华文化的命脉与哲学智慧的研究，1952年撰成英文《中国人生哲学》一书，他题诗曰：

殊语传深意，终然是夏声。
八絃申一指，万类趣全生。
大德新新运，危心局局平。
艰难存懿迹，激浊为扬清。

晚年方东美将自己的生命与人格完全融入民族精神的怀抱，“不向人间问何世，天宗德本入玄门”，天地自然穷神浃化，圆融无碍。以精神染色相，将万物点化成盎然大生机，以心性融万类，从中看到一个整合的心灵与创造的精神。表现在诗词中，则是以自然之舍抒天然情感。“理邈理应归向我，情高情自不同群。”将孤幻之美及苦旅之梦都溶入大化流衍的懿美之中：

鹏飞蝶梦不追攀，大瘖重玄一等闲。

冥绝偾骄心口意，万灵圆现有无间。

在这里，诗真正与哲学、与宗教达到了完美的统一，其人格理想在道德、懿美、宗教三方面的修养都已达到了圆满无缺的境界。

着眼于道德，着眼于现世生活，方东美则以为中国古代思想的最高成就是："儒道墨三家会通处"，"纯正的中国人系指着受过孔、老、墨一类先哲思想支配的人"。佛学虽然具有很高的智慧，但它的种子终究是外来的，它的目的也不能在此世共享。他断言儒道墨三种"和而不同的精神，相互会通所形成的集体智慧，就是典型的中国人个性"。

道德，在这个情理圆融、物我无间的理性世界中，它的根源何在呢？在方东美看来，"其根基就在于价值贯注的普遍生命"。而孔、老、墨三宗的统会，就在于对生命价值的积极肯定，正是因为这三家思想系统都是积极肯定生命的价值，故由其会通处，就可以看出中国道德生活的共同基础。方东美解释说：

> 儒家是要追原天命，率性以受中，道家是要遵循道本，抱一以为式，墨子要尚同天志，兼爱以全性，就是因为天命、道本和天志都是生命之源，而中国人酷爱生命，所以我们极端重视生命的价值，对于生命，我们总力求流衍创造，以止于至善；中国人深知，如果离开生命的价值，宇宙即蹈于虚空，如果撇开生命的善性，人类即趋于虚妄。

方东美所追求与阐释的道德情操体现的就是儒道墨"三位一体"的道德精神。

儒家从宇宙人生向上发展，把握了理想再在现实中完成，孔孟圣人的理想人格实通过恭已之德而成就其道德精神，其仁学是在贞定人之生命义谛中打开无穷的向度。方东美解说孔子以四时之行百物生说天，赞易之乾元坤元，以生生之意为天之本体，道之大原，亦即是人之准则，故不能不以至德之善配其广大。孟子的之性知天，成为儒家人生哲学的理论基础，自此“尽己性，尽人性，尽物性，赞化育以与天地参，就是中国人做人的极则”。

关于道家，方东美引老子言“道生之，德蓄之，物形之，势成之，是以万物莫不尊道而贵德，道之尊，德之贵，夫莫之命而常自然，故道生之，育之，亭之，毒之，养之，覆之，生而不有，为而不持，长而不宰，是谓玄德”。然后说，“看此一段文字，举以与儒家的学说相较，则道与天同为生命本原，已甚显明”。方东美对这段文字做了精辟的分析，他说：“生蓄为妙道之行，长育、亭毒、养覆乃是生命之相，莫之命而常自然，盖谓生命本身有绝大的力势，创造自如，无所限制，正与易传所称翕含辟弘的大德之生，不异其体用，其尊其贵可知。生而不有是通变神化，生生不息。为而不恃是劳谦不伐，有功之德。长而不宰，是开物成务，冒道趣时，惟变所适，往来通几，所以成其大德。”由此他断定“后儒谬谓老子尊道而贵德而薄仁义更是无据”。道家老庄是从批判人文来重建人文，直据道德以贯通仁义礼由此显发生命之真实。与儒家殊途而同归。

墨子把人的以与、感受、情操抽象为天，以“天志”来度天下之方圆，把一切价值贯通起来，方东美认为墨子“从天欲其生说到兼爱，又从兼爱说到仁义的德目，其人生哲学亦正能穷源溯流”。因此墨家的道德精神同样达到了儒道两家即超越即内在的崇高境界。

总而言之，方东美认为“老子说道，孔子谈元（易经上乾元坤元之元），分雄南北，墨子主爱连贯于其间，成为三大宗。这三大宗虽然各有不同的旨趣，但如果把他们融会贯

通起来，实可代表哲学家最完美的思想”。因此，孔、老、墨三宗之于道德根源的讨论，都是同条共贯的。

关于道德生活的标准，方东美认为孔子的“忠恕”、老子的“慈惠”、墨子的“爱利”，名称虽不同，但实质却相同，都是中国人在道德上的一贯精神。这种精神就是“大公无私”的生命精神。

孔子告诉曾子说“吾道一以贯之”，曾子用心体察，悟出“夫子之道，忠恕而已矣”。我们要了解这忠恕之道，方东美说，“就是要启发广大的同情心；平常在宇宙与人相处，各人有他独特的境界，若你排斥别人在他的境界里所采取的立场，则马上形成偏见；所谓忠恕一贯之道就是：我处在此一境界，采取此一观点，同时，我还要把我的精神转变到你的境界及观点。因此要有极大的同情心，就你的观点设想你的问题。”但当每一个人各自安排生活时，总难免因私心而只顾私利，以致因私害公，为了确保人类宝贵的道德生活，方东美认为每一个人都应善体“中”道（《大戴礼记》）的“知忠必知中”、“内思毕心曰知中”、《中庸》的“中者天下之大本也”。使所有的私利都能顾全大局，这只有透过“忠”（“己欲立而立人，己欲达而达人”）才能从自私的本性中解脱出来，与他人在思想、感受与行动上互相体谅与认同。如果有违“忠道”，还需“恕道”（“己所不欲，勿施于人”）来辅助。恕，不只是讲自我的生命，而是要浃化大道与宇宙的生意合而为一，落到实处就是要设身处地、群策群力，为最大的多数人着想。总而言之，忠恕的共同核心，都是“道”的创造精神，道无处不在，永远是在普通生命中的流行中展现其真义。因此，我们从自我生命的体验，便可以转为同情他人的生命，调和于人人的生命，旁通于他人的生命，使内在世界与外在世界合而为一。方东美认为由此可以见到每一物每一人的生命及其善性，皆与我们的生命及善性合体同流，就像波浪与海洋，一体无碍，破有限而入无限，以促进道德生活走向完美。

道家的思想多被后人解释为崇尚虚无、放浪形骸，甚至列为颓

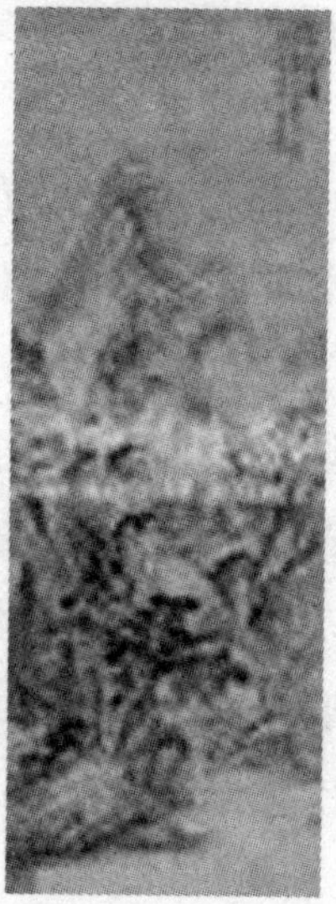

废的根源，方东美感叹这“真是可怕的误解”。方东美分析老子的思想得出老子认为生命之最高价值蕴藏于生命最真实最纯粹的状态中，“常德不离，复归于婴儿”（《道德经·第二十八章》），老子直透“道体”，超越世俗的价值取向，而不受生命外在条件的限制。他认为在老子看来，圣人之所以成为人格的典范，不仅他具备思想的典范，而且兼备实践的典范，“无为而不为”，并将两者整合为生命的典范，因此圣人是以生命涵摄伦理，而不被一般的道德理序所限定，从而成就其内在而超越的形上观。“故从事于道者，同于道；德者，同于德；失者，同于失。同于道者，道亦乐得之；同于德者。德亦乐得之；同于失者，失亦乐得之。”（二十三章）圣人即为“从事于道者”，故圣人之为生命实践的典范，就在其不断回归生命内在的共同根源，由相对而动乱的生活状态，转向绝对而平静的存在理境。所以老子教人去私以息争，退身以存公，并强调“自见者不明”、“自是者不彰”、“自伐者无功”、“自矜者不长”。（二十四章）方东美认为这正与《论语》中孔子思想相符。不自见是“毋意”、不自伐是“毋固”、不自矜即“毋我”。所有这些弱点都生于“自私”，只有除却私心才能提高精神，由此方东美认为道家绝不可能是气绝仁义，他认为道家的道德精神，一贯标准就是慈与惠，也就是爱、仁、亲，由此可见儒道两家相互会通，确有共同基础，“儒家的忠恕精神和道家的慈惠精神，都是以仁心度物，以慈惠爱人”。

庄子的形上学，将“道”投射到无穷的时空范畴，使其作用发挥得淋漓尽致，成为精神生命之极诣。庄子是兼有诗和哲学两方面造诣的伟大天才，他的整个精神“在于完成一种寓言化大思想体系，藉着讽刺世俗的妄动和无聊，以辨明精神解脱的重要，及彻底理想生命的崇高意义”。他主张“生命的崇高在于经验范围的拓宽，价值观念的加深，使我们的精神升华和道体合一，使我们把人世的快乐和天道的至乐打成一片”。在这方面确如方东美所言，“庄子把老子和孔子智慧推展到极点，同时也为一千年以后的大乘佛学融入中国哲学而铺路”。

在方东美看来，中国人的才能，不是寄托在科学的理性思想里，也不在宗教情绪的热诚上，而是在一种超脱解放的艺术精神。方东美自由酷嗜庄子，他的生命与学问，也印证了他作为诗人兼哲学家的身份。

较之儒道两家，墨子不尚玄思，但他以“兼爱”作仁义的基础，以“爱利”作兼爱的伦理原则，与儒道也有共同的道德标准。他说：“天之行广而无私。其施厚而不德，其明久而不衰，故圣人法之。”在方东美看来墨子是通过体悟天志之法仪而达到与儒家参赞天地、道家效法天道殊途而同归的境地。墨子虽曾“学儒者之业，受孔子之术”（《淮南子·要略》），但他从兼爱出发，对孔子的“仁学”进行了改造，认为凡兼爱的就是仁人、善人，“兼即仁矣义矣”（《兼爱下》）。孔子“爱人”是“以己度人”、“爱己及人”，而墨子的兼爱则是“爱无差等”，“不辟亲疏”。墨子强调生命要高尚其志，“尚同于天”，要使整个社会组织迈向更高境界，必须把“兼相爱”的道德理想，落实在“交相利”的实践原则上。墨子并提“爱”、“利”，倡导“爱利万民”（《尚贤中》）、“爱人利人”（《兼爱下》）、“相爱相利”（《法仪》），是对儒家的忠恕与道家的慈惠精神的进一步推广与深化。

经过以上的分析，方东美得出结论说，“忠恕贯道，慈惠体德，与夫兼爱以为仁，交利以为义，正像佛典所谓‘一月三舟’，一月在天，三舟在水，何尝真有差别呢?”

因此，所谓忠恕，所谓慈惠，所谓爱利，名异而实同，我们可以说这三层也就是中国人道德上一贯的精神。

儒道墨三家的思想对于我们整个民族文化确曾有过伟大的贡献，他们的道德精神，深刻地影响着国民性诸多方面，他们提出了许多人类永恒思考的主题，其思想观念对人类道德生活至今仍具有亘古弥新的常在意义与价值。如此我们便不难理解方东美先生崇尚孔子、老子、墨子甚至激励人们“接下这火炬，来照耀中国的未来，乃至于世界的未来”的良苦用心了。

三、哲学与宗教

宗教展示了一种意境，不可思议。要契入其中，得具备一种博大的情怀，包括信心、毅力和实践精神。

方东美认为，“倘若有一种思想能导入于真、善、美、圣的不可思议的境界，你也可以称（之）为宗教了”。在他看来世界上的大哲学家往往都兼具哲学家与宗教家的双重身份。宗教生活就是要使我们生活的中心由现实的人间世俗界超升到神圣的精神领域。在人类的科学与哲学等理性文化尚未发展以前，支配古代人生活的精神支柱就是一种神秘的经验即宗教，这种神秘经验与后来发展成的理性的哲学思想相比，大为不同。在宗教中，多半是一种直接体验、感悟与情绪，与“神明”无丝毫隔阂。方东美认为孔子颇具宗教情怀，孔子说：“祭如在，祭神如神在。”把生命完全寄托在精神的氛围中，神明真实如在眼前，而不是把它作为可望而不可即的崇高对象来顶礼膜拜，以推测之辞躲得远远的。

而哲学则是以理性为媒介设想出的一种境界。如果只就哲学家的身份而言，他可以把宗教上神秘的经验点化了变作思想的理路，把情绪、情感所寄托的对象，变作合理的对象，这样“上帝”也要遵循哲学家理性的规律，其“全能”的特性即受到了限制，结果人类完整的心灵世界被分割开，学术也陷入歧途，毕达哥拉斯之后，出现的经典派与数理派，中国墨家把宗教哲学化，至于墨家宗教消亡只剩下逻辑发展便是显著例证。方东美认为“假使一个哲学家忘记自己还应该有宗教家的身份，就只能形成世俗的哲学，只能承认世俗的世界”，而“把神圣世界与平凡世界隔绝了，把人类万物与宇宙中生命之源的精神隔绝了”，最后造成的流弊便是上帝被放逐了。

“作为一种崇高的精神生活方式，宗教乃是人类虔敬之心的表达”，方东美认为可以藉此发展三方面的关系，首先是与神明之“内在融通”的关系，其次是与人类之“互爱互助”的关系，第三是世界之“参赞化育”的关系。他说：“宗教生活就是以炽烈凝练的情感投入玄之又玄的奥秘之中（Mysteriously mysterious mystery）。那奥妙是超乎理性的，有时又是内潜于理性的。”怎样才能使人的精神恢复到宗教上的神圣世界？方东美认为，任何人，就其为“人”而言，都是平等地面对这伟大的奥妙，只要他们能入于炽烈凝练情感经验的深处，都可以由各种途径各个方面臻于密契神明的境界。在原始时代里，宗教精神已在人类心灵上生了根，人生活在世俗世界里可以找出种种事物当作符号，藉此把我们的精神再“回归到原始境界”。这就需要一种 Implied Onto Logy 即暗示的本体论。大哲学家一方面有哲学家的身份，知道世俗世界的构成与危机，一方面又有宗教家的身份，能利用一种象征式的、符号式的语言与神圣的精神境界沟通。方东美在谈华严宗时即极为注重“文字般若”的意义。

方东美的思路的确深受大乘佛学华严宗的影响，可谓深沉明澈、绚若彩虹、广大和谐而又多姿多彩。他认为真正的宗教是要把人从现实生命里面提升到理想的生命领域，从鄙陋的行为提升到高尚的行动，然后再拿大慈大悲的胸怀，把一切生活在世界上的人，都能落实到一个真正平等的精神领域里面。

而只有在那个平等的精神领域中，我们才能够把个别差异的心灵，转化成广大和谐的菩萨心，这是大心，一旦培养这个大心之后，再把这个心灵扩充到整个世界上，像物质世界的太阳光一样，能把一切的黑暗面都驱遣掉。

华严宗的体系博大精深，其重心方东美以为并不在宗教经验本身，而是根据哲学的智慧来思考宗教经验里所表现出来的圆融无碍的意境。其主要精神由一真法界所彰显。“意在阐示人人内具圣德，顿悟圆成，自在无碍。”

方东美重视大乘佛学的精神双轨作用，“从下层世界可以超脱解放，上升到最高正觉世间的精神领域里面去；而且又能深深的了解，绝不停滞在那个地方，还要回转头来了解现实世界里面的一切，甚至于要想办法来处理现实世界、拯救现实世界。”这就是华严宗哲学真空观中“会色观空”的向上迴向与“明空即色观”为菩提之体起妙用的向下贯注。这与原始道家的道之双迴向正相妙契。向上迴向是追求精神的自由，向下迴向则是追求理想的实现。方东美在《华严宗哲学》中多处详细阐述善财童子如何南行求法，体验生命的不同层次与境界，而升至华藏世界的历程。他把西方哲学家怀特海比作善财童子，则更是意味深长。

方东美把华严宗所包含的哲理用一个字来概括，就是 apratihta 即“无碍”。真正的宗教精神就是这种“无碍”的活的精神。一切语言文字都无法加以阐释，唯有透过实际的精神修养及躬行实践的修习功夫，才有可能把那个不可思议的境界，那个最高的奥秘彰显出来。

这种精神修养与实践修习的工夫，方东美认为可以从“moral nature（道德性）完成他的 religious nature（宗教性）”，“可以从文化的修养领域中将人性训练为 infinite nature（无限性），表现 consummation of perfection（圆满的极诣）”。道德的自由实现了之后，就可以在自由的天地里分享宇宙里面无穷的精神权力，方东美说："在 moral nature（道德性）里面，正是一个 expression of religious nature（宗教性的发挥）。"方东美主张人要"经由发现自己而发现神"。他说："神绝非一样事物，它是一种能力，一种创造力，它是一种精神，充满了无限的爱，将宇宙万有消融于爱的汪洋中。人是神的媒体或镜子，能把神性的至美至善展现于人性的美善品格中，这种美善品格虽属各个人所独有，但是也能大而化之，扩而充之成为普遍的人性典范。"要想救世就一定要先入世，就必须发挥自己与生俱来的极大的信心、极大的志愿和毅力，完全把整个生命投入到现实世界领域中去接受磨炼。

人类要去分享宇宙精神主宰的无限权力，必须先去从事科学的生活，再去从事哲学的生活，还要从事文学、艺术、道德的生活，从而发现人并不是一个有限体，然后再去从事宗教的生活。方东美坚持认为"一个真正具有文化理想者，应当具有高度的宗教信仰，同高度的哲学智慧。自然我们要想具有真正的文化理想就应该在宗教上面、道德上面、知识上面，都能成就，才能培养出最美满的人格。"

化思入诗而又援诗入思的学做方式使方东美得到了个"诗哲"的美名。那么，他何以要以诗性的智慧来表达哲思呢？这并非属于个人的一种癖好，实在是方先生意识到诗的功能犹如在做"生命之梦"，他自己平生服膺的两句话也是：乾坤一戏场，生命一悲剧！可见，方东美是挟生命之幽情，拿生命诗戏做观赏的对象，欣然神会。在这里，哲学不是与生命隔阂着的，而是对生命现实苦难的抚慰。像怀特海所说："哲学类似于诗。哲学是为世人的生动暗示找出一种常规表达的努力。"然而，透过方东美"玄学的诗"，我们会发现其哲学美学的思维方式已经远远超越了古典形而上的致思方法，他从不去追问美之作为实体是什么，也不去问艺术作为特殊的审美对象究竟该如何表征？他把美和艺术放到文化的背景上，对不同民族精神和文明作文化哲学的比较。只有探讨方东美美学治思的方法，才能进一步说清楚他的美学问题。

从人文的途径上建构“既超越又内在”的形上学方法，以反对西方“上界”与“下界”、“内”与“外”对峙的二元论和分析法。在现代新儒家学者中，有很多学者关注佛教，但没有一位学者像方东美那样热情和宽容地接纳佛教。例如熊十力认为，“佛家大乘，终未改易其反人生之倾向”，“丝毫不知有人生价值”，其归宿是出世。他认为佛学的“根本迷谬之点”，是主张“有迥脱形骸之神识，因欲望超生。推其归趣，本属非人生的。”熊十力的看法，代表了儒家对佛教一贯的看法。而方东美对佛教的看法，摆脱了佛教是违反人生、枯坐修行的成见，把佛教视为价值追求和价值实现的过程。

这样的看法，来自方东美对于佛教的分析。他认为，佛教包含理性的认识和实际的修行两个部分。从理性过程来讲，“佛教是以否定的态度按照各种高度的层级把世界划分开来的”，这样的划分形成不同的层次，不同的层次形成不同的境界，对待这些不同的境界，要凭借理性把其中的低层能够看破、能够超脱、能够从那里面解放出来，然后才可以达到精神的顶点。这是佛教理性认识的全过程。在方东美看来，佛教是有无穷层次的思想体系，修行是要不断否定低层次，达到高层次，不断地向上超升的过程。佛教的目的，就是要阅历一切境界，认识一切现象，成立一切思想的体系与范畴的系统，藉以了解各级世界；但是了解各级世界之后，不能够停滞在那个境界里面，而应当向上做无穷的超升，不停滞在任何中途境界的层次。所以，佛教是不断否定低一级的层次，不断提升，逼近精神顶点的一个认识过程。从实际修行来说，是要拿修证的功夫，经过修养的步骤、修养的过程，一层一层把我们的生命从现实的世界里面提升、超脱、解放出来，达到高级的精神境界。在达到最高境界后，修行的过程并没有终结，要回头面向现实世界，承担提升下层世界的使命。

方东美认为："真正的宗教是要把人从现实生命里面提升到理想的生命领域，从鄙陋的行动提升到高尚的行动，然后再拿大慈大悲的胸怀，把一切生活在世界上面的人，都能落实到一个真正平等的精神领域里面。所以从宗教的立场上看起来，总是要想把那个最高的哲学智慧，形成一种最高的宗教教义，然后再把它表达出来，让全世界所有处于黑暗的众

生都能获得光明，从痛苦中转化为幸福，让烦恼变成菩提，使得一切众生都能分享那种最高的智慧、最高的幸福，使得极乐净土能在人间实现，就成为人间净土。"因此高尚的宗教若不能为一般人所了解，那么这个宗教是远离大众的，这对于整个的人类仍然是一个大的悲剧，佛教不能走这样的道路。所以"要呼叫一切发大菩提心的菩萨，普度众生，应机说法，使众生在开示顿悟入佛的知见中，个个都能圆满具足向上的精神人格，最后都能成佛"。

这就是方东美所揭示的佛教使命，即自己达到了很高的境界，对于自己以外的世界，无论是否属于佛教的世界，都负有提升的使命。在整个这个过程，都是修行者自觉完成的过程。在这里，方东美摆脱了把佛教理解为僧侣修行的常见观点的束缚，着眼于认识和行动的层次不断提高，以此来揭示佛教的本质。他认为佛教是认识的提高和对于现实的责任。他没有把佛教理解为某一个人的私人事情，而是把佛教理解为僧人济世的理由。这样，修行不是为了个人的成佛，济世成为修行无法回避的任务，所以他改变了对佛教的常见解释。他把平常人眼中的修行变成了理想信念的世界，并且指明了努力的方向是为了极乐净土能在人间实现。佛教是生命的"双回向"，有了理性的认识和实际的修行理论，那么在现实中的佛教就表现为"双回向"，即向上的追求和向下的关照与提升。在修行过程中，方东美认为佛法修行面临两个世界。"我们所面临的这两种

世界：一个是有法，一个是空法，我们要先破有才能够入空。但是在入空之后，我们又要破空，还入到有，对这两方面我们都能立，也都能破。……等到我们真正了解真空的哲学之后，便不会再受它的束缚，也绝不会再做真空的奴隶。

如此便可以更进一步把真空彰显出积极肯定的妙有。这其实就是从下层的世界中能够超升，在超升到上层阶段之后能够再向下回向，以回归到下层世界来做确实的工作。因此，体现在佛教里面有两种精神，一种精神叫“上回向”。处在现实世界上面、处在世俗世界上面，我们在精神上必须培养出来一种本领，使精神向上超升，一层一层向上面高尚的境界超升，这叫做“上回向”。人生的过程中间是无停止的境界，人生是无法停止的生命过程。达到“上回向”的最高顶点，也就是要指出人类生命，或者是万象生命都要提高他们的生命意义、提高他们的生命价值，而且都要让他们不断的向上面去看齐，因为惟有向上面看齐，最后才能够与菩提相应。另一种精神是“下回向”。当一个人已经知道怎么样以艺术、文学、哲学和宗教为途径，达到精神的超升，那么在学问、思想和文化上面有很高修养的人，对于人类有一个责任。就是根据他精神向上的经验，他们能够体会什么叫做真善美的价值世界，然后他必须回来，重新投到现实世界上面、黑暗世界里面、痛苦世界里面，大家一起站在平面世界上，把痛苦的原因、黑暗的原因指出来，鼓励大家做精神的超升，向上面发展。因此，凡是在学问上面、思想上面、精神修养上面有很高成就的人，必须有一种特别的本领，就是能够作“下回向”。“能够担当天才的人，……一定要向下面走向有情大众，回到人间世来，去接触现实世界，拯救他们的痛苦与烦恼，用佛学的名词，就是‘下回向’。”

“它不是回向般若、回向菩提、回向佛性，而是要回向现实界、回向人间世、回向物质世界、回向心灵世界。这样子一来，他自然会产生大的慈悲精神，发为博爱为怀，以循循善诱，并以道德教化全人类为其对象，树立道德大旗，虽往地狱也绝不为苦痛所乱，完全以悲天悯人的大无畏精神，来拯救我们在精神向上升的时候所鄙视的那些灾难、烦恼、罪恶、苦痛的一切下层世界，要一一来救度他们，使他们能永绝烦恼，努力追求解脱。”完成了“下回向”之后，使命并没有完成，仍然要继续向上超升，如此就形成一个思想的路径，循着这个思想的途径，一路直入不可思议的微妙境界。因此在佛教修行中要讲“回向”，当自己已经到达很高的精神境界之后，再向下回向，回到地狱的深渊里面，回到痛苦的世界里面去，回到黑暗的世界里面去，以拯救一切其他的有情生命，一切其他的存在物，拯救尚未达到能同我们共享很高的精神生命的这些人，使他们都能超脱、提升、解放。所以大菩萨以佛为榜样，现实世界中生活的人类，以菩萨与大菩萨为榜样，完成对低一级生命的拯救。这就是拿我们自己的精神作用，去转化整个的现实世界，使它成为一个理想的世界，在这样的一种大的精神之中去拯救世界、拯救众生。所以方东美认为佛教是把宇宙的上下层理解成一个理性的梯次，可以根据条件在理性的梯次上面一直从下而上，或者从上而下。这样子一来，宇宙里面的任何一部分同其他别的部分之间，可以联络、可以衔接、可以透过发展而进到建设性的关系中构成一个整体的关系。佛教在方东美这里就不再是单面的宗教，而是饱含生命精神和使命的生命哲学。方东美的佛教观，不是空穴来风，不是突发奇想。方东美对佛教的理解，来自他对佛教的哲学思考和对佛教历史的考察。

对于宗教来说，方东美认为：“宇宙的精神主宰如果在那个超越世界的最高层，同下层世界完全脱了节：'神明高居皇天，人间万事皆非。'这样即使宗教成立了，也不能拯救万物或现象界。"所以沟通这两层的世界是哲学和宗教的使命，也是佛教的使命。所以佛学要在人类最高的智慧所流行的永恒世界，同人类现实生活所寄托的现象界之间，架起一个桥梁。循着精神层级的阶梯，人可以达到宇宙终极的对象。那个永恒世界的影响和效力可以贯注到生灭变化的现实世界，这两重世界就可以沟通了。方东美认为这个桥梁就是佛教的"双回向"。通过这个理论构造，现实世界可以升到永恒世界，永恒世界又可以流注到现实世界。体现在现实中，就是修行者一方面实现自己的理想，另一方面是在修行过程中不否定现实世界。从佛教自身的历史来说，方东美也证明了他的佛教观。方东美认为，中国的佛学不同于印度的佛学，西方学者认为中国的佛学没有新奇的地方，这是根本错误的。从六朝中叶、南朝梁时代开始，一直发展到隋唐，中国佛教上面有一种新的气象，就是把印度佛学的发展归之于印度，中国佛学的发展归之于中国。

佛家的般若学经过道安的提升，经过僧肇、僧睿的加强，然后再由道生把它从理论的精神变成实际的实践的生命精神，把印度的大般若经，在中国同老庄精神结合起来，成为中国式的哲学智慧。这样一来，小乘佛学的意义就浅了，这个哲学智慧，就是中国的大乘佛学。方东美认为，大乘佛学是真的中国精神里面独特的智慧。大乘佛学对现实世界不完全采取鄙视、诅咒的态度，而是透过精神之光的照耀，认为现实世界不再是丑陋的世界，它本身也具有精神价值。大乘佛教认为世界的两种层级的差别：一是现象界或现实界，二是理想界或超越价值界。然后从二元对立里面设法造一个桥梁，把世界的低层和上层的境界联起来。从现实世界出发，可以透到理想世界，透到理想世界是个上回向，他在那个很高的精神境界里面，把握了理想，马上又回头，回到现实世界上面来。然后在二元对立里面，发现了一个中道哲学，把宇宙各种不同的层次，都建立了一个桥梁，建了一个梯子，把它们联系起来。此后的佛教沿袭了这一思想传统。这正是中国佛教的特色所在。通观方东美的佛家生命哲学，应该承认这是他在佛学领域的理论建树。虽然佛学著作中有很多关于生命的认识，但以生命哲学的立场来判定佛学，方东美是第一人。

佛家生命哲学的确立，从根本上改变了对佛家出世的成见，这对于佛学的发展也是一个启示。虽然近代佛家的目标是“人间佛教”，要“庄严国土，利乐有情”，但这些都是以佛家自身为中心而确立的目标。而方东美以生命为中心，从生命哲学的角度发挥佛学，才真正拉近了佛教和人的距离。这不仅对佛教有益，对生命的发挥也有促进的作用。这里要避免一个误会，虽然方东美有自己的佛教观，虽然他把佛教视为生命哲学的展开，但是他并没有把佛教与儒学等同起来，并没有消灭佛教。在他的视野中，儒学还是儒学，佛教还是佛教，纵然二者殊途同归，他也没有将二者相互替代。

在中国传统哲学诸家中，方东美对道家哲学特表青睐和赞许。他常将原始道家与原始儒家相提并论，合称为“原始儒家道家哲学”。方东美是一位具有世界眼光与现代意识的哲学家。他深入西方哲学堂奥，最终又回归于中国哲学。他对中国传统哲学的阐释，是在世界文化的宏观背景下，运用现代哲学的方法，对中国哲学的一次整体透视，也是其哲学重建的重要方面。方东美在哲学研究中对道家哲学十分重视。他藉老庄形上学理论的系统阐释，揭示道家哲学的超脱解放精神和高度的形上智慧，以及偏重诗艺灵感的艺术情操。其理论旨趣在于阐明道家形上学的超越智慧与充量和谐精神，可以彻底解决西方“超绝型”形上学无法解决的“二元对立”的理论难题。可见，方氏对原始道家哲学的阐释，是他本人用以解决其哲学的根本难题，进而建构其哲学体系的一个重要理论组成部分。

方东美关于道家哲学的思想和研究，在其哲学体系中具有特殊重要的地位。他所指的道家哲学，主要是指以老子、庄子为代表的原始道家哲学。方氏透过形而上学的途径研究中国哲学，在他看来，中国哲学都是要发挥生命的创造精神，以与宇宙全体的生命精神相配合、相贯穿，强调以高度的形上智慧与诗艺灵感相结合，将艺术才情与艺术创造结合起来。而在这方面，道家哲学尤其得天独厚。道家哲学擅长于将高度的哲学智慧与艺术上的审美态度相结合，将哲学精神安排在艺术意境中。正是在这一意义上，方东美称道家为"太空人"之最佳典型。方东美对道家哲学将高度的哲学智慧与诗艺化境的艺术精神相结合特别欣赏与推崇。他尤为欣赏和赞叹"庄子是兼有诗和哲学两方面造诣的伟大天才"。他认为，道家哲学偏向于从艺术情操方面发挥自己的生命精神，以把握宇宙整体生命的中心，并将宇宙创造的枢纽，把握在自己的内在生命当中，这就是庄子哲学"得其环中，以应无穷"的精神，和李白"揽彼造化力，持为我神通"所表达的精神气魄。真正的道家哲学须有高度的形而上智慧，还应有高度的艺术才能贯穿在其思想体系之中。这也是庄子"圣人者原天地之美而达万物之理"所揭示的哲学精神。可见，方东美所说的"太空人"乃是一种比喻的说法，真正的寓意在于道家惯于将高度的哲学智慧与艺术手法相结合，通过生命精神的超升，以臻至高度的理想境界从而将现实世界点化为诗艺幻想的空灵意境和美轮美奂的境界。他认为，道家哲学的根本精神可引庄子"天地与我并生，万物与我为一"来作代表，以人的精神与宇宙全体的精神贯穿成为一体。但是探本溯源，仍应回到《老子·第一章》："道可道，非常道，名可名，非常名，无名天地之始，有名万物之母，故常无欲以观其妙，常有欲以观其徼，此两者同出而异名，同谓之玄，玄之又玄，众妙之门。"如此由无说到有，由有追到无，到天地之始，万物之母，如此彻底了解之后，才能把握宇宙的本源和秘密。此中的关键是“玄之又玄”，即道家哲学的根本原则乃在于超越相对价值，体现绝对价值，透过一切相对真理与现象，把握绝对的真理与真相。老子所说的“为学日益，为道日损”，就是说哲学家应把握一贯之道，不能如做学问把知识积累起来，而应由相对的真理层层追究下去，直达真理的内在本质。方东美提出“老子的根本哲学，不能够拿寻常的本体论来概括，而应当在本体论上再有所谓的‘超本体论’（me-ontology）”。道家哲学不仅从“有”讲，还要从“无”讲，不仅讲本体论，还要讲“超本体论”。

因为在道家哲学中“无”比“有”更重要，它是“超本体论”。西洋哲学都是彰有抑无，如希腊哲学谈本体论，是透过“相对有”来了解“绝对有”。但从道家的观点来看，仍然是止于“有”。必须用彻底的否定方法透视表层真相，才能认识最后真相。所以，道家以“无”为宇宙深微奥妙的秘密，它不是透过本体论来肯定其有，而是透过“超本体论”看出其隐藏于一切表象之后的最后真相。“超本体论”是方氏独创的说法，他以此来说明道家精神的根本在于超越的智慧，它与西方彰有抑无而仍局限于有的本体论显著不同，它是以超脱解放的精神将一切相对价值都点化、超越了，而达到至高无上的绝对价值。

方东美诠解老子哲学，沿循中国哲学形上学与价值学统一的观点，围绕着老子哲学中“道”这一根本范畴展开多层面的阐释，藉以阐发其形上学内涵之本来面目。他主张，老子哲学的基本范畴是“道”，“道”的概念是老子哲学中的最高范畴，其整个哲学体系就是围绕“道”这一范畴展开的，其要义可析为道体、道相、道用、道征等四大层面而讨论之。

就道体而言，甚至就超本体论的根本立场而言，道乃是无限真实存在之太一或元一。“道”代表了哲学化的“上帝”，可以把它当作宇宙的本体，其存在乃在于一切存在之前。这是中国古代神秘宗教在殷周之际产生危机，道家文化出来拯救，以理性哲学代替神秘宗教的结果。换言之，是以哲学化的“上帝”取代了宗教的“上帝”。这是第一层。第二层是将“道”作为“天地根”，以一种不可言喻、“无穷”的作用和属性来了解它，它才可以“生一，生二，生三，生万物”。第三层是将“道”作为“太一”，再分配给宇宙里一切具体存在，“所谓天得一以清，地得一以宁，神得一以灵”，万物都分享了大道的统一本体。第四层是以道作为一种统一的全体的观点来了解，它好比中国的“总透视法”，能够将所有的不同的观点、透视贯穿起来，产生一个综合的、总体的观点，于是乎产生一个超越的观点。

就是将宇宙万象的分歧状态，以最高的智慧统摄成总体，但又不丧失其个体的真象。它统摄一切分析的构造。第五层是以大道为万有的母体，它通过将宇宙万有的一切实的现象变成虚象，再透过虚象去把握一切实象的统一。这种统一很像柏拉图的宇宙创造主德米奥格（Demiurge），将宇宙一切存在，安排在大道的统一体中。第六层是以大道作为宇宙万有的最后归宿。从老子哲学的观点来看宇宙万有的变化，宇宙万有层层的活动都成了堂吉诃德式的荒唐大观，由于在精神上没有找到归宿，最后都落得空虚一场。老子从本体论方面将宇宙万有都视作慈母的子女，在归根复命后回归到大道的统一体以享受精神的归宿。以上数层就“道体”所说，是指老子本体论之“有”，超本体论之“无”，以及两方面结合起来所产生的高度的哲学智慧，其中涵藏了宗教的精神，以其可以作为精神的归宿。

就道用而言，遍在一切的“道”表现出无限伟大的作用与功能。根据“反者道之动”的精神，就“无之以为用”来看，它要从

“有”追溯其根源，即自“有”至“无”，把“无”视为“大道”的本体，把握住之后，再产生逆向的运动，就是自“无”至“有”，追问现实世界形成的问题。因此，这第二个方面的问题属于宇宙论或宇宙发生论的问题，而不是本体论或超本体论。据此可见，观察大道表现其作用的方式可自相反的两个方面，即一方面是“无之以为用”的作用，另一方面是“有之以为利”的作用。也就是说，大道显发作用之方式有二：一曰“退藏于密，放之则弥于六合”，二曰“反者，道之动”。大道一方面收敛之，隐然潜存于“无”之超越界，退藏于本体界玄之又玄，不可致诘之玄境；而发散之，则弥贯天地宇宙万有。这里所谓有界，实乃道之显用而呈现为缤纷万象。老子用母与子的关系来说明本体与现象的关系，“道生一，一生二，二生三，三生万物”，宇宙创生是从无至有，从有至于更广的有。如此本体界与现象界结合起来，变作冲虚和谐的领域。而自另一方面来看，当宇宙创造力量在向下贯注的动态化育历程中，其精神力量的发泄有用竭之虞。当下有界基于迫切需要势必向上求援于“道”或“无”之超越界，以取得能源充养。方东美强调指出，老子哲学中的大道流行、显发作用有两条路径，“顺之，则道之本无，始生万有；逆之则当下万有，仰资于无，以各尽其用”。这是说大道向上发展是一条路，它凭藉“反者，道之动”的上回向，回到万有的本源。向下流注是第二条路，再从本体界向现象界发挥作用，如此在本体界与现象界之间形成双轨运动。

就道相而言，就是从本体与作用双方面来看道之性相。而大道所涵藏的性质可以划分为两类，一类是大道的本性，另一类则是通过人的了解而赋予它的一种属性。方氏指出，本性属于道体本有、无待，只就永恒面而观之。只有此大道本性是真实的。大道之本性包含以下几点：首先，“道无乎不在”。其全体大用在无界中即用显体，在有界中，即体显用。大道是兼综有无，涵盖本体与现象界，而形成统一的整体。其次、“无为而无不为”。所谓“无为”就是

“致虚极，守静笃”，回到宁静的本源和永恒的境界；所谓“无不为”，就是“有之以为利”，是宇宙万有在现象界的一切活动。但是两方面又可以结合起来，形成现象界“有”的活动与本体界“无”的根源的结合。再次、“为而不恃”。老子说，“生而不有，为而不恃，长而不宰”，表明老子哲学与宗教的创造主观念不同，大道创造而不作主宰，功成而弗居，宇宙万有从道体流溢出来之后，完全任其自由发挥妙用，所以大道真正代表了高超的自由精神。这是大道的本性。

就道征而言，道家所谓的圣人，就是道之表征，为道之高明至德的当下呈现，堪称道成肉身。圣人真正代表了超脱解放的精神和救人救世的精神，这也是老子所指出来的真正的道家精神。

综上所说，方东美讨论老子哲学主要是从两方面说的，一方面是以“有”为对象的本体论，一方面是以“无”为对象的超本体论。一方面是自有至无，根据“反者道之动”的原则，将宇宙万有提升到道之本源，返于大道，归根复命，这是“无之以为用”。另一方面，是自无至有，自有至大有，这是“有之以为利”。这两方面代表了“道之双回向”。老子哲学是将这两方面结合起来。

方东美研究庄子，采取了“后设哲学”（meta-philosophical）的观点。他强调要了解庄子的哲学精神，须有大的才情、气魄、心胸和自由开放的精神，才能与庄子的精神相应，把握庄子“寓言”、“卮言”、“重言”背后的真理，发现其统合性整体真理。他融合、吸收和扬弃了历史上不少诠释庄子的名家如郭象、向秀、成玄英、章太炎等的理论观点，又运用比较哲学的方法，将庄子放在现代世界的背景来理解。所以，方东美对于庄子哲学的诠释，尤其能体现方氏作为一位开创性的哲学家的创造性诠释的独特的思想路径和创造精神。方氏所谓的“后设哲学的观点”，就是着重阐发、发掘庄子哲学原典背后所隐藏的哲学含义，将庄子放在现代条件下来阐释和理解。由此，我们才能充分领会和把握方氏研究和阐发庄子哲学，所启发的全部的理论意义乃至现实意义。方氏重在阐发庄子原典中所蕴涵的形上学。他指出庄子“建之以常无有，主之以大一”，点出了老子思想之要义。这说明了庄子乃是对老子思想的创造性诠释和发挥。他认为庄子的哲学将精神超越的活动历程推至“重玄”之境，将原存于老子哲学中“有无对反”的矛盾予以调和，在此基础上更将宇宙全体视为一个相待互涵的有机系统。换言之，透过方氏诠释的庄子，不仅创造性地继承与发挥老子的道家哲学，从而成功地创建了自己的理论体系，同时更将原有哲学中有与无、本体界与现象界、时间与永恒的矛盾予以调和了。在方氏看来，这种根本性的矛盾的解决，无疑对正陷于二元对立困境的现代哲学具有极其重要的价值和启示意义。方氏认为，老子哲学是在以“有”为本的本体论之外开出了以“无”为本的超本体论，从而开启了道家在精神上的超越解放之路。而庄子更不以“无”为究极之始点，同时也化除了“太初有始”的形上假定，而是根据“反者道之动”的原理，以探索“重玄”，开展了存界超越界的重复往返，从而形成了一串双回向式的无穷序列。由此足见庄子对于折衷儒道、会通诸家的重要意义。方东美强调指出，庄子哲学的精神包含两大要点：其一为超脱解放精神，其二为双回向的哲学精神。他认为，庄子根据其“超越哲学”、“无限哲学”的玄想，又以诗兼隐喻的语言表达之，由此启发一种精神超升的精神生活方式和人生哲学奥义，故尤能将道家“太空人”超脱解放的生命精神发挥至于极致。庄子将“道”投射到无穷的时间范畴，巧运神思，将窒碍的物理空间点化成为空灵的艺术空间，作为精神纵横驰骋、灵性自由翱翔的空灵领域。再将道之妙用倾注其中，使一己之灵魂，昂首云天，飘然高举，致于寥天一处，契合真宰。以此观之，庄子的精神，宛若一只大鹏神鸟，遗世独立，飘然远引，背云气、负苍天、翱翔太虚，独与天地精神相往来，御气培风而行，与造物者游。他指出，这是《庄子·逍遥游》一篇寓言中所隐含的哲学奥旨，即将精神提升至于“寥天一”处，提升太虚而俯之，进而“逍遥游乎无限之中，遍历层层生命境界”，这是庄子于现实生活中求精神上彻底之大解脱的哲学宗旨所在。“逍遥游”所表达的超脱解放精神为方氏所重，也为历代注释家所重。方氏批评其他诸家的注解皆以己意出之，而他本人根据前述超越形上学的观点和庄子有关篇章的线索，认为逍遥游的旨趣及真谛可谓之“一部至人论”。逍遥游所谓“至人无己，神人无功，圣人无名”，代表了一种彻底解放的精神，已经从常识世界超升到超越世界上层的精神顶点，它象征了道家太空人的精神生活方式，已臻至“寥天一”之高处。

方东美作为一位创造性的哲学家，他本人的哲学创构取自于道家者颇多。他的哲学处处透显出道家特有的气息和神韵。道家思想对方氏的影响是多方面的，就个人气质来说，方氏所表现的诗哲特有的诗艺灵感的气质与道家精神相接近。方氏的哲学张扬一种高超的艺术精神，体现了哲学与诗相结合的趋向和审美的情趣。再就方氏哲学的基本路径、问题与方法的选择来看，其思想源于道家形上学的启发与影响，也是很明显的。方氏正是通过重诠老庄哲学，以解决其哲学中根深蒂固的问题。就方氏哲学创造的风格而言，既具有高深的理境，又具备高妙的意境，体现了诗与哲学结合的特点。方氏哲学的类型，就其贯通诗与哲学来说，可说是一种诗性哲学。方氏独特的哲学风格，与他融合诗与哲学，从而形成一种独具特色的诗化哲学是分不开的。他将语言艺术与哲学奥理熔为一炉，凝铸为一种精粹美妙的语言风格。而他本人又深得庄子汪洋恣肆、浪漫超逸的文风之奥妙，化而裁之，乃凝练成方氏特有的典雅优美、瑰丽奇特的文字风格与格调。在他看来，原始道家老庄，本身就是诗人，他们的哲学是诗化哲学，或者是哲理诗。他们是以“太空人”超脱解放的精神和诗人优美的灵魂，与宇宙真相契会，而演为一套哲学体系。当然，方氏对老庄哲学的诠释，其关注的焦点仍然是其哲学的中心问题，也就是他一向关注的二元对立的哲学难题。他选择形而上学的路径研究哲学，主张中国内在的形上学可以解决西方“超绝型”形上学的理论困难，即所谓之“二元对立”的困境和难题。

方氏在诠释道家老庄哲学的过程中，能够一贯地贯彻运用其内在的、机体的形上学的方法和原理，充分发挥与揭示道家形上学的智慧与思想内涵，其理论旨趣在于说明道家形上学的根本在于超越的智慧和充量和谐的精神，以彻底解决与消弭真相与表象、理想与现实、有限与无限以及本体界与现象界之间的矛盾与对立。就形上学的成就而论，方氏认为庄子哲学比之老子哲学尤有过之。庄子“建之以常、无、有，主之以大一”，其诠释老子哲学不仅深得旨要，更将老子哲学系统中的疑难困惑彻底清理，将其原有的“有无对反”的理论矛盾予以解决，遂将老子“道”之形上学发展至新的境界。方东美对于原始道家老子、庄子哲学的阐发，固然重在阐释其对于二元对立的根本问题总的解决之道，尤有进者，他还力图揭示原始道家在中国哲学史上特殊的地位。他认为，道家哲学思想对于沟通、融会传统儒家，融合、消化外来佛教哲学，实现中国文化全体的融会贯通，具有不可替代的作用。

四、生命的大美

方东美以中国传统文化为本位，通过“生命”本体沟通了中国传统儒道的主要思想脉络，同时整合并吸收了西方非理性的生命哲学思想中适合“天人合一”的“既超越又内在”的思想于自己的“生命”体系框架中，得出了许多独到的见解，形成了其独具特色的“生命”本体论美学思想。

以人文主义为旨归、以“生命”为本体的美学思想体系，方东美将“生命”本体作为他整个哲学体系的支柱。尽管他反对当代其他新儒学思想家讲的“道统”，但他的“生命”（共相）在统摄各门类的具相上，也同样存在“道统”的空洞无物的特征。话虽如此，毕竟方东美的“生命”本体是有很大兼容性的。在他看来，生命存在如同佛家视作“过失咎戾之渊薮”，也如同道家“吾所以有大患者，为吾有身”（老子语）。于是乎，“生命是思想的根身，思想是生命的符号”，方东美由将生命主体精神对象化转化为客体精神，然后再将客体精神本体化，转化为超越精神。所以方东美的“生命”本体论既非西方的“二分法”，也非“一元论”模式，而是一种融合中国传统儒、道、佛等主要思想以及西方非理性有机哲学为一体的“既超越又内在”的形而上学。那么，如何看待生命和美感的本质问题呢？方先生在《生命情调与美感》里这样说：“孰为生命？曷谓美感？‘人之生也固若是芒乎？其我独芒而人亦有不芒者乎？’其人尽芒而我竟不芒者乎？美之为美是个人之私见耶？抑尚有客观性耶？此类纯理问题，固置不论。”由此看出，方先生反对西方传统以主客两分的方法来探究生命和美的关系。那么，究竟如何来对生命和美感的本质作深层探究呢？他选择了从人文主义的立场出发，“仰观俯察，穷天地之象以言万物之齐，通古今之变以明事功之故，立人道之极以正性命之理”。用庄子的话说就是“原天地之美而达万物之理”。因而，方东美把生命和美感联系在一起。在他看来，生命本身就是一种艺术；进而言之，艺术之能体现生命的力量才是美的。“天地之大美即在普遍生命之流行变化，创造不息。……换句话说，天地之美寄于生命，在于盎然生意与灿然活力，而生命之美形于创造，在于浩然正气与酣然创意。”同时，方东美视生命、美感和宇宙为一体俱化的统一体。生命何以能把握？要从“道之发用”来观之。情之蕴发的人、理之托身于之宇宙，以及沟通情与理的美感抒发为“三位”，生命为三位中的一体。所以，方先生说：“宇宙，心之鉴也，生命，情之理也”。这就是说，宇宙之“理”和生命之“情”是双融通贯的。美感是由情而发，是以生命的生机灌注于人生，“穷理则是言事以造奇境”，是“托心身于宇宙”。毫无疑问，方先生是把人和自然、人生和宇宙视为融会贯通的“三位一体”，因而，方先生说：“各民族之美感，常系于生命情调，而生命情调又规抚其民族所托身之宇宙，斯三者如神之于影，影之于形，盖交相感应，得其一即可推知其余者也。”诚然，人与自然、生命情调与美感的统一虽然在各民族文化中都是普遍存在的，但方先生指出，古希腊人和近代西洋人对宇宙往往以科学观之，注重其“理境”，而中国人的宇宙，则是“艺术之意境也”。他还说：“宇宙自身便是情理的连续体，人生实质便是情理的集团。”由此看来，“情理集团”是方先生“生命”这一本体的别称。

显然，方先生持的是人文主义的理路。美的本质是什么？在方氏看来，美的本质就在于“天地之大美”，“天地之大美”即在于普遍生命之流行变化，创造不息。我们若要原天地之美，则直透之道，也就在协和宇宙，参赞化育，深体天人合一之道，相与浃而俱化，以显露同样的创造，宣泄同样的生香活意，换句话说，天地之美寄于生命，在于盎然生意与灿然活力，而生命之美形于创造，在于浩然正气与酣然创意。方先生是在“总透视法”下将生命与宇宙、本体论与价值论联系起来来看待美的这一本质的。他说：“宇宙假使没有丰富的生命充塞其间，则宇宙即将断灭，哪里还有美之可言。而生命，假使没有玄德，敝则新，生而不有，为而不恃、长而不宰、功成而弗居，则生命本身即将‘裂、歇、竭、蹶’，哪里更还有美可见。”

在论述美的本质的基础上，方先生将中国艺术的特色概括为四点：一是玄学性重于科学性；二是象征性；三是艺术的方法是真正的表现；四是妙契人文主义精神。在方氏看来，西方科学往往是从具体的自然现象出发作细密的结果分析，而中国艺术则一开始就以广大和谐的宇宙为整体来作“总透视法”。相比而言，西方科学不免重技能，有“匠气”之嫌，而中国艺术则是用自己的慧心在融会贯通的基础上直透“全体宇宙的真相及其普遍生命之美”。与西方重描绘性的艺术不同，中国艺术是象征性的。“中国艺术所关切的，主要是生命之美，及其气韵生动的充沛活力。它所注重的，并不像（古）希腊的静态雕刻一样，只是孤立的个人生命，而是注重全体生命之流所弥漫的灿然仁心与畅然生机，相形之下，其他只重描绘技巧的艺术，哪能如此充满陶然诗意与盎然机趣?”方东美从人文途径出发，建构了一个“既超越又内在”的形上学方法作为哲学—美学的理论基础，但就艺术本身来说也有一个方法问题。对于这一点，方东美认为中国的艺术方法是真正的表现。在这里，“表现”的意思是指“活泼地勾画出一切美感对象，它把握了生命的黄金时刻，最善于捕捉自然天真的态度与浑然天成的机趣”。这就是说，这种“表现”就是将个体生命悠然契合于大化宇宙生命之中，也可以说这种“表现”就是内在生命和外显生命的统一。在方东美看来，中国艺术妙契人文主义精神，这种人文主义精神是把人和自然看作是一致的，不是西方二元思维格局下的对立状态。因此，“在中国艺术中，人文主义的精神乃是真力弥漫的自然主义结合神采飞扬的理想主义，继而宣畅雄奇的创造生机”。

从“天人合一”的中国传统思维方法出发，方先生把艺术和道德看作是可以统一的，并且按照普遍性价值的大小，以递进的、纵向的分层方式将社会意识展开为艺术、道德、哲学和宗教等层次，认为他们同属于“形而上文化”，艺术、哲学、宗教是所谓“三者合德”。虽然方先生也认为艺术升华能使人生痛苦化为“美妙的现象”，但他不太注重对道德同情和审美同情再作进一步区分；虽然他也看到艺术和道德有矛盾，但在他那里只有“境界”的高低之分，在本质上看生命本身和道德并不矛盾，生命本身就是艺术，这种艺术的升华必趋于道德境界。由于方先生把人与自然、人生和宇宙的交融互摄放在一个以“生命”为支柱的不断超升的立体思想系统上，这样，艺术和道德也就不可能像康德那样将其平列地摆放在那里，而是在境界上层层提升。按照方氏的观点，道德境界要比艺术境界高，或者说，“艺术的境界”必然要提升到“道德的境界”。因为在方氏看来，“这个世界美则美矣，或者丑则丑矣”，并且“只能够表现主观的感受”，但是，“这个主观的感受在价值上面不能代表美满”。这也就是说，“艺术的境界”在价值上还不具有“道德的境界”那样的客观性。

“乾坤一戏场，人生一悲剧！”方先生平生最服膺这两句名言，故立论持说时常以此为譬喻。他认为生命的根身是悲剧。从宇宙人生是一个有生命的“情理集团”这一观点出发，方先生阐述了生命悲剧的二重奏。在《生命悲剧的二重奏》一文中，方先生借用萧伯纳的话说：“生命中有两种悲剧，一种是不能从心所欲，另一种是从心所欲。”他深刻指出：古希腊的悲剧是“变无入有，故能从心所欲”，而近代欧洲的悲剧则是“运有入无，故不能从心所欲”。不难看出，方先生想借“生命悲剧的二重奏”来表达这样一种见解：宇宙人生既然是一个“情理集团”，那么，对待这个“情理集团”就不应抱肤浅的乐观或畏葸的悲观态度。换句话讲，古希腊人之伟大，在于“（古）希腊人之思想始终以生命之美化为着眼处，所以他们尽管历尽艰辛而不致沦入悲观的颓境”。方东美深受尼采哲学的影响。尼采哲学的日神艺术是以凝视（静观）存在的形象求得和逃避变动着的苦难，因而日神保持“适度的克制，免受强烈的刺激”和“大智大慧的静穆”；而酒神艺术是沉浸在不断的变动的漩涡之中以逃避现实的苦难，因而表现出粗野、狂放的“醉”态，它惊骇、狂喜而达到忘我境界。我们知道，尼采哲学的日神精神和酒神精神象征着宇宙、自然、生命的本能和原始表现力量，这完全暗合了方东美把生命视作悲剧的人生态度。不仅如此，尼采对希腊悲剧的诠解是积极伸张生命的悲剧力量，化现实的苦难为审美的愉悦，故而这个“悲”必须在精神境界里得到超越。方东美认为，尼采对古希腊的悲剧精神作了精彩的概括，并指出这种悲剧是“从心所欲的悲剧”。何谓“从心所欲的悲剧”呢？在方氏看来，“便是指着（古）希腊人波澜壮阔的生命情调。这种生命精神虽着重幸福的结局、愉快的后感，但并不儇薄佻巧，一味求乐，如喜剧中奏演的故事那般浅薄。因为这人生幸福的结局是以深透回远的痛苦润饰而成之美型，我们如欲领略他的韵味，须将实际生活中所经历的酸辛苦楚都点化了，饰之以幻美，始能超越艰难，陶熔乐趣，以显耀人生的胜利。”方东美也像尼采一样肯定现实人生是苦难的，强调通过艺术和审美来使这苦难转化为快乐。方先生常说，“痛苦是生命的根身，闪避不得”，但在生命的善恶问题上，他更倾向于善。他说：“中国人对宇宙是入世的，不是出世的，因为我们把宇宙看成是一个价值领域，同样，人性是足以仰恃的，不是可以舍弃的，正如前面所说，人性绝不是有罪的，而是无邪的。”并且，方先生还肯定人生是可以从伦理（道德）价值来估定的。他认为：通过对审美的观照来点化现实的苦难并使之“从形象中求解脱”并不是反道德的，正是通过追求善的目的而认识到宇宙的空无一切，而不是通过反道德而达到宇宙的空无。因而他不同意反道德的观点。他将悲剧精神的境界作了分层，认为悲剧智慧有四义：“希腊人察觉宇宙一切，甚而至于生存本身，处处充满狂狘大患，令人震惊。此为悲剧智慧第一义。”但悲剧精神总是向着“至善至美”境界不断提升，即从第一义、第二义……乃至向最高义提升。在他看来，“古希腊人对于这些痛苦非但不存临危苟免的侥幸心理，反倒挺起心胸，依然忍受，希望以痛苦来支持生命，庶可取消痛苦，获得光荣的胜利。这是悲剧智慧的第二义”。

而尼采的日神精神被方东美描述为：“宇宙翻成幻美的境界，生机争集妙趣的灵台。‘我们已在艺术神品的韵味中取得无上的尊严——只有把人生与世界看作一种美妙的现象，才能参万岁而成一纯’。这便是悲剧智慧第三义。”最后，古希腊悲剧最高智慧就是日神精神和酒神精神的和解，方东美非常欣赏这种境界。他说：“（古）希腊人深尝人世苦痛之后，积健为雄，发舒创造天才，征服万种困难，使生命精神铺张扬厉，酣畅饱满，渐臻至善；同时却又发挥艺术想象，使客观世界含章定位，垂象铺形，底于纯美。生命的醉意与艺术的梦境深相契合，产生一种博大精深的统一文化结构。在这里面，雄奇壮烈的诗情（大安理索斯的精神，见之于悲剧合唱），与锦绚明媚的画意（爱婆罗的精神，见之于雕塑），融会贯通，神化入妙。这便是希腊悲剧智慧的最上乘。”“至美”、“纯美”之境就是“变无入有”所达到的真境。不难看出，方东美没有受西方习惯将道德和审美分开来的思维影响，他无视尼采悲剧精神的以审美代替道德的用意，而将其理论加以改造并纳入中国传统“天人合一”的思维框架中。从这个意义上讲，方东美是把古希腊人的内在精神与中国传统文化精神相契合，所以，他说：“（古）希腊人对待物界我境，真意融融，故能契会内外，融贯天人，合德无间。”同时，方东美认为，近代欧洲人不像古希腊人那样雄沉豁达，而是对宇宙、人生太迷恋了。方先生说：“人间世如果是痛苦的渊薮，人们真能决然舍去，亦未始不是一件好事。但从近代欧洲人的眼光看来，此层究难实现，因为他们入世之爱太酣沉了，何能毁弃意志，斩钉截铁地直与一切生命欲绝缘呢?”结果，左也不是，右也不是。方东美形象地把这种精神状态比喻成盲目的恋人，迷恋中忍着痛苦，痛苦中又渗透着迷恋，“渺渺茫茫，无从臆断”。

近代欧洲悲剧是“运有入无，故不能从心所欲”。这从叔本华悲剧理论存在的矛盾即可看出：一方面，他主张生命欲之确立可以统摄宇宙万象；另一方面，他又断言生命欲之灭绝乃是人类脱离苦海的“禅门”。这种矛盾深刻地表现了近代欧洲思想处在“不能从心所欲”的岔道口上，左也不是，右也不成。艺术的精义在于使人类的精神得到一种“超升之道”、“解脱之道”。因而，方东美说：“因为在人生幸福的结局是以深透回远的痛苦润饰而成之美型，我们如欲领略它的韵味，须将实际生活中所经历的酸辛苦楚都点化了，饰之以幻美，始能超越艰难，陶熔乐趣，以显耀人生的胜利。”

然而，方东美并无意将人生悲剧与作为观赏的艺术品——悲剧区分开来。这可由他常说的一句话“乾坤一戏场，人生一悲剧”佐证。在他看来，悲剧的喜感或快感实在来源于对生命的感悟。他认为这种感悟不是“儇薄佻巧，一味求乐”，而是所谓“深透回远的痛苦润饰而成之美型”。这里，我们不难感觉到方东美的悲剧理论步着中国传统“天人合一”思维模式的后尘。他之所以赞扬古希腊悲剧精神，是因为它“物界我境，真意融融，故能契会内外，融贯天人，合德无间”。

一般说来汉语思想界对于中国生命美学的诞生因缘有两种看法：其一，中国传统美学就是一种生命美学；其二，将中国现代生命美学领受为中西方生命思想对话的产物。这两种观点无疑都有其合理性，但在论及中国现代生命美学生成的具体机制时，第二个观点无疑更具有解释力。中国美学由传统向现代的转型是在与西方文化的冲突和对话中完成的，现代中国生命美学自然也生成于这个过程，只不过其借鉴对象具体地落实为西方生命美学。西方生命美学强调宇宙的本质是向上的生命冲动。这种思想在 20 世纪初期传入中国时，既暗合了中国人当时求进化的意志，又与中国传统主流文化的生命意识有相通之处，因而迅速成为对中国文化影响最大的流派之一。王国维、梁启超、梁漱溟、鲁迅、张君劢、熊十力、冯友兰、朱光潜、方东美、宗白华等汉语文化大师都先后受到生命美学的实质性影响，有的还借鉴某些生命哲学—美学流派的基本范畴和原则建构出自己的体系。如果说在西方生命美学东渐之初，中国文化人还主要对西方生命美学持拿来主义态度的话（如王国维、鲁迅、早期朱光潜），那么，随着中国传统文化与西方生命美学相通处的被发现和张扬，整合中西方生命思想以成就新汉语美学的创造冲动便逐渐占据上风，其结果就是中国现代生命美学的生成。在中国现代生命美学家中，方东美和宗白华是成就最为突出的两个。然而与宗白华在大陆学术界的显赫声名形成鲜明对照的是，方东美由于晚年定居台湾的独特人生历程而不为大陆知识分子所熟知，偶尔提及他的仅仅是少数研究新儒家的学者。这与方东美在中国现代生命美学史上的地位是不相称的。

作为桐城派散文创始人方苞的后裔，从小在浓厚的儒家文化氛围中长大，青年时代又广泛接触西学，曾于1921—1924年间赴美国留学。方东美的主要工作是重新阐释儒家学说，生命美学乃其博大思想体系中的重要构成。但他这方面的成就尚较少为学术界所注意和评说，这不能不说是个遗憾。在自述学术历程时，方东美曾如是说："我的哲学品格，是从儒家传统中陶冶；我的哲学气魄，是从道家精神中酝酿；我的哲学智慧，是从大乘佛学中领略；我的哲学方法，是从西方哲学中提炼。"显然，与熊十力和梁漱溟等新儒家大师一样，方东美的思想体系也是融合中国、印度、西洋文化的产物。与不谙英文的熊十力和梁漱溟相比，曾留学美国3年的方东美在摄入西方文化方面具有较大的优势。他不仅借鉴了西方生命美学的建构方法，而且吸收了其内在精神。在不断回到传统（原始儒家、道家、佛家）的同时系统地摄入西方思想，构成了他哲学致思的主要路向。

在西方大哲中，对方东美影响最大的当属柏格森和怀特海两位生命哲学家。柏格森的创造进化论视宇宙为向上的变易大流，认定生命冲动的本质就是创造，既与当时中国知识分子求进化的主流意识相合，又与中国传统文化中"天之大德曰生"的宇宙观相通，因而受到包括方东美在内的汉语知识分子的广泛欢迎，但柏格森对个体性不够重视，其思想存在明显欠缺。与柏格森不同，怀特海的过程—机体哲学则将所有个体当作终极实在——参与宇宙创造的主体，把宇宙领受为实际存在物合生而成的网络——一个追求新颖性的生命网络，不但与东方的生命思想有惊人的相似之处，还可以弥补柏格森乃至传统中国文化对个体生命不够重视的欠缺，所以，方东美将之当作柏格森创造进化论之外最重要的思想资源。早在绝大多数汉语学者尚对怀特海所知甚少之时，就同时摄入了柏格森和怀特海两种具有互补性的西方生命思想，乃是方东美超越绝大多数同时代汉语思想家之处。方东美在这种摄入过程中始终以汉语文化为主体，他对西学的引述和同化乃是他复兴汉语文化的内部行为。来自西方的强势现代性话语与中国传统文化——主要是以《周易》为本的汉语生命文化——竟在本质上相通，这在方东美看来无疑是中国文化具有生存权乃至超越性的佐证。他之所以要摄入以柏格森和怀特海为代表的西方大哲的思想，就是为了通过与他们的对话激活自己的传统，使之发生革命性的转型和进化，在世界文化的总体进程中寻找到自己的上升之路。这乃是方东美建构自己生命美学的思想方针。方东美并非专门的美学家，他对美学的论述皆涵括于他对中国文化的创造性阐释中。他认为中国文化本就是一种以生命为本体的文化，经典的汉语文本都洋溢着生命的大美。以中国的生命思想为主体摄入西方现代生命思想（尼采、柏格森、怀特海），是方东美建构自己生命美学的基本路数。自从上个世纪30 年代形成自己的生命美学体系起，方东美的致思就始终以生命范畴为中心。如柏格森和怀特海两位大哲，方东美的哲学—美学也以生命为原初范畴，他的整个体系都是由此原初范畴推演出来的。他认为宇宙是一个有生命的情理集团，生命是宇宙的本体：生命包容一切万类，并与大道交感相通，生命透过变通化裁而得完成。若是“原其知”，即知其根植于无穷的动能源头，进而发为无穷的创进过程；若是“要其终”，则知其止于至善。

生命是一个普遍流行的大化本体，弥漫于空间，其创造力刚劲无比，足以突破任何空间限制，若从“用”来看，则其大用在时间之流中，更是驰骋拓展，运转无穷，它在奔进中是动态的、刚性的，在本体则是静态的、柔性的。泛宇宙一生命耳，生命是宇宙的本体，它既是大化流行本身，也是大化流行所造就的物，故方东美强调生命乃是普遍生命。这普遍生命具有五种要义：（1） 育种成性义：通过个体和族类的绵延不断赋予生命以新的形式；（2）开物成务义：生命不竭的资源即动能可以克服一切挫折，创造新的价值；（3）创进不息义：整个宇宙是一个普遍生命的拓展系统，生命的创化运动永不停息，无限向上，指向至善；（4）变化通几义：生命之流恰如时间之流是不重复自身的，它新新不停，创造无已，不灭不朽。那么，生命为何具有如此活力呢？

方东美回到了《周易》对于阴阳的言说，将阴阳之道概括为爱的精神，断言生命进化的动力是爱的精神："生命精神于外，就是爱的精神，爱的感情取象于宇宙的变易，宇宙在一阴一阳之道中建立万有之情，优美的生命才能于焉实现。"如果说生命是宇宙的本体的话，那么，生命进化的动力则在于一阴一阳之动，所有个体生命的完成和所有价值的实现都得通过爱的精神。具体言之，爱有六相（1. 阴阳交易，2. 雌雄和会，3. 男女构精，4. 日月贞明，5. 天地交泰，6. 乾坤定位）和四义（1. 睽通，2. 慕悦，3. 交泰，4. 恒久）。虽然这种解释有以人类之爱比附宇宙创化的局限，但由此推论出的宇宙化育之理则使方东美的宇宙论演进为宇宙诗学：爱是有对的，说生成源于爱等于说它完成于相反相成的创造力；此便是《周易》中所说的乾坤/阴阳/天地的相互成全；天（乾）创造而地（坤）化育，阴阳交感，翕辟成变，故万有生命生焉。在进行相应逻辑推演时，方东美亦整合了道家的思想资源。老子云："道生一，一生二，二生三，三生万物。"他认为道即生命的根源（生命原体），是能生；有能生，方有所生；元初的一自在地意味着万物的创生和化育。万物都分有生命，皆含生而相待，形成不可分割的有机整体。既然万物本性相同，那么，它们之间的互摄所造就的合生就是中和。

方东美对中和范畴的理解显然受到了怀特海的影响，摄入了后者以实际存在物为终极实在的个体主义理念，把万物的交道互摄当作生命进化的动力，因而将个体化原理引入中国的宇宙论中。在他所述的五个中和之理（一往平等性、大公无私性、同情体物性、空灵取象性、道通为一性）中至少有三个涉及个体价值问题：（1）一往平等性：宇宙充满内在价值，各种形式的个体生命都根源于此而秉承了尊严和价值，所以必须以平等的爱心对待万物。即使其中任何一个受到损害，宇宙的内在生命都会黯然受损。（2）大公无私性：生命在宇宙中无多不在，弥漫全局，所以，我们在实现自己的人性的同时要实现所有人的人性乃至所有物的物性，关心一切万有。（3）同情体物性：虽然宇宙是生命弥漫全局的一，但个体生命的意义与独特价值也不容抹煞，需要从各种立场设身处地了解，然后就会发现每一个体也自成世界，在这自成的世界中，个体生命的形式难免有自私性，这就需要走出自我中心，同时为其他每一个体着想，以产生共同互惠的普遍利益。这是以宇宙为背景的个体情怀和以所有个体为中心的宇宙共同体主义。如此被阐释的精神如果被恰当地定界的话，所产生的将是最高境界的生态主义。马克思曾将每个人的自由发展当作一切人自由发展的条件，方东美则在怀特海思想的支持下把对个体的守护意识推广到宇宙大全，几乎达到了人类精神的极境。不过在具体阐释美与艺术的关系时，他并没有展开上述个体主义维度，而是回到了中国传统文化的天人合一语境中。老子有言曰："天地相合，以降其露。"方东美由此断定道家认为宇宙贯穿着生命，贯穿于其中的大道是甜甜蜜蜜的。至于儒家，则更是洞悉了宇宙大化流衍、生生不息的本性。他认为在这种大境界中观照宇宙就会发现天地有大美，美在于生命：天地之美寄于生命，在于盎然生意与灿然活力，而生命之美在于创造，在于浩然生气与酣然创意。宇宙间假使没有丰富的生命充塞期间，则宇宙将断灭，哪里还有美可言，而生命，假使没有玄德，敝则新、生而不有、为而不恃、长而不宰、功成而弗居，则生命本身将"裂、歇、竭、蹶"，哪里更还有美可见？

美＝生命＝创造，此乃美学的第一原理。艺术的使命则在于原天地之美，协和宇宙，参赞化育，以显露与天同样的创造，宣泄如宇宙生命同样的生意活力，这在方东美眼里又是艺术的基本法则。中国文化中的道即创进不息的生命之流，它曲成万物而不著迹象，恰似水波之影，载阳之春，生机盎然，气脉幽远；人类受此生命之流行感召，便会振作生命的力量，激发生命狂澜，化为艺术形式。正如中国人生活在一个充满生机活趣的宇宙中，中国艺术的主题都在于表现宇宙的盎然生意，诗歌、音乐、绘画莫不如此："不论哪一种中国艺术，都有一般盎然活力跳跃其中，蔚成流畅饱满的自由精神，足以运气充周，而运转无穷！所有这些都代表了一种欣赏赞叹，在颂扬宇宙永恒而神奇的生命精神，就是这种宇宙生意，促使一切万物含生，百化光焉。中国艺术家正因能参赞化育，与此宇宙生命浑然同体，浩然同流，所以能昂然不巧于美的乐园中。"但人毕竟是有限的而宇宙是无限的，故而人对宇宙的表现是以有限表现无限，这在方东美看来乃中国艺术家重神似不重形似的原因。中国艺术主象征，玄学性大于科学性，抒情多于描绘，正是为了表现宇宙大生命。这种对于大生命的表现在美学意境上便是壮美，壮美是中国艺术之美的主流。由此可见，方东美的艺术观可以总结为：最高层次的艺术乃宇宙生命在艺术品中的运行和显现。他对于中国艺术的看法使我想起了后期海德格尔的一个命题："因而艺术是：真理的创造性保存于作品之中。艺术因而是真理的生成和发生。"在这里只要将真理换成生命，我们就会得到下面的定义：艺术是宇宙生命将自身设入作品，艺术作品是宇宙生命之流的呈现和生长。获得如此阐释的艺术美学在世界生命美学家族中是有独创性的。

方东美的言说是世界生命美学生长运动的一部分。方东美虽然强调所有生命的意义，但他关注的中心无疑仍是人，其生命美学也以创造完美的人——超人——为理想。尼采之超人理想真切不虚，但据其臆断，超人应鄙弃一切过去人类，毋乃诬妄特甚。据余所知，希腊人、欧洲人、中国人各在生命领域中创获如许灿烂文化价值，堪受推崇，殊难抹煞。超人空洞理想更当以希腊欧洲中国三人合德所成就之哲学智慧充实之，乃能负荷宇宙新价值，担当文化大责任……所谓超人者，乃是超希腊人之弱点而为理想欧洲人与中国人，超欧洲人之缺陷而为优美中国人与希腊人，超中国人之瑕疵而为卓越希腊人与欧洲人，合德完人是超人。虽然用超人理想指称完人是否合适尚可商榷，将人类文化中的卓越部分归结为希腊、欧洲、中国之三分更会引起争议，但方东美创造完美之人——完人——的审美理想却应肯定，他在论述完人产生之路时对不同文化共生、互生、合生的强调则具有至高之价值。这再次显现出方东美生命美学的宏大品格。

早期中国现代生命美学以介绍和借鉴西方现代生命美学思想为主，尚未形成自己的思想体系。这种状况到20世纪30年代发生了改观，方东美和宗白华等人先后建构出了以汉语文化为本体的现代中国生命美学。在此过程中，擅长体系性思辨的方东美所做的贡献最大，他融贯中西的超越性建构使汉语文化焕发了新的生机。这乃是方东美生命美学最重要的意义所在。

五四时期对于传统汉语文化的激烈批判是中国文化现代转型的一部分，当然有其意义，但对传统文化的单纯否定态度却遮蔽乃至损害了汉语文化的内在可能性。西方文化可以通过复兴古希腊文化而成就现代西方文化（文艺复兴），汉语文化为何一定要视传统为绝对的障碍呢？提出这个问题并矫正对传统文化的单纯否定态度，恰是新儒家的意义。方东美以现代西方生命美学为参照，重新阐释传统汉语文化，实则在推动中国文化进行创造性转型。他在融合中（以《周易》和《尚书·洪范篇》为源头）西（主要是尼采、柏格森、怀特海的生命思想）建构现代汉语生命美学时，便舍弃了“天尊地卑”的等级主义观念，专注于其中的“生生之德”。他通过诗意的语言游戏复活了传统汉语文化的生命思想，建构出了以汉语文化为本体的生命美学：在中国哲学家看来，宇宙乃是普遍生命流行的境界，天为大生，万物资始，地为广生，万物咸亨，合此天地生生之大流，遂成宇宙，其中生气盎然充满，旁通统贯，毫无窒碍，我们立足于宇宙中，与天地广大和谐，与人人同情感应，与物物协调浃合，所以无一处不能顺此普遍生命，而与之全体同流。既然天是一创造大流，那么，与天合一的人就要奋进不已，时时创新，不断向上，指向至善。

经过如此阐释的汉语文化既恢复了《周易》和《尚书·洪范篇》的生生之理，又与现代文化的进步精神相合，因而其传统性与现代性不再对立。这种意义上的汉语生命文化与柏格森等人的生命思想相比，更加圆融、精微，完全可以与世界主流文化同步，甚至处于其前沿。这样，方东美就完成了对于汉语文化生存合法性的辩护，为以汉语文化为主体参与世界文化的创生奠定了基础。应该说，方东美在如此这般阐释汉语文化时已经将汉语文化现代化了，而推动这现代化的外部精神援助就是现代西方生命思想。这种做法与文艺复兴时期西方大哲对待古希腊文化的态度是相同的，由此而造就的自然是汉语文化复兴的可能性。进而言之，方东美先生本身的著述就已经是汉语文化复兴的一部分：其文字充分体现了汉语的美感、力量、情趣，可谓是汉语原初可能性的实现，而此类语言实践又是在对世界文化的开放中完成的，借鉴了西方文化逻辑建构的优长，因此，它显现的是汉语文化主体统摄其他文化的尝试。这种超越情怀是方东美生命美学的最高价值所在。正是这种超越情怀使他为世界生命美学贡献出了独特的文本。落实到具体处，方东美生命美学对于汉语文化的最大意义是为其增加了个体主义维度。传统汉语文化强调等级意识，欠缺个体独立意识。《周易·系辞上传》开头便说：天尊地卑，乾坤定矣。卑高以陈，贵贱位矣。这种等级主义观念与现代生命美学的总体语境是不相容的，后者属于尊重个体的现代性话语。熊十力在《新唯识论》中对此观念有所破除。他认为万物都分有本体，皆本体之显现，故而它们是同样圆满的。就同样圆满而言，它们是平等的。但由于对翕辟的价值评估有所偏差，熊十力后来又多少回到了等级主义的路数上，对《周易》在此向度上的修正未能彻底完成。方东美的生命美学吸纳了《周易》的翕辟成变说，扬弃了其原始的等级观念。在他看来天主创进，地主化育，二者有功能的不同并不直接意味着二者的等级差异。他在言说爱之理时说：刚柔欣然相摩，男女欣然相配，万物欣然相聚，社会怡然相通；要之，所有生命的完成都得通过“爱”的精神。这种爱的精神显然孕育着平等意识。

在论述中和之理时，他将一往平等性列为众理之首，指出各种形式的个体生命都有内在价值，皆秉承了价值和尊严，必须待之以平等的爱心。对于个体生命的重视意味着中国传统文化在方东美等新儒家这里已经完成了某些向度的转型。新儒家之所以能够成为20世纪汉语思想中影响最大的流派，是因为它回到传统而又有所革新。这个特点在方东美这里表现得比较明显，他的生命美学就是融合中西的结晶。怀特海机体哲学对于个体（实际存在物）的重视态度也被他所领受：“虽然宇宙是生命弥漫全局的‘一’，但各个个体的生命意义与独特价值也不容抹煞，也要从各种立场来设身处地了，然后就会发现每一个体也自成世界。”故个体在宇宙所是的情理集团中占据着极为重要的地位。以生命为中心（或以价值为中心）落到实处就是以个体为中心。正如每个个体都有不可忽略的价值和尊严，其损失也是全体生命的损失，而个体生命与个体生命又相互摄入，回到整体，为整体所是的生态体系贡献活力。所以，方东美的美学可谓是以宇宙为场域的个体生命美学和以个体（生命）为起点和目的的（宇宙）生命美学。这在同时期的汉语美学文本中是极为独特的。

方东美生命美学具有上述超越性并不意味着它没有局限，恰恰相反，其局限同样是非常显明的：（1）他的生命美学文本断言多于推理，虽然借鉴了现代西方哲学的概念并对传统汉语文化进行了创造性释义，但其主要著述并未生成为严密的逻辑体系；（2）其生命美学思想对于个体主义观念的贯彻不够彻底，传统整体主义观念仍部分地影响着他对美学问题的理解。对于第一点，学界已有公论，我在这里只想简单地说说。方东美生命美学在回到传统的同时，也借鉴了西方哲学的逻辑建构方法，这也是他作为新儒家的超越品格所在。他将《易经》哲学归结为性之理、旁通之理、化育之理、创造生命即价值实现之理，就已经在运用西方哲学常用的分类法。问题是他在进行相应的美学建构时，对原初性的范畴缺乏深入的论证，整个文本也大多没有成形为环环相生的逻辑结构。他的许多范畴都是直接说出的，而不是像笛卡尔和柏格森那样通过一个绝对不可怀疑的出发点（如怀疑和内在绵延）推出来的。就这点而言，他未尽得西方现代思想的精髓。

如此一来，他的整个生命美学体系就没有完全超越前现代文化直接言说世界的品格，甚至有独断的嫌疑。理性推理能力的不足是方东美的明显欠缺，他的物质世界/生命世界/心灵世界的三分法便是明证：……把这个物质世界当作人类生活的起点、根据、基础。把这一层建筑起来以后，才可把物质点化了变成生成的支柱，去发扬生命的精神；根据物质的条件去从事生命的活动，发现生命向上有更进一层的前途，在那个地方去追求更高的意义、更高的价值、更美的理想。这样把建筑打好了一个基础，建立生命的据点，然后在那里发扬心灵的精神；因此以上回向的这个方向为凭借，在这上面去建筑艺术世界、道德世界、宗教世界；把生命所有存在的基础，一层层向上提高，一层层向上提升，在宇宙里面建立种种不同的生命领域。所以，在建筑图里面是个宝塔形时，以物质世界为基础，以生命世界为上层，以心灵世界为较上层，以这三个方面，把人类的躯壳、生命、心理同灵魂都做一个健康的安排。然后在这上面发挥艺术的理想，建筑艺术的境界，再培养道德的品格，建立道德的领域，透过艺术与道德，再把生命提高到神秘的境界——宗教的领域。在物质/精神的二分法上再加上生命，再从物质、精神、生命的三分法推论出理想的文化蓝图，确实令人费解。

方东美将生命当作超越物质与精神之外的第三种存在，并不是为了回避唯心主义之名，更根本的原因是理性推理能力的欠缺使他犯了范畴分层上的错误。他将人的超越之途分为物质境界——生命境界——心灵境界——艺术境界——道德境界——宗教境界，就是这个错误的体现：即便人不是物质实体，那么，所谓的艺术境界、道德境界、宗教境界也应该是心灵境界吧？心灵境界与生命境界又何以能够相分呢？方东美在生命境界之外又设心灵境界、艺术境界、道德境界、宗教境界确属画蛇添足，因为所谓的艺术境界、道德境界、宗教境界应属于心灵境界的三个层面或向度，而心灵境界则是生命境界的一种。此类范畴层次上的混乱恰恰源于其许多范畴缺乏清晰的定义，因而越是急于下结论，言说的逻辑性就越弱。台湾哲学家罗光将这个欠缺归结为方东美的诗人气质，并不准确，问题的根本在于现代汉语学人在逻辑推理能力上仍有待提升。

西方的文艺复兴运动之所以能够为现代性奠定根基，就是因为它所复活的古希腊文化具有重视个体的精神向度，而个体主义精神是现代精神的核心。在个体未立的情况下注重所谓全体生命之流的灿然仁心和畅然生机，只能使文化处于前现代乃至原始状态。中国的现代化运动举步维艰的原因之一就是中国人尚未普遍地成为个体。包括方东美在内的许多现代汉语思想者对个体性的强调往往是表层的，在骨子里他们还是将整体性凌驾于个体性之上的。这种态度既可生发出对个体之人的忽略，也包含着对物的个体性的无视。中国绘画不注重细节，就是这种态度的结果。盈天下一气耳，万物中皆有道，故表现气韵生动和惟恍惟惚的道就成了中国艺术家的最高目标。在表现过程中一草一木的个性实则是不重要的，重要的是其中的道、情、境，亦即客观生命本体和主观生命之内在体验。对于物的个体性的忽略是中国传统艺术的重要欠缺，然而方东美却以为这正是中国艺术的高超处。这说明方东美生命美学对于个体的看法尚有前后矛盾之处，其整体主义情怀时常会遮蔽乃至压抑对于个体的普遍关注和关怀。此欠缺倘若不克服，中国生命美学将无法真正超越自身。

当代儒家在寻求汉语文化的向上之路时，也必须注意这个问题。方东美的生命美学是中国现代美学最重要的文本之一。在摄入西方的哲学范畴、逻辑建构方法、个体主义理念的同时复活汉语生命文化的深层语义，乃是方东美生命美学的贡献所在。我们说方东美的生命美学具有某种局限，是就这种建构所展现出的前景而言的。克服这些局限的道路在于进一步增强汉语美学家的逻辑建构能力和个体主义理念，在方东美等人止步的地方向前走，而非退回到前现代汉语生命美学的语境中。

艺海乘桴——邓以蛰

（基于西方现代哲学、美学理论，对中国传统书画学作明晰周详的阐释发挥，主张为人生、为民众的艺术，希冀通过艺术所表达出的理想与绝对境界，来摆脱现实世界的琐屑繁乱、变动不居，以求得人的生命灵性的寄托。）

比起朱光潜与宗白华，邓以蛰在美学研究上可谓著述甚少，理论体系不够宏大，内容以及文法也显得时代性、普适性不强，但就课题研究的质量与视角来看，邓以蛰对中国传统书画学的研究所作出的独特贡献，使得他在中国当代美学史上的地位，堪与朱光潜、宗白华两位差可比肩而立。

一、邓以蛰生平与学术成就

邓以蛰，字叔存，1892 年出生在安徽省怀宁县五横乡白麟村凤凰河畔的一座名宅——“铁砚山房”里。这“铁砚山房”是清代大书法家和篆刻家邓石如的故居，邓以蛰就是邓石如的五世孙。他的父亲邓艺孙一生从事教育事业，民国元年曾任安徽省教育司长。他的长子邓稼先为著名核物理学家，是我国研制和发射核武器的主要技术领导人，被誉为“两弹元勋”。邓以蛰 8 岁入私塾读书，13 岁入安庆尚志学堂学习，14 岁入芜湖安徽公学；16 岁（1907 年）东渡日本，在东京宏文学院学习日语，并在此时与同乡陈独秀结为好友；20 岁（1911 年）回国后在安庆任安徽图书馆馆长。26 岁（1917 年）赴美国纽约哥伦比亚大学攻读哲学和美学 6 年，1923 年秋回国任北京大学哲学系教授。1933—1934 年，邓以蛰出游意大利、比利时、西班牙、英、法、德等国，遍访各地艺术博物馆和古建筑文化遗址。回国后，邓以蛰曾在厦门大学、清华大学任教。新中国成立后 1952 年院系调整，他从清华大学转至北京大学哲学系任教授，直至 1973 年 5 月 2 日病逝，享年 82 岁。

《邓以蛰全集》总共约 35 万字，仅不太厚的一册。这与《朱光潜全集》700 多万字，皇皇 20 卷相比；与《宗白华全集》210 多万字，厚厚 4 大册相比，实在可谓差别明显。然而，学术研究虽然也注重数量的多少，但更讲究质量的高低和研究视角的独特性。邓以蛰先生除了北京古城书社 1928 年出版的《艺术家的难关》和上海良友图书公司 1936 年出版的《西班牙游记》两个薄薄的小册子外，在其生前没有出版过其他任何学术专著。可是他发表的《画理探微》、《六法通诠》、《书法之欣赏》、《中国艺术的发展》等几篇论文，却向来受到学术界的重视。宗白华先生就曾称赞说：“他的那些论到中国书法、绘画的文章，深得中国艺术的真谛。”邓以蛰在我国老一辈学者和文艺家中颇负盛名，刘刚纪先生指出，“邓以蛰是我国五四以来著名的美学家和美术史家”，他的著作“是我国五四以来美学研究取得的重要成果的一部分，至今仍然没有失去它的价值”。

二、邓以蛰的学术历程与学术概貌

邓以蛰出生在世代书香的门第，从小就受到了中国传统文化艺术的熏陶。他曾在《辛巳病馀录》中描述过他幼时的生活环境：

> 皖垣北乡，距城四十里许，有铁砚山房者，我先人之故居也，位品阪之中，四围皆山，而一面为水，水曰凤水，山曰龙山，龟山，白鳞山，故吾高祖完白山人有印曰“家在四灵山水间”，盖纪实也。山房中斋额有挹翠楼，无极阁，长寿神清之居等，皆为楼上。吾幼时常居楼，坐对行循，起卧恒不去目前者，乃一绝好之大痴之《富春山居》或九龙山人之《溪山无尽》长卷，四时朝暮，风雨阴晴，各呈异态，直不待搜筐箧，舒卷把玩而后适也。

这种独特的成长环境造就了他作为一个美学家和美术史家的潜质，并影响着他在学术研究上，从青年时期的“新文艺”运动的悍将，转型为中老年期间的专心致志于中国书画研究的著名学者。

（一）关怀社会提倡“新文艺”

在五四新文化运动中，邓以蛰以提倡新文艺为世人所知。邓以蛰的青少年时期正当西学渐兴、维新日盛之时，大批青年东渡日本求学以期振兴中华，邓以蛰也不例外。1907—1911年间，邓以蛰入东京宏文书院学习日语，结识了他的同乡陈独秀，开始接触西方文化。1917—1923年间，邓以蛰在美国哥伦比亚大学专攻哲学尤其是美学，深受克罗齐、黑格尔等人美学思想的影响。

旅美归来后，邓以蛰一边在北京大学教授哲学，一边积极参与鼓吹新文艺的系列活动。他曾在《晨报副刊》以及其他报刊上发表文章，内容涉及诗歌、戏剧、美术、音乐等各个领域的问题。文笔热情奔放，思想新颖大胆，他与当时在南方活动的宗白华一样蜚声文艺界，被美誉为“南宗北邓”。邓以蛰文章中积极的思想成分激起社会进步人士的广泛关注，甚至有缘与鲁迅有过一些过从。当时的他是旗帜鲜明地站在以鲁迅为代表的进步阵营这边，不遗余力地倡导新文艺运动。

（二）潜心书斋研究中国书画

1933—1934 年间，邓以蛰出游意大利、比利时、西班牙、英、德、法等欧洲诸国。他一边在巴黎大学进行为期半年的游学，一方面实地走访观摩欧洲各国著名的艺术博物馆。邓以蛰旅欧期间所写的散文收于归国后发表的《西班牙游记》一书，这些文章仍然保持着他 20 年代那种热情奔放、率性坦诚的风格，对西方文化艺术、风土人情、社会状况既记述又点评，有着相当高的艺术欣赏价值。难能可贵的是邓以蛰在这些文章中对西方文化并非一味的盲目推崇，却在加以批评的同时，经常流露出因祖国伟大文化传统而自豪的感情。这些端倪预示着邓以蛰自小身处其中的传统文化开始逐渐成为其学术研究的出发点与落脚点。自此以降，邓以蛰长期对中国书画艺术潜心研究，借鉴西方美学思想来编撰中国美术史，阐释著述中国传统书画美学理论。

旅欧回国后，出于种种原因，邓以蛰一天天地选择从社会退回书斋，做一个宁静的学者，不再像过去那样关怀社会、热心“新文艺”的发展，而是充分结合其深厚的、自小获得的传统文艺素养，运用西方现代科学与哲学的理论精神，全力以赴对中国书画理论进行抉微发幽、钩玄提要，为中国书画美学研究作出了重大贡献。1935 年 2 月与 4 月，邓以蛰先后为《大公报》的《艺术周刊》写了《以大观小》和《气韵生动》两文，后文的附记有曰：

> 余久欲写《画学举隅》一文，其篇目为：书画同源，以大观小，气韵生动。前仅为《艺术周刊》写《以大观小》一篇，余无暇

着笔。今艺刊拟于伦敦国际中国艺术展览会于上海预展时出特刊，专论中国艺术，又征文于余，辞不获，遂又草此二篇。……

由此可观，邓以蛰至晚在30年代初就已对中国传统画学研究有着初步的、整体的构思，且不论他早在1926年为日本改造社写《中国画源流演变》一文时可能就立此心意。30年代末至40年代初，邓以蛰在《哲学评论》的第十卷的第二期和第四期上，分别发表《画理探微》与《六法通诠》，对中国画学理论进行了更深入的研究与思考。同一时期，他未能卒写的《辛巳病馀录》则对他本人收藏的重要书画进行了著录、考证与研究。

除了对传统画学进行研究著述之外，邓以蛰还在1937年写成《书法之欣赏》一文，尽管只完成了原定要写的书体、书法、书意、书风这四部分中的前两部分，也足以显示他对中国书学的精深研究。事实上，邓以蛰这一时期所写的这几篇文章，恰恰都是他有关中国美学研究的主要著作。此后一直至解放前，邓以蛰由于身体欠安与教学事务的影响，除了编写完善中外美学、美术史讲义外，别无新著问世。

（三）与时俱进诠释“新发展”

新中国成立后，邓以蛰起初是在清华大学哲学系任教，后来因为院系调整，转到北京大学哲学系，与朱光潜、宗白华一起被合称为北大三大著名美学教授。出于中国学者们与生俱来的社会关怀的情结，他在美学学科教学与研究上，都立足于对党、对新中国的由衷热爱，与时俱进地关心新中国的艺术发展。

在清华大学任教期间，邓以蛰带病坚持学习马克思主义，努力运用毛泽东的《实践论》的相关观点来诠释新的历史时期中国艺术的新变化，完成了《中国艺术的发展》一文。邓以蛰在1952年调到北京大学不久就病退了，虽不在教学科研第一线工作，却仍然不放弃中国书画美学的研究，其间主要完成了对一些古代画论的注释点校，还对滕固的《唐宋绘画史》进行了检阅。

三、造乎理想之境——审美对象论

邓以蛰美学关于审美对象的理论集中展示他的艺术美论中，艺术造乎理想之境是他一生坚守的根本思想，反映在《艺术家的难关》一书诸篇之中。尤当重视的是，他在40年代著述的、最为学术界熟知与推崇的《画理探微》与《六法通诠》这两篇论文，从审美对象发展史的角度，对中国书画关于审美对象之传达的历史性嬗变，作了集中、细致、深刻的阐释。

（一）艺术乃理想境界之表现

邓以蛰早期美学思想是受到温克尔曼、康德、席勒、黑格尔、柏格森诸人的影响，其中尤以黑格尔的影响为最深。邓以蛰对于艺术的看法是同黑格尔美学思想是趋于一致的，认为艺术是超出自然的绝对境界、理想境界的表现。在《艺术家的难关》中，邓以蛰说：

柏拉图说艺术不能超脱自然（谓自然的摹仿），而造乎理想之境；我们要是细细解析起来，艺术毕竟为人生的爱宠的理由，就是因为它有一种特殊的力量，使我们暂时得与自然脱离，达到一种绝对的境界，得一刹那间的心境的圆满。这正是艺术超脱平铺的自然的所在；艺术的名称，也就是这样赚得的……

又说：形象是自然界的东西，最是变动不居的，不是性灵中的绝对的境界。艺术得现象的真实，原不是它的分内的事。……所谓艺术，是性灵的，非自然的；是人生所感得的一种绝对境界，非自然的变动不居的现象——无组织、无形状的东西。

否定柏拉图把艺术看作自然的摹仿，主张艺术是绝对境界，也就是理想之境的感兴表现，也正是黑格尔美学对于艺术的基本看法。邓以蛰基于黑格尔美学的根本立场来观察评议五四以后的新艺术，主张用理想的艺术来对抗肤泛平庸的艺术，否认艺术的目的在于专门记录琐屑无聊的生活现象以激发人的低级官能快感，其基本倾向是积极进步的，符合当时的社会现实，对新文艺的发展起到了推动作用。他说：

艺术与人生发生关系的地方，正赖人生的同情，但艺术招引同情的力量，不在于它的善于逢迎脑府的知识，本能的需要；是在它的鼓励鞭策人类的感情。这鼓励鞭策也许使你不舒服，使你的寒暑表丧失了以知识本能为凭借肤泛平庸的畅快。所以当代或艺术史上有许多造境极高的艺术，反遭一般读者的非难，就是这个理由。因为不能使他们舒服畅快，所以不易得他们的同情了。其实艺术根本就不仅是使你舒服畅快的东西。

邓以蛰主张艺术要表现理想的、绝对的境界，这并不等于赞同艺术应当脱离实际的思想。在谈到林风眠的绘画时，他指出艺术虽要以表现理想为目的，但“由理想变为空想，它的表现必近于夸诞驳杂，唤不起观者诚意的领略”。

尽管邓以蛰在主张理想的艺术时反对脱离现实人生之空想的，但由于历史与个人的局限，他所说的理想仍缺乏同现实社会的深刻联系和具体的历史内容，因而也不可避免地都有空想的性质。他认为“一切艺术的共同的敌阵，也就是艺术家势必冲过的难关”之一，在于艺术要表现“人事上的情理，放乎四海而皆准的知识，百世而不移的本能”。这种冲破难关所达到的文艺是最高境界，无疑具有虚幻抽象的性质。

（二）体—形—意—理

邓以蛰从审美对象着手，将历史上中国画的创造所达到的境界归纳为四种，即体、形、意、理。并立足于体，按照“由体入理”的演绎趋势将中国画分成四个发展阶段，即“商周为形体一致时期，秦汉为形体分化时期，汉至唐初为净形时期，唐末元明为形意交化时期”。这与宗白华从中国传统艺术美感发展史出发所区分的“钟鼎玉器”、“山水人格”、“佛教艺术”、山水花鸟四亟待，以及李泽厚从文化思想史所区分的“青铜饕餮”、“魏晋风度”、“佛佗世容”和“宋元山水意境”四阶段，都有着异曲同工之趣。

1. 体与形体一致

邓以蛰认为绘画的最初目的是为了装饰器体，或说是作为器体的装饰而存在，所以它的创造受着器体的限制，不能脱离器体，因此呈现为一种“抽象之图案式”。商周时期的绘画基本呈现了这种“形体一致”的特征，“取牺首、鸡翅、云雷之实象而变为饕餮、夔文、雷文之图案花纹，艺人想象之力固属惊人，然其图案之方式要为器体所决定，故曰形体一致”。

2. 形与形体分化

随着历史的发展，绘画逐渐脱离器体之范围，由原初的“形体一致”转化为“形体分化”，变为独立于器用装饰的绘画。邓以蛰首先指出这种分化发生在秦汉时期，其次还大胆断定这种分化与楚风极有因果关联。他在《辛巳病馀录》中说：世人多言秦汉，殊不知秦所以结束三代文化，故凡秦之文献，虽至始皇力求变革，而终属周之系统也。至汉则焕然一新，迥然与周异趣者，孰使之然？吾敢断言其受“楚风”之影响无疑。汉赋源于楚骚，汉画亦莫不源于“楚风”也。所谓楚风，即别于三代之严格图案式，而为气韵生动之作风也。……在汉代，气韵原为画中之实体也；禽兽生动之极，结于云气，或云气排荡之极而生出禽兽，皆或为一体之运行，如文之有韵也。

受到楚风的积极影响，形体分化的结果自然就产生了“净形”。邓以蛰说，绘画“至汉代则完全独立，竟为物理自身之摹写矣；……形之美既不赖于器体；摹写且复自求生动，以示无所拘束，故曰净形。净形者，言其无体之拘束耳”。中国绘画史上的这种“净形”时期，由汉一直持续到唐初。邓以蛰说：“生命之摹写，自汉以至中唐，如出一辙。”

3. 意与形意交化

“形超乎体，而神或意出乎形”，中国画发展的最后阶段是唐末元明的形意交化时期。这里的“意”即心中意境或作为自然本体的生意之意，按照这种解释，所谓“形意交化”无非意指使山水画创作达到形意兼胜，类似于人物画所要求的形神兼备。在邓以蛰看来，山水画向形意交化发展的趋势是中国绘画史的必然规律，“艺术自身之发展，形成各时期之特殊方式。汉至唐既入于物理之描摹，然其理究有所囿。盖囿于生命世界，换言之，限于动物类也”。汉唐绘画既是囿于生命世界，那么由此而来的不足之处何在呢？

邓以蛰进一步揭示道，“人物至六朝唐虽然入神，但究为个体之描写，虽有群像，其结构亦借动作之呼应为连贯，仍未能参入于自然又成一意境也”，“若意境者乃将自然看成一全体耳”。这也就是说，形意交化时期中国画的创作目的在于营创情景交融、形神统一、物我消泯、连贯整一的“意境”这一审美对象。关于意境，邓以蛰指出，“山水者意境也，意境无形迹可见之物也，亦犹人物之神气、气韵耳”，“意境固非自然之属性而属之心”。

山水画为表现意境之艺术，而意境属于心，无形迹可见。在山水画创作中，应该怎样来营构处理山水实体的形式来表达意境呢？邓以蛰认为，山水画的创作规律与传达义法不能是“仰画飞檐”，而应是“以大观小”。以大观小为宋人沈括之说，见于《梦溪笔谈》：李成画山上亭馆及楼塔之类，皆仰画飞檐。其说以为自下望上，如人平地望塔檐间，见其榱桷。此论非也。大都山水之法，盖以大观小，如人观假山耳。若同真山之法，以下望上，只合见一重山，岂可重重悉见？兼不应见其溪谷间事；又如屋舍亦不应见其中庭及后巷中事。若人在东立则山西合是远境，人在西立则山东合是远境。似此，如何成画？李君盖不知以大观小之法，其间折高折远自有妙理。岂在掀屋角也？

什么是“以大观小”呢？邓以蛰说：“形者眼所限，生动与神则为心所限耳。心之所限，庶为无限。是生动与神亦可无限也。其为眼所限之形则将无所施于心之限矣。心既无所限，乃为大；形有所限，斯为小。眼前自然，皆有其形，故自然为小也。以心观自然，故曰以大观小。”按照邓以蛰的表述，“大”就是指“心之所限，庶为无限”的“胸中意境”；“小”是指眼之所限的“山水形体”；“以大观小”就是指山水画家在创作时不要局限于眼界中的自然之实形，而要按了然胸中的整体意境来营构布置画面所现的山水形体，“沙汰物之肤泛、凝化物之个别”，使静止杂多的山水形体形意交化，成为“范围周洽，物自连贯”的生命整体。

4. 理与离形入理

邓以蛰通过对南北宗山水画之比照研究，指出北宗山水画“为眼界所限”，“不能离于形”，而深得山水画的妙旨的却是南宗山水画家。他们在进行山水画创作时，不为眼界所限，而是将现实中的山水形体，按照自己对自然中常存的妙理的领悟来折高折远、以大观小、连小成大、离形入理。邓以蛰认为：“山水虽有外物之形，但直为意境之表现，或吐纳胸中逸气，正如言词之发为心声，山水画亦为心画。胸具丘壑，挥洒自如，不为形似所拘束者为山水画之开始。”

不为形似所拘束者方为山水画之开始，那么山水画的发展极致又该如何？邓以蛰认为，迄至元代文人画兴起时，山水画才达到了登峰造极的绝境。“至元人或文人画则不徒不拘于形似，凡情境、笔墨皆非山水画之本色，而一归于意。”这里所谓的“意”，就是指山水画家的胸臆、心中之意或心中意境。意境虽也要通过山水之形来表现，但它不但不受到形的拘束，而且形之塑造还要以意境的表现为转移。邓以蛰紧接着说明，“表出意者为气韵”，“而气韵则超过一切艺术，即形超乎体，神或意出于形，而归乎一‘理’之精微”，由此，“是气韵为画事发展之晶点，而为艺术至高无上之理”。

关于“理”的哲学本体、“理”与“形”在山水画创作中该如何对待与取舍的问题，邓以蛰曾直接引用苏东坡的一段画论来加以解答：

余尝论画，以为人禽宫室器用皆有常形，至于山石竹木，水波烟云，虽无常形而有常理。常形之失，人皆知之；常理之不当，虽晓画者有不知。故凡可以欺世而取名者，必托于无常形者也。虽然，常形之失，止于所失，而不能病其全；若常理之不当，则举废

之矣。以其形之无常，是以其理不可不谨也。(《净因院画记》)

邓以蛰引用这段文字目的在于说明，所谓“理”者，无非意指在进行山水画审美时，审美主体所领悟于心的大自然生生不息、一气运化的生生之道。也正如邓以蛰所著《论“理”——气韵生动》一文的标题所示，理即气韵生动之理，是中国书画所达致的艺术至境。在元代文人山水画的创作中，宁其失“形”，不可乖“理”。与形意交化不同，离形入理致力于形意分化。形意分化一词在邓以蛰的相关论述中没有提及，却是山水画发展史的题中之义。之所以没单独作为发展阶段提出，恐怕是因为这种创作倾向是穿插点缀在山水画史之中的部分作家部分时期的非必然的选择。文人山水画的此种选择类似于人物画由形神兼备走向以形写神。

(三) 书画同源

在中国书画史上，自王维提出“书由于画，画始生书”之说后，书和画的关系这一话题就为人们乐道常谈。大多数看法都是认为书与画之间有着一种密切的亲缘关系，这种关系也成为中国画的民族独特性的造成因素之一。历代书画论家对书画关系的探讨，都集中反映在书画同源这一命题之上，尽管这一命题直到明朝才由何良俊首次明确提出。

邓以蛰在论述书画同源时，首先指出书有二义，不可相混。“用笔画以书字，所谓书法，一义也；书者如也，字字相如也，所谓六书之书，是指字而言者，又一义也。”这就是说，书在古汉语中兼有书法与文字二义。闻一多在谈到书画关系时，就是着重从书的两重意义去理解的：“评论书画常说起‘书画同源’，实际上二者恐怕是异源同流。字与画只是亲近而已。因为亲近，所以两方都喜欢拉拢；起初是字拉拢画，后来是画拉拢字，使字走上艺术的路，而发展成为我们这种独特的艺术——书法；画拉拢字，使画脱离了画的常轨，而产生了我们这种独特作风的文人画。”就书的“文字”之义而言，画因象形而成为六书之一种；就“书法”之义而言，画对书的拉拢使得中国画发展而至文人画，而书对画的拉拢也使得书法成为一种独特的艺术。书与画、书法与画法、书意与画意在书画发展史上，呈现出既相互独立又相互借鉴的复杂关系。

1. 书画同体——书源于画

上古时期，“书”乃字也。书画同源在最根本的意义上，是指书与画有着共同的文化学起源，即所谓“书画同体”。

书画同体这一文化学现象很早就为人所发现，魏晋时期的曹植就在《画赞序》中说：“盖画者，鸟书之流也。”所谓鸟书，可从后汉蔡邕《书论·笔论》中的一段文字得到解证：“凡欲结构字体，皆须象某一物，若鸟之形，若虫食禾，若山若树，纵横有托，运用合度，方可谓书。”唐代张彦远在《历代名画记·叙画之源流》中对鸟书作了进一步解释，并明确提出“书画同体说”：

> 颉有四目，仰观垂象。因俪鸟龟之迹，遂实书字之形。造化不能藏其秘，故天雨粟；灵怪不能遁其形，故鬼夜哭。是时也，书画同体而未分。象制肇创而犹略，无以从其意，故有书；无以见其形，故有画，天地圣人之意也。按字学之部，其体有六：一、古文，二、奇字，三篆书，四、佐书，五、缘篆，六、鸟书。在幡信上书端，象鸟头者，则画之流也。颜光禄云：“图载之意有三：一曰画理，卦象是也；二曰图识，字学是也；三曰图形，绘画是也。”又教周官以六书，其三曰象形，则画之意也。是故知书画异名而同体也。

书之形脱胎于画，画之意生成于书，以书见其意，以画见其形，书画同体，相辅相成，以传达天地、圣人之意，张彦远对书画同体的这番解释可谓详备至极。

自宋以降的书画论家，更是从绘画与六书之象形的关系来论述书画同体，并直接以书画同体来对书画同源做出解释。北宋《宣和画谱叙》云：“从周官教国子以六书，而其三曰象形，则书画之所谓同体者，尚或有存焉。”后世论者不仅认为书画同体，而且相比于“书源于画”，更大多数都主张“画源于书”，即画体源于书体。元代朱德润在《存复斋集》中说：“字书者，吾儒六艺之事；而画则字书之一变也。”至明代，何良俊则在《四友斋画论》中从画出于书的角度提出书画同源命题："夫书画本同出一源，盖画即六书之一。"清代王时敏亦持相似说法："六书象形为首，乃绘画之滥觞。"

与以上书画论家不同，邓以蛰在认同书画同源的基础上，主张"书源于画"。他说："字之为言孳也，孳生也，此必一字生于他字矣。字之相生，又必有一字为字之母。抑不闻乎？六书以象形为先。所谓象形者不外乎画物之形以象之耳，然则象形，其'画'矣乎？是字之母必为画矣。"用书画同体来解释书画同源，进而作出"书源于画"的论断，邓以蛰既深得历代书画论家之共识，也独出己见地据理持论。明代宋景濂曾在《画源》说：

> 仓颉造书，史皇制画，书画非异道也。非书则无记载，非画则无彰施，二者殊途而同归。六书始于象形，象形乃绘画之权舆。形不能尽象，而后会之以意；意不能尽会，而后谐之以声；声不能尽谐，而后求之以事；事不能尽指，而后转注、假借之法兴焉。书者所以济画之不足也；使画可尽，则无事于书矣。

邓以蛰引用宋景濂的论说，意在指出画重摹形而书重表意，画先书后，六书的发展演进是为了裨补画载道之不足。除了直接引用前人之说外，邓以蛰还从虚字产生于实字这一现象来证实"书生于画"。他说："字生于画，尤有一证，即虚字孳生于实字，如'为'、'焉'、'能'等字其源皆为象形之兽类字，乃实字也，今因字字相孳生——虽为假借——而为虚字；虚字皆词也，词为言词；言词中表情之虚字且由象形实字而来，字与画的渊源可知矣。"邓以蛰紧接着指出"文字画"代表着由画生字的蝉变痕迹。他说："然画与字之间有否一体足以表示画与字蝉变之迹乎？曰，有。余曾见一剑柄（现藏巴黎 Cernaschi 博物馆中），柄上花纹为两边一致对称的，倘由中缝折合，可吻合无差，花纹中有如字形者似由象鼻之形而来之'自'字，是此花纹表示一意思无疑，洵可当字读也；却又是整个花纹以装饰此剑柄，是其为画亦无疑矣。既画矣而又为字，此岂非'文字画'而足以代表画与字蝉变之迹乎？"

相比于或坚持书生于画或坚持画生于字，现代学者金学智可谓是公允持论。他从比较艺术学的角度对书画同源说做出研究，认为书画共同源出于“亦书亦画的原始意象符号”。这和张彦远在“象制肇创而犹略，无以从其意，故有书；无以见其形，故有画，天地圣人之意也”中所谓的字画相须以尽天地圣人之意的说法非常接近，也吻合中华民族思维方式所具有的尚象之一贯特征。《周易·系辞》有云：“古者庖牺氏之王天下也，仰观象于天，俯则观法于地，观鸟兽之文，與地之宜，近取诸身，远取诸物，于是始作八卦，以通神明之德，以类万物之情。”绘画、文字的产生都采用了八卦易象的形象直观的思维方式，象是书画同体而未分的共出之源。

2. 书画同法——一笔之画

“书画同体说”还只是把书理解为文字之书，把书画关系局限在文字与绘画的关系之上，不论是古人的“画生于字”、还是邓以蛰的“字生于画”或金学智的“字画同生于象”，都还只是书画同源说的部分内涵。“然则书画同源之说，岂偶然哉？因二者发轫之工具——‘笔画’——原为一致也。”从书画同体出发，邓以蛰进一步从书与画之法的关系上，来揭示书画同源的应有之义。

邓以蛰首先对“法”进行了解释：“法者工具也，即用以书、用以画之工具也，此工具为何？曰‘笔画’而已矣。”这样说来，所谓书画同法，无非意指书画同于一笔之画。邓以蛰引用许慎在《说文解字》中对“画”字的解析，来论证画同书一样都依赖于对笔画的运用，“许叔重训画为畛，象田畛畔，所以画也，可引伸之为物之界线，物之轮廓。描取物之轮廓以成画，则此画也若纯由法上观之，只‘笔画’耳，勾描耳，初无涉于物体之象也”。邓以蛰进而指出笔画因用具不同而异趣，但于法理则同一，“至于‘笔画’之所以出，刀以刻之，玉箸以漆之，毛笔以画之，因用具之变，形成‘笔画’之异趣固有之，然于‘笔画’根本之法犹为一贯”。

书法与绘画同是线条艺术，行笔节奏的疾徐缓急、抑扬顿挫，行笔力度的轻重结合、刚柔相济，以及随用笔而来的水墨之干湿浓淡的种种变化，是书画共有的法则。书画同于一笔之画的见解，前人多有备述。唐代张彦远在《历代名画记·论顾陆张吴用笔》中历数事例来指明书画用笔相同：

或问余以顾、陆、张、吴用笔如何？对曰："顾恺之之迹，紧劲联绵，循环超忽，调格逸易，风趋电疾，意存笔先，画尽意在，所以全神也。昔张芝学崔瑗、杜度草书之法，因而变之，以成今草。书之体势，一笔而成，气脉通连，隔行不断，唯王子敬明其深旨，故行首之字，往往继其前行，世上谓之一笔书。其后陆探微亦作一笔画，连绵不断，故知书画用笔同法。陆探微精利润媚，新奇妙绝，名高宋代，时无等伦，张僧繇点曳斫拂，依卫夫人笔阵图，一点一画，别是一巧，钩戟利剑森森然，又知书画用笔同矣。国朝吴道玄，古今独步，前不见顾陆，后无来者，授笔法于张旭，此又知书画用笔同矣。"

张彦远认为正是书画用笔的相互结合，使得顾、陆、张、吴成为一代绘画大师。

既然绘画与书法一样重视笔画，那么不同宗派的绘画之相异就可从笔画上见出。邓以蛰说："就山水画言，所谓南北宗亦由笔法分派。南宗用中锋演为披麻皴，北宗用侧锋演为斧劈皴。"他认为清人布颜图在其《画学心法问答》中关于南北二宗的论说很是精当剀切，特意转录以证明南北宗山水画的主要区别之一就在于笔画之不同：

东晋以来，有顾长康、陆探微、张僧繇，为画家三祖。虽有尺山片水，亦只画中衬贴，而无专学。迨至盛唐，王右丞与友人裴迪诗酒盘桓于辋川之别墅。思图辋川，以标行乐。辋川四面环山，其巉岩叠巘，密麓稠林，排窗倒户，非尺山片水所能尽。故右丞始用正锋，开山披水，解廓分轮，加以碎点，名为芝麻皴，以充全体。遂成开基之祖，而山水始有专学矣。从而学之者谓之南宗。唐宗室李思训开勾砍法，用笔侧锋，依轮廓而起之，曰斧劈皴。装涂金碧，以备全体，其风神豪迈，玉笋琳琅。便与右丞鼎足互峙，媲美一时。其子昭道，号小李将军，箕绍父业，一体相传，皆成开基之祖。从而学之者谓之北宗。惟宋室赵家诸辈，少得其仿佛。其南宋之刘李马夏，以及明之张戴江汪辈皆纵笔驰骋，强夺横取，而为大斧劈。遂至思训父子之正法心学，沦丧其真，而杳失其传矣。师法南宗者唐末洪谷子荆浩将右丞之芝麻皴少为伸长，改为小披麻。山水之仪容已备。而南唐董北苑更将小披麻再为伸长，改为大披麻。山头重加墨点，添以渲淡，而山水之全体备矣，至北宋之关同、巨然、李成、范宽、郭河阳诸辈群起，各抒己长，扩而充之，而山水之学始大成矣。若元之黄王倪吴谨守南宗，师法北宋。虽学力不逮，笔势浑沦；而云烟之变灭，山水之苍茫，由是出矣。盖山水画学，始于唐，成于宋，全于元。

这段叙述表明，用笔之正或侧锋乃是南、北宗山水画的分水岭。和书一样，南宗山水画创作对笔画线条非常重视。也正是两者之间的这种相似性，使得书画在真正意义上具有同源性。

邓以蛰不仅用笔画来区分山水画的南北宗派，还用笔画来揭示中西绘画的差别。邓以蛰指出：“西画绘也，绘以颜色为主；国画画也，画以笔画为主。笔画之于画，犹言词声韵之于诗。故画家用笔，亦如诗人用字。”中国画创作如同写字，重在笔画，以写胸中之意象，而非重在描绘物象之体圆。因此邓以蛰指出，中国画有时不曰“画”而曰“写”。西方绘画是空间艺术，色块的涂抹可累月经年地完成，可一次又一次地修改调整；而中国画如同写字，以笔画为主，要求一气呵成，不可停止或更改，具有时间艺术的不可逆性。

3. 书画同意——画心图理

意即表现，画之表现同于书之表现，这是最形而上意义上的书画同源。邓以蛰指出，这种表现当然不是援书入画，弄笔戏墨，而是为了一笔收尽鸿蒙。书画同意之“同”有两种：书画笔墨表现性的相同与书画意境表现性的相同。

首先，骨法用笔使得书画笔墨具有极强的精神情感表现性。

汉代扬雄在《扬子法言·问神》中说：“言，心声也；书心画也；声画形，君子小人见矣。声画者，君子小人所以动情乎。”清代张庚《浦山论画·论性情》有云："扬子云：'书，心画也'，心画形而人之正邪分焉。画与书一源，亦心画也。"合扬雄与张庚两人之论，可以看出中国书画情感表现性的同一。邓以蛰把骨法用笔看作是产生书画情感表现性的共同原因："笔画全系乎骨法用笔，……画之用笔之法实与书法相通，故重骨法。骨法者，在乎手运笔而心使之，所谓心手相应，乃能创出种种笔致，此之谓骨法也。"并进而指出："书法者，人之用指、腕与心运笔之一物流出美之笔画者。"邓以蛰的这种看法可谓是不刊之论，深得古代书画论家的理论精髓。如蔡邕在《书论·笔论》中说："书者，散也。欲书先散怀抱，任情恣性，然后书之。"张彦远亦说："书画之艺，皆须意气而成。"这都是说，书画成为艺术都离不开与物质形式相密切联系的主体情感这一形而上层面。

情感表现性是艺术美之追求之一，它的产生与发展自然离不开时代之需求。邓以蛰根据时代生活对美感需要的不同，把书体分为意境美之书体和形式美之书体。篆分隶楷侧重于形式美，行草侧重于意境美，而意境美首先表现在书法的情感表现性之上。在行草那里，这种情感表现的自由性已高达艺术的极致，以至于邓以蛰认为书法在所有的艺术中，是最不受外界对象所限制的最自由的、最直接诉之于人的心灵的艺术，"不独为美术之一种，而且是纯美术，为艺术的最高境"。"纯粹美术者完全出诸性灵之自由表现之美术也"，中国历代书画论家把书法置于绘画之上，正是因为"画之意境犹得助于自然景物，若书法正扬雄之所谓书乃心画，盖毫无凭借而纯为性灵之独创"。

对于行草所具备的丰富的情感表现性，韩愈曾在《送高闲上人序》中就张旭的草书说道："张旭善草书，不治他技，喜怒窘穷，忧悲愉佚，怨恨思慕，酣醉、无聊、不平，有动于心，必于草书焉发之。"到元代，山水画家开始借鉴行草独特的情感表现力，援书入画，于时文人画大兴，绘画也像书一般成了"士气"之表现的载体，画幅中充满了书卷气。其时的钱起在这方面可谓是开山祖师，并大有建树，在文人画创作上常受到他人请教问学。明代董其昌

《容台集》载："赵文敏问画道于钱起：'何以称士气?'钱曰：'隶体耳。'画史能辨之，即可无翼而飞，不尔，便落邪道，愈工愈远。"对于这件画学公案，清代张式在他的《画谭》中曾加以疏注曰："书画盘礴点染，有神明不测之妙，即赵吴兴询钱玉潭之士夫画也。绝去画师习气，方有士气。扬子云：'书，心画也。'此气即吾人之心画。画之贵，贵此。"

书法发展到行草，绘画发展到文人画，书画作为主体情感精神之表现的这一特征得到了最大限度地体现，书与画、书法与画法、书家与画家也达到了最高度的统一。据此，清代笪重光《画筌》有云：笔有中锋侧锋之异用，更有着意无意之相成。转折流行，鳞游波驶；点次错落，隼击花飞。拂为斜脉之分形，磔作偃坡之折笔，啄毫能令影疏，策颖每教势劲，石圆似弩之内掠，沙直似勒之平施。故点画清真，画法原通于书法；风神超逸，绘心复合于文心。

其次，气韵生动使得书画脱离笔墨形象具有意境玄理表现性。

不同书体在形式美与意境美上虽各有侧重，但正如邓以蛰所说，一切艺术皆形象之艺术。"意境究出于形式之后"，且"意境亦必托形式以显"，只不过"意境美之书体至草书而极"。书法发展至行草时，超越一切实在的笔墨形象之凭借，唯务入神，如卫夫人之笔阵，所以"逸笔余兴，淋漓挥洒，或妍或丑，百态横生"。刘融斋《书概》："欲作草书，必先释智遗形，以至于超鸿蒙，混希夷，然后下笔。"这里虽是强调草书创作时主体应秉持的精神状态，实际上也揭示了行草书法应追求的"超鸿蒙"、"混希夷"的玄理意境。

这种玄理意境按邓以蛰的理解，可用"韵"字来指代。对于"黄庭坚论书最重一'韵'字"做法，邓以蛰解释道："书法除点画行曳、结构之外，毫无物象的凭借，要说它具有美的价值，除了'书如其人'的每人笔法表现上的多样化之外，还得要有一共同的性质才成；所以前人提出一韵字来，作为书法艺术美的标准。"实际上，这韵在书法艺术标准中，也是最高的了，只有书之行草和画之文人山水才能达到。

行草实为意境美之书体，草书又为行书之极致。而意之表现，变化无方，于是对人而言，专精于草者须去俗已尽至于“圣”；于书而言，则须摆脱一切形似的拘束与凭借而又气韵生动。李阳冰论书曰：“于天地山川得玄远流峙之形，于日月星辰得经纬昭回之度，于云霞草木得瀑布滋蔓之容，于衣冠文物得揖让周旋之体，于须眉口鼻得喜怒惨舒之分，于虫鱼禽兽得屈伸飞动之理，于骨角齿牙得摆低咀嚼之势。随手万变，任心而成，可谓通三才之品，汇备万物之性状者矣。”书具备万物之性状，可谓是气韵生动了。气韵生动是中国艺术的共同本质，是一切艺术之理，当然也是书学之理。邓以蛰说：“画有形而无意，然山水画重气韵，气韵所以表出意境者也。”书画同借气韵生动来表出意境。

在邓以蛰看来，书画的审美价值可根据书画之意的表现层次不同，而分为两等。

其一，“一等出于画家之笔墨自身，如吾人判断书法然也。程伊川论写字曰：‘即此是学’，此者笔画表现之谓也；古人云：‘心正笔正’，又曰：‘书如其人’，盖其人有一种风韵，则其书亦有此种风韵，伊川之‘此’，当亦兼此风韵而言，故即此是学，犹言即此是价值也。士气、逸格多属于此类也”。此等价值在书而言，意指主体精神情感之表现，既可反映为书法笔画的点画与使转关联，如孙书庭《书谱》有云“真以点画为形质，使转为情性；草以点画为情性，使转为形质”，邓以蛰对此解释道：“使转乃意境活动之事，何尝有形质也。于是知笔画乃由点画之形质通于使转之情性者也”；也可反映为书法结体的形体与心理的关联。邓以蛰说：“宇宙之内，不外自我与外界。自我者，感于物而动者也；外界之所以有，以其能给自我以形体之对立。形体之有，有在自我之感得。”书法之结体，目的在于以其形体激发观者的心理意趣。

其二，“又有一等价值，则为画之表现，此之所谓画乃离于画家之画，其表现乃为笔墨之外，犹有一种宇宙本体之客观的实在存焉。此实在为何？即董广川所谓‘天地生物特一气运化尔’之一气，所谓自然者是也。故曰气韵生动。此等价值乃画之最大成功，价值之极诣也，所说神品庶足当之，区区个体之阴影，何足筭哉”？此等价值在书而言，浅则表现为书法通篇行次间所涵蕴的“血脉气势”，反映在“肇于自然”的书之章法之上；深则表现为书之章次所本的“自然”了。而这种自然，也无非就是书法的最高的表现，即借气韵表出的意境。所以邓以蛰说：“气韵为书画之最高境，美感之极致也。凡有形迹可求之书法，至气韵而极焉。复为一切意境之源泉，其于意境实犹曲之于佳酿焉。”相比于画，书之气韵尤为纯粹，因为它“无体裁问题夹杂其间，而纯为笔墨本身问题也”。邓以蛰认为书之气韵就是笔画之筋骨，反映为“笔画之表现而有劲利浑秀之分者也”。

四、以大观大——美感经验论

同在《画理探微》与《六法通诠》这两篇论文中，邓以蛰一方面阐述了中国画作为审美对象的历史发展分期，另一方面也从中国画的不同历史发展阶段相应地揭示出作为主体美感经验不同范畴。当美感经验独立于实用经验之后，汉至唐动物画、人物画与唐末宋元山水画的美感经验分别是以生动观形式、以神韵观生动和以气韵观意境。其中以气韵观意境被邓以蛰称之为“以大观大”，以对应于山水画家在创作传达时所运用的以大观小的经营技巧。

（一）艺术源于器用

“艺术源于器用”，绘画则源于对器体的装饰。邓以蛰认为，中国绘画的发端，从客体上讲最初是作为体的装饰而存在，从主体上讲，则又同器体所具有实用价值分不开。邓以蛰在《画理探微》中说，“造作物质以适应器用，而器用又适应于美感以成其形体，故艺术为人类美感之表现，同时美感亦遇造作而显”；又“绘画之兴原为装饰器用，是绘画初不能脱离器用而独立也。……此际之绘画，其形之方式仍不免为器体所范围”。

绘画最初不仅具有器体装饰之作用，还起到“正器之位”的功能，即指示器体的正反上下左右之方向。只是后来，“时代愈进，装饰之念愈繁……，花纹正器位之迹渐消失矣”。

（二）生动—神—气韵

1. 生动——观之以眼

别画于绘，离形于体，伴随着绘画作为审美对象从“形体一致”向“形体分化”的嬗变，中国画诉诸人的美感也真正独立，完成从“器之用”的实用感过渡到“生动”之纯粹美感。

形式既然已从实体之中得到解放，中国画遂“由抽象之图案式而入于物理内容之描摹，于以结束图案化之方式，而新方式起焉。此新方式为何？即生命之描摹也”，“又不满纯形之图案既宽泛而机械，了无生动，因转而拟生命之状态，生动之极，由兹而生矣”。这即是说，形体分化的结果伴随着对“生动”这一美感之诉求，而生动感之获得，则须藉“物理内容之描摹”、“生命之描摹”来得以实现。

生动感来自物理生命运动之迹化或形式化，主要是依靠审美主体的视觉感官来感知。邓以蛰指出，中国画追求生动的倾向“已于猎壶上见其端倪，而大形活跃于汉代艺术。是以禽兽人神一切动作之状，无论为器物之花纹，为石刻或壁画之写实，皆极生动之致”。在表现禽兽的飞动所带来的生动感上，汉朝画家拥有着空前绝后的表现能力。邓以蛰说：“吾人观汉代动物，无分玉琢金铸，石雕土范，彩画金错，其生动之致几于神化，逸荡风流，后世永不能超过也。”

在生动美感的创造上，汉朝人可谓独步古今，但“汉代艺术，其形之方式唯在生动耳。生动之外，汉人未到”。邓以蛰的这句评论可谓诛心之论。汉代艺术由此而来的不足之处，被邓以蛰罗列为二：一是“其禽兽人物，动作之态虽然刻画入微，但多以周旋揖让，射御驰驱之状而出之，盖不能于动作之外有所捉摹耳”；二是“其篇幅结构，徒以事物排列堆砌，不能成一个体，虽画亦若文字之记载然，观于石刻中每群人物，注以名位，水陆飞动，杂于一幅可知也”。这里邓以蛰所谓的“不能成一个体”，大约就是不能成为一个有机整体之意。

2. 神——观之以心

邓以蛰指出，中国画的美感“由生动进于神，仙佛之像不无有助，要亦画事发展自然之倾向”。

自汉至唐，中国画始终都着力于对生命之描摹，但时当六朝人物画兴盛时，普遍生命之描写却渐集中于人物，禽兽渐退居其次。中国画的美感也自然由“生动”发展至“神”，因为“人物之生命非如禽兽之仅有生动之一面；此则兼有他方面焉：曰，内心之神情耳，顾恺之之所谓生气、神气，之所谓神仪在心者是也”。这也就是说，人的生命之描写不仅有外在动作给人带来的形式生动感，还有本于内心神情给人带来的生命生气感。人物画要想达到高妙的境地，就必须在生动之外再佐加以神气。神即神韵。邓以蛰说：“神韵为无形迹可见之物而可托生动以见，则凡无形迹可见之胸襟、意境、诗意、古意、逸格、人格之得表出于画者，皆属于神韵及生动矣。”

“神”之美感诉求给中国画的发展起到什么样的推进作用呢？邓以蛰认为作用有二：其一，画若入神，人物自然神致充足，不须假借名位注释或外表动作来加以识别。邓以蛰指出，正是“神”的无与有，造成了“汉画人物虽静犹动，六朝唐之人物虽动亦静”这样的显著区别；其二，“神能得物之全而去其肤泛，晶结散漫而纳之于周洽”。佛教艺术的输入虽有助于汉以后的绘画形成庄静华丽之风，但汉以后的绘画由章法的杂乱纷陈渐趋纯净，却依赖于中国画的神韵之功。“六朝唐之卷轴，篇幅结构仍法汉人，如顾恺之之《女史箴图》与阎立本之《历代帝王图》是也。但汉人水陆飞动、堆砌杂列诸种不合理之章法则弃而不从，此又结构上之净化也。”这也正如唐张彦远所云：“鬼神人物有生动之可状，须神韵而后全。”

顾恺之在论画时，认为人物画难工。难工的原因还在于，神者乃人物内性之描摹，与生动感可凭视觉感官直觉把握不同，神韵的捉摹与察知必须观之以心、依靠想象来获得，即顾恺之所谓的“神仪在心”。因此邓以蛰极为准确地指出：“神气无形迹可见，只在恺之之所谓‘迁想妙得’，‘玄赏明识’而得之。”

3. 气韵——观之以气

艺术的发展有其自律性，在各个历史时期呈现出各自的特定形态与方式。诚如邓以蛰所说，在中国画发展史上，“汉至唐既入于物理之描摹，然其理究有所囿。盖囿于生命世界，换言之，限于动物类”，而唐以后绘画逐渐以山水画为中心，“山水者意境也”。尽管在汉至唐绘画中，“今以生动之故，物之为活物焉；以神之故，物之内无个别参差，但形结气通而成一全体，含生动与神者庶几达于意境矣”，但山水画意境之表出却非关乎生命之描摹的“生动与神”所能为，这是因为禽兽人物等生命具常形而山水无常形，表出意者唯气韵而已。

汉至唐动物人物画囿于生命世界的这种创作限制养成了中国艺术美感的两种重要因素，即生动与神，唐末元明山水画创作对生命界的突破则相应地养成了中国艺术美感的另一重要因素——气韵。邓以蛰在《中国艺术的发展》中说：“抓住宇宙万物都互相依赖，联成一气，一动全动，这一点，从艺术的成就来说，是了不起的。一气运化所形成的自然，由画家的感情直觉来说，就是气韵生动。”

在邓以蛰看来，气韵生动这一美感范畴，只有处于中国艺术发展的最高阶段的山水画才能达到。山水意境也，意境无形迹可见之物也，亦犹人物之神气，因此山水画创作要赖气韵表之，山水与山水画欣赏则需以气韵观之，即观之以气。观之以气又被邓以蛰称之为“以大观大”，以对应于山水画家在创作传达时所运用的以大观小的经营技巧。所谓以大观大，即在山水画创作与欣赏时，审美主体以萧条淡泊之意、闲和严静之心来默契神会天地生物的一气运化之道、与物有宜之理。如吴道子图写嘉陵山水，化山水形迹为神情，寓丘壑于心，成意境于胸襟，当明皇诏见索其画本时，一寤则发之于画，盘礴挥洒，一夕而就。这实乃以气韵观山水、以气韵表意境的典范。

形式之生动易见，精神之神韵难形，山水之意境在心唯气韵得之。而气韵在物是自然天授，在人则是天资素养，非可幸致或强能也。这正如明董其昌在《画旨》中云：“画家六法，一曰气韵生动。气韵不可学，此生而知之，自然天授。然亦有学得处，读万卷书，行万里路，胸中脱去尘浊，自然丘壑内营，成立鄞鄂，随手写出，皆为山水传神。”也就是说，山水意境乃以气韵观之表之，欲画妙则须气韵高，而气韵高则须人品高。

（三）三心合一

“三心合一”是邓以蛰在论述气韵生动哲理之价值时提出的重要概念，是关于创作与欣赏、画作与自然这绘画四要素之间的关系的重要画学理论。美国当代文艺学家M·H·艾布拉姆斯曾在《镜与灯——浪漫主义文论及其批评传统》一书中提出文学四要素的观点，认为文学审美活动是由作品、作家、世界与读者这四个要素构成的。邓以蛰同样把绘画活动看成是艺术交往活动之一，强调在以画作为中心的创作与欣赏两者间的互动互逆关系。在邓以蛰看来，绘画无疑也是一种交往与对话，以画作为中心，就构成了画者、鉴者与天地之间的交往关系。“古人画家者流果期期以天地之心，画者之心，鉴者之心为一心，求其画逼近此心，方号成功”，这就是说，成功的绘画活动就是以画作为中心达成天地之心、画者之心、鉴者之心的“三心合一”。三心既然合一，三心必然一心，这心是什么呢？邓以蛰自问自答道：“此心为何？吾犹曰气韵生动是也。”

在邓以蛰的绘画理论体系中，气韵在绘画这种艺术交往活动的不同时期有不同称谓：作为宇宙本体时曰神明；作为山水画之本体曰“意境”或“理”；作为美感被画者、鉴者体悟与把握的过程曰玄解、曰明赏、曰妙得、曰直寻。由此，邓以蛰认为，中国画的创作与鉴赏可以互动互逆，三心合一的气韵乃是消除创作与鉴赏之间隔阂关键所在。气韵生动不独是鉴赏家之事，以大观小也不是创作家的最高画理。对于山水画画者来说，“以大观小仍就艺术之规律与义法而言，若乃画理，则当立于艺术之外观吾人之明赏、妙得可也”。这就是说以大观小是山水画的表现技法，尽管服从于画理的需要并与其有密切的关联，却不是画理本身，而且不能也不必为鉴者所掌握。宋人沈括曾在《梦溪笔谈》中指出，山水画经营位置不能局限于客观视角，应舍仰画飞檐为以大观小：“李成画山上亭馆及楼塔之类，皆仰画飞檐。其说以为自下望上，如人平地望塔檐间，见其榱桷。此论非也。大都山水之法，盖以大观小，如人观假山耳。若同真山之法，以下望上，只合见一重山，岂可重重悉见？兼不应见其溪谷间事；又如屋舍亦不应见其中庭及后巷中事。若人在东立则山西合是远境，人在西立则山东合是远境。似此，如何成画？李君盖不知以大观小之法，其间折高折远自有妙理。岂在掀屋角也?”邓以蛰不仅认同沈括的技法画学，更是从山水画乃表现的高度来阐述以大观小：“形者眼所限，生动与神则为心所限耳。心之所限，庶为无限。是生动与神亦可无限也。其为眼所限之形则将无所施于心之限矣。心既无所限，乃为大；形有所限，斯为小。眼前自然，皆有其形，故自然为小也。以心观自然，故曰以大观小。”这里可以看出，邓以蛰是立足于绘画表现来要求山水画的传达应按照以大观小来对客观物象折高折远。

“然则山水画岂游戏而已哉？其所表现之理诚大矣。人为飞动之伦，能观天地之大，岂曰以大观小?”这句话表现的是邓以蛰的以大观大的山水美感思想。邓以蛰认为中国画的价值不在于以体积、重量、颜色等物质属性来再现外在世界之迹象，而在于探求宇宙之玄理，以内心意境来表现自然山水的“真象”。在山水画创作的体验阶段，画者首先以气韵来玄解神明，使山水寓之于心，所谓“丘壑成于胸中”；在山水画构思与传达阶段，画者应考虑如何以气韵来妙得神明，让物象自然奔扑于腕下，所谓“一寤则发之于画”。由此，邓以蛰认为画理在于气韵而非以大观小，指出邹一桂所谓的“气韵第一乃鉴赏家言，非作家法也”，为不知者之论，愚之至也。

五、为人生的艺术——美感教育论

为人生的艺术是邓以蛰美感教育论的基本观点。在五四前后关于“为人生的艺术”与“为艺术而艺术”的争论中，邓以蛰是明确主张艺术是为人生的。在《艺术家的难关》中，邓以蛰说，“文学的内容是人生，是历史，这是通例”，“诗的内容是人生，历史是人生的写照，诗与历史不能分离”。

（一）陶熔熏化，激扬砥砺

邓以蛰认为艺术能改造社会原因就在于艺术对人生的“陶熔熏化”的作用与“激扬砥砺的能力”。在《艺术家的难关》中，他说：“中国人目下的病症是索寞、涣散、枯竭、狭隘、忌刻、怨毒，要的音乐须是浓厚、紧迫、团聚、丰润、闲旷、隽永、豁达诸风格了。”他积极地参加新文化运动，希望通过文化革新来改造中国的国民性。他在《致陈独秀胡适之函》中说：“文学之贵于人生，近则陶冶扶植一国之国民性，远则组精会神，求世界百战之场，一日化为春嘘之野，百朵明艳之中，见萎蕾而不剪除者，弗能也。”在邓以蛰看来，文化可以把世界引向大同。

（二）深入社会，打动民众

要想让艺术达到“陶熔熏化”与“激扬砥砺”的效果，艺术家就必须深入社会，到群众中去。邓以蛰说：“我们社会需要你们艺术家，你们艺术家也需要我们社会。我们何不快来握手把臂，吻颈一心，行这个同偕到老的见面礼呢?”

邓以蛰在为北京艺术大会而作的《民众的艺术》一文中认为艺术的发展同生命、工作分不开。他说：

> 大概艺术自始就未同生命分开，更说不上艺术与民众有成为两回事的理由。初民有他们剧烈性的音乐所以激起同样的情感来参加群众的跳舞；这中间若除去群众，即无所谓跳舞同音乐了。欧洲北部与英国有些初民的遗迹为极大的石头堆起来的，若不计较精粗，工程之大，可以与埃及金字塔相抗衡。这种建造，根本非群众莫办。……不用说，我们走进博物馆或者故宫三殿内，对着那些商周的鼎彝以及石砚瓷器，连远在古昔的祖先的工作感情都同我们连接起来了。艺术哪一件不是民众创造的？哪一件又不是为着民众创造的？历史尽管为功臣名将的名字填满了，宫殿华屋尽管只是帝王阔人住居的，哪一点又不是民众的心血铸成的？艺术根本就是民众。

本于艺术与民众不可分开的立场，邓以蛰对当时不是为民众的部分艺术进行揭示与批评，“中国现今的艺术简直很难打动民众的感情”，它只是少数人欣赏的，直至只有艺术家自己一个人才能欣赏的艺术。

（三）自由工作，美化生活

如何创造民众的艺术呢？邓以蛰受到席勒与空想社会主义者莫

里斯美学思想的启示，认为艺术产生既然与生命、工作分不开，所以要想创造民众的艺术，首先要使民众有工作，而且这工作必须还是“真正自由自主的工作”：

艺术的源头是与生命分不开的。所谓生命是不断地向前去的活动，这活动就在人类的工作上表现，工作的痕迹就寄在艺术上面。……今要民众有艺术，非先使民众有生命不可，要有生命非使他们有工作不可。有了工作——真正自由自主的工作不是弄机器的工作——自然他的感情会引动出来……民众所要求的艺术，是能打动他的感情的艺术。要能打动他的感情，非从工作——自由自主的工作做起不可。

“工作乃是生命的表现，生命的愉快，生命的幸福”，民众如果没有工作，没有真正自由自主的工作，就不可能产生欣赏和创造艺术的感情，自然也不会有民众的艺术。这种相当深刻的思想是深契当时社会中涌现并高涨的社会主义思潮的。但在邓以蛰这里，民众一词还是一个相当笼统模糊的观念，民众如何得到自由自主的工作也无从解答，所谓民众的艺术也仅指与民众日常生活相关，能给群众以欣赏的愉快和美化群众生活的艺术，如“街上走的道路，天天住的房屋，日日动用的器具，辅助身子雅观的衣服，早晚消遣的旷野与剧场……”等等。

邓以蛰围绕为人生的艺术而谈的美感教育观点，虽未得到系统论述，却包含着一些重要的深刻的内容，其所产生的现实意义远大于理论探讨研究的意义。

六、气韵生动——中国书画的艺术至境

气韵生动是中国古典书画美学中的重要理论范畴，曾深切地影响了中国传统绘画艺术发展的进程，对它的研究是中国艺术与美学所不能规避的。叶朗在《中国美学史大纲》中指出：“在中国古典美学体系中，‘气韵生动’的命题占有十分重要的地位。我们可以说，不把握‘气韵生动’，就不可能把握中国古典美学体系。”徐复观在《中国艺术精神》中也说：“今日要了解中国艺术的精神，势

必须先把这句话的原有意义，加以确定、疏解。”

邓以蛰对气韵生动所做的独特而深刻的研究，是中国现当代美学建设的重要理论资源。气韵生动在邓以蛰的书画美学研究中占据着极其重要的核心地位，被阐发为中国书画的艺术至境。邓以蛰论述气韵生动的文字，主要见于《书法之欣赏》、《画理探微》、《六法通诠》、《辛巳病馀录》、《中国艺术的发展》等著述中，不仅对气韵生动的含义、发展渊源和哲学基础进行了精深的分析，还对创造气韵生动的具体方法进行了系统的阐发。

（一）气韵生动哲理内涵

气韵生动作为美学范畴，首先由南齐人谢赫提出，尽管他本人未对其内涵作深刻阐述，但就他对达到气韵生动的画家画作的评述，气韵生动的内涵大致也可表述为：在人物画的创作中，应化静为动、化物质为精神，使人的内在精神神韵，通过线条生动地呈现在画面上。在谢赫之后，中国美学史上对气韵生动所做的论述，尽管日趋深入，却就画者、鉴者、作品、自然这艺术交往四要素中的某个环节来谈，难免片面偏颇。邓以蛰对古代画学与画史进行了深刻研究，用史论结合的方法，对气韵生动的含义作了全面的揭示。

1. 画学上的概念

邓以蛰首先总结了书画论史上关于气韵生动的种种言说，指出“古人关于气韵生动之言论虽多，然删拔大要，乃有如上诸说，要之，元以前，气韵虽属冥茫，其为物尤若客观自在。自倪瓒之逸气后，则不能离乎画者之胸中，而纯为主观者矣”。在对前人观点删繁就简、去芜存精之后，邓以蛰立足于艺术全体，从哲学美学的高度将气韵生动归之于“理”，“今论画理，观点又当立于艺术之外，盖艺术仅有种类之不同，而艺术之理则当一致。此理为何？曰：气韵生动是也”。这段话出现在《画理探微》的开篇首段中，与此相呼应，在本篇结尾段落中，邓以蛰总结道：“艺术自其‘体’逐渐进于‘理’；斯理也，实即气韵生动之谓也。”并结合山水画创作指出：“山水画取动静交化，形意合一之观点，纳物我、贯万物于此一气之中，韵而动之，使作者览者无所间隔，若今之所谓感情移入之事者，此等功用，名之曰气韵生动。此山水画不重形而重理之故也！”那么，从画学逻辑上说，什么才是气韵生动的哲学本质呢？邓以蛰在《辛巳病馀录》中说：气韵生动之理，“须别于玄理、伦理、事理之理，而为一种理明气顺（张浦山论画语），有一气运化（董广川画跋中语）之致者”。因此，邓以蛰对气韵生动的内涵作出了言简意赅的定义：“气韵生动之理若自大处言之，则气实此一气之气，韵者言此气运化秘移之节奏，生动盖言万物含此气则生动，否则板滞无生气也。”

2. 画史上的表现

邓以蛰不仅从画学上分析归纳前人关于气韵生动种种学说并给出自己阐释，而且还结合具体画史，揭示在中国画不同发展阶段上气韵生动的历史内涵的时代性与层进性。“复由古人之画迹观之，自汉至唐乃以人物画为主体，唐至明清以山水画为中心。今但就人物山水画一观气韵生动之见于此等画者何如也。”首先，从唐宋人物画来看，“人物画至唐，生动、气韵、用笔、骨法无美不备，可谓造于极峰矣。至宋代，形似、用笔尚有典型，而骨法、气韵则远逊前人”；其次，从宋元山水画来看，“山水画以宋元人为极则。宋人以丘壑为胜，偏于生动者也，故逼近自然；元人以笔墨为胜，优于气韵也，故不落畦径”。总而言之，人物山水画在唐宋元三代的发展，其价值表现出现了两头大中间小的境况，因为唐元画不拘形似在精神气韵上偏胜，而宋人画气韵偏弱在形似生动上偏胜。从画史实际出发再结合以画学上对山水画南北宗的评价，邓以蛰认为文人画优于作家画，因为前者“聊自抒其天趣”、“画之元气苞孕未泄，可称混沌初分”，而作家画因拘笔墨而有人为斧凿的匠气。

（二）气韵生动发展渊源

1. 气韵生动产生的直接原因

邓以蛰认为气韵生动作为中国书画美学范畴，不是于山水画之中兀然产生并蔚为大观的，它既以道家泛神论和玄学等为深远基础，也以前代艺术尤其是汉代楚风有直接的渊源关系。他在《六法通诠》一文中明确提出：“窃尝于他处论及气韵生动，谓其渊源于楚风。楚风者吾用以名汉代艺术之所自也。汉代艺术，一言以蔽之曰，气韵生动之艺术也。”在《辛巳病馀录》中，邓以蛰在着意区别分辨秦汉艺术时进一步论道：“世人多言秦汉，殊不知秦所以结束三代文化，故凡秦之文献，虽至始皇力求变革，终属于周之系统也。至汉则焕然一新，迥然与周代异趣者，孰使之然欤？吾敢断言其受‘楚风’之影响，无疑。汉赋源于楚骚，汉画亦莫不一唱一和‘楚风’也。何谓楚风？即别于三代之严格图案式而为气韵生动之作风也。”这种楚风也就是以楚骚为代表的于生动活泼富浪漫幻想的艺术风格。解放后，他结合毛泽东的实践论思想，在《中国艺术的发展（为敦煌文物展览会作）——从这个观察上体会毛主席<实践论>的真理》一文中再一次申述渊源于楚风的气韵生动是从人物绘画实践进化为一切艺术的理论标准：“中国艺术，一方面在生产的基础上展开，就产生了三代的工艺化底艺术。接着就走向动的和写实的另一方面来，就在这个基础上发展出战国、两汉以来的‘生动’的艺术。在汉代，‘生动’和‘气韵’，都是写实的，都是唯物的两种对象；这两个对象渐渐变成抽象的、概念的而统一起来，作为人物画的效果的总效果，于是就产生了‘气韵生动’一个总原则；成为一切绘画（甚至于一切艺术）的效果，也就成为鉴赏的标准了。”

2. 气韵生动产生的哲学基础

既将气韵生动这一范畴的产生归结为汉代楚风的影响，邓以蛰通过对山水画学的分析研究，进一步指出气韵生动的哲学基础在于建立在道家泛神论之上的宇宙气化观。在《六法通诠》中，邓以蛰说：“人物画重气韵生动，是知之矣，山水画则何如？董逌之言曰：‘且夫天地生物，特一气运化耳，其功用秘移与物有宜，莫知为之者，故能成于自然。’自然景物如按山水树石，一反人物之生动，无手足之连贯，动作之呼应，而为个个孤立，全然静止，东坡以为无常形者也，蓝兴（按：莱辛）以之为散漫无章之物，将如何使之成一全体，而有完美之结构以入画耶？必先视之为一生动之体，如人物焉而后可，此广川之所以视天地生物特一气运化耳。得一气运化于天地生物之间，则物物皆借之成连贯，而为一活体矣。”邓以蛰把董逌的一气运化说解释为道家的泛神论，并多次加以转述与注解：“今广川则以为天地万物只一气之运化，是心与宇宙为一物，如今之泛神论所主张者矣。此岂非彻底之感情移入论耶？道家泛神论者也，故重气。”

3. 气韵生动发展的逻辑次序

如前所述，气韵生动根源于道家气化宇宙观，受楚风的影响而产生于汉代禽兽人物画。那么，这一范畴的逻辑发展又该如何呢？邓以蛰从气韵与生动、形似等范畴的联系与区别中，认真考察人物画、山水画的发展历史，逐步抽绎气韵生动的逻辑发展线索。“生动得神韵而后全，是犹神韵得赖生动以全其意也”，“气韵又对形似而言，然舍形似则人物山水不能言，盖人物山水必托形以存，形必有所似，是形似当为人物山水之本”，“生气与神感人之力诚大，然与形似无关”，“山水画亦画耳，画不能得物质之体积、重量、颜色之形似，山水一如禽兽人物。……山水之气韵生动又不在画云烟气霭之事矣”，“然一切形似皆可以笔墨得之；至少，徒得形似之笔墨，仍与气韵生动无关，可知也”，“物质之体积、重量、颜色与自然之光明、云烟、空虚、情境，笔墨之形似，皆与禽兽、人物、山水画之气韵生动无关，是气韵与形似之关系为不相容之关系也”。最终邓以蛰结论道，气韵与生动无关，更与形似无关：“生动与气韵俨然为二事”，“尤可注意者为生动与气韵或神韵并非一事。盖生动尤有形迹可状，是神韵与气韵为无形迹可状者也”，“生动可以有气韵，而气韵不能涵盖生动，盖不能一切生动者皆有气韵也”。

综合如此种种言说，气韵生动成为绘画艺术之理，是经由三代形体一致的装饰画、到汉代形式生动的禽兽画、到汉至唐神韵生动的人物画、到唐到宋元气韵生动的山水画、再到元以后以气韵为胜文人画，逐步演绎而成的。

（三）气韵生动创作原则

在邓以蛰看来，气韵生动这一画理贯穿于中国画发展史的始终，只不过在不同阶段的不同类别的绘画中或偏于气韵或偏于生动，其艺术创作由于这种时代美感需要的变化而秉持不同的原则。

1. 化体为形，摹物拟生

气韵生动这一范畴滥觞于秦末汉初的绘画艺术。邓以蛰在《中国艺术的发展》一文中指出："因六朝以人物为中心，他若山水犹在萌芽。唯生动之理虽倡自六朝，而生动之艺术，周末已开其绪，而成于汉。"

汉代艺术在创造气韵生动时，有着什么样的特定历史表现呢？邓以蛰在推断气韵生动是受楚风的影响而产生于汉代绘画时，首先断定道："汉代艺术，一言以蔽之曰，气韵生动之艺术也。"并且在《辛巳病馀录》一文中，他再次指出："在汉代，气韵原为画中之实体也；禽兽生动之极，结于云气，或云气排荡之极而生禽兽，皆成为一体之运行，如文之有韵。"这就是说，气韵生动这一范畴已于汉代绘画中见出，只不过其时是创造侧重于摹写禽兽客观形式之生动而已，至于精神气韵殆未涉及。

那么这种侧重客观形式之生动的气韵生动是如何创造出来的呢？在邓以蛰看来，首先要化体为形，从体形不分过渡到图案之纯形，"盖艺术至此不满足为器用之附属，如铜器花纹至秦则流丽细致，大有不恃器体之烘托而能自成一美观"；其次要摹物拟生，"至汉则完全独立，竟为物理自身之摹写矣；又不满足于纯形之图案既宽泛而机械，了无生动，因转而拟生命之状态，生动之致，由兹生矣。形式美既不赖于器体；摹写且复自求生动，以示无所拘束，故曰净形。净形者，言其无体之拘束耳"。

2. 化动为静，形神兼备

秦汉绘画主要是摹物拟生，化体为形，被邓以蛰名之为"净形"之艺术。其气韵生动之创造主要是着重于追求形式之生动。在汉至六朝禽兽人物画中，中国画的美感范畴就开始酝酿由"生动"向"神"的转变，气韵与生动两者兼重。邓以蛰指出："汉代艺术，其形之方式唯在生动耳。生动之外，汉人未到。故其禽兽人物，动作之态虽能刻划入微，但多以周旋揖让，射御驰驱之状以出之，盖不能于动作之外有所捉摹耳。"这就是说，汉代禽兽人物画在形式表现上，只注重禽兽人物的外在动作，没有对其内在的精神世界加以关注。

"汉取生动，六朝取神"，画事发展到魏晋六朝人物画时，人们不再满足于对生动、形似之表现，进而要求刻画人物内心世界的精神旨趣，从生动入于神。邓以蛰从艺术发展自律性的角度指出，"由生动进于神，仙佛之像不无有助，要亦画事发展之自然倾向也"，并用一句话概括为，盖无禽兽生动之描写于先，则人物之神韵不能出也。对神的发现与重视，使得六朝人物画对气韵生动的创造达到了崭新的阶段。邓以蛰说："神之用在能得物之全，沙汰物之肤泛，凝化物之个别，使范围周洽，物自连贯。今以生动之故，物之而为活物焉；以神之故，物之内无个别参差，但形结气通而成一全体。"所谓"神"者，即人物"内心之神情耳，顾恺之之所谓生气、神气，之所谓神仪在心者是也"。对神的讲究使得六朝人物画形神兼备，"含生动与神者庶几达于意境矣"，这就为后来山水画的意境创造奠定了厚实的基础。

人物画生动之外，兼重神韵。那么，怎样才能做到形之生动与神之逼真的有机结合，创造形神兼备的绘画意境呢？这就涉及化动为静，以形写神的创作原则了。邓以蛰说："六法首重气韵生动；生动，人之本体，若使生动能入画，必缩朝暮春秋之变动于一瞬之静然后可。得动之一瞬之静，画家谓之得神。此人物画之重生动兼神之故也。神乃动之静而言，若合神与生动并言则曰神韵。"神乃"动之一瞬之静"，若要得神，自然就须化动为静。"夫生动者，乃缘生类之有动作也；凡一动作之起讫，必有其始终先后之变迁，其或从朝至暮，自春徂秋，莫之能止也。若是之变动不居，久暂莫测者，若之何能画？画者形也，必其因为有静止之形，然后能画之。然则如何使得生动为静止？一着静止，无复生动矣。古人以人物为最难，盖难在此也。"绘画乃静态艺术，人物画创作之难，就在于怎样化动为静，动静相生，使得人物画形神兼备。针对这个问题，邓以蛰援引顾恺之的"迁想妙得"说来加以解答："是人物画之为工，必于生动之外又加以神气。神气无形迹可见，只在恺之之所谓

‘迁想妙得’，‘玄赏明识’而得之。曰迁想，曰妙得，曰玄，曰明，皆赏识神韵之能事矣。”

得“动之一瞬之静”观点无疑受到了西方现代美学理论的影响，莱辛主张绘画要选择最富有包孕性瞬间，黑格尔也强调绘画艺术“只能抓住某一顷刻”，把其中“正要过去的和正要到来的东西都凝聚在这一点上”。

3. 意在笔先，以大观小

如上所述，汉代禽兽人物画的描写生命的物理形式，其气韵生动侧重于生动；魏晋、六朝人物画讲究形神兼备，其气韵生动兼重气韵与生动。唐宋元明山水画乃意境艺术，无论是形意交化还是离形入理，其气韵生动尤侧重于气韵。

人物画的对象是高级生命运动体，兼有物理与精神生命，其生动须得神而后全。也就是说，在人物画那里，艺术创造只有达到气韵生动，才能再现出物理生命之生动与精神生命之神韵。“人物画重气韵生动，是知之矣，山水画则何如?”相对于人物而言，山水无常形，无有机生命之整体性，既无物理生命之生动，也无精神生命之神韵，那么山水以何入画，如何实现气韵生动的美感评价呢?邓以蛰认为，山水画并非如禽兽人物画一样属于再现性的艺术，而是本于意境之表现的艺术，“意境者乃由内而外，为主观的”，“意境固非自然之属性而属于心”。山水因意而成境，杂乱无章的自然实物因画者的主观之意的赋予而成一如人物般的生动活体，从而获得生命整体之表现。“自然景物如按山水树石，一反人物之生动，无手足之连贯，动作之呼应，而为个个孤立，全然静止，东坡以为无常形者也，蓝兴（按：莱辛）以之为散漫无章之物，将如何使之成一全体，而有完美之结构以入画耶?必先视之为一生动之体，如人物焉而后可，此广川之所以视天地生物特一气运化耳。得一气运化于天地生物之间，则物物皆借之成连贯，而为一活体矣。”

从一气运化、生生不息的创化角度来看，自然仿佛人物，是同样有着创造能力的高级生命。董广川有言曰：“且夫天地生物，特一气运化耳，其功用秘移与物有宜，莫知为之者，故能成于自然。”在《中国艺术的发展》一文中，邓以蛰指出，董广川的这句话“抓住了宇宙万物都互相依赖，联成一气，一动全动，这一点，从艺术的成就来说，是了不起的。一气运化所形成的自然，由画家的感性直觉来说，就是气韵生动”。因此，山水画与其说是再现自然运化的形式之生动，不如说是借山水之抽象来表现自然运化的生命之气韵。山水因意成境，意即画者对自然一气运化、生生不息的运动规律的认知。邓以蛰由此推论道：“意或心乃为画者心内无形迹可见之物。前已言之；凡无形迹可见之物而表而出之者方为气韵，创作需表出心内意境而非摹仿物之形似，是创作之表现为气韵也。”

既然山水画创作侧重于气韵，以意境表而出之，那么山水画家在创作时就须意在笔先，成丘壑于胸中。邓以蛰说，“故画家经营山水位置，首重气韵，即所以使山水成一生动之体耳；东坡之常理亦无非为此而设”，“在未动笔时为‘生动’与‘神’之感所鼓励而先已成一意境。故曰意在笔先”。如王维在创作山水画时，“酝酿自然于胸中，先已成一全体，有不得不写之概，故其开山披水，解廓分轮，完全顺乎意境。只觉意在笔先，了无形体之拘束”。除了须意在笔先外，画家在经营山水位置时应着眼于气韵表达的需要，自觉运用以大观小的观照方法。邓以蛰认为，意境的创造与形式没有太多关系，而在于生动与神；形为眼界所限，在意境中为小，生动与神属于心，为眼界无所限，在意境中为大；“以心观自然，故曰以大观小”。这即是说，山水画多写胸中之意，为生动与神鼓励而作，所以为眼界所限的一切形体如内外、远近、上下、凹凸都不能成为画面位置经营的障碍，山水画所表现的只是笔墨间流露的气韵而已。若做到如此，则画幅中万壑千岩，林泉幽邃，层峦叠嶂，烟霭微茫，虽则水晕墨章，无不冉冉欲动，气韵飘然。

（四）气韵生动主体素养

气韵生动既是中国书画艺术的至理，那么画家在创造这种最高境界的山水作品时，应具备哪些主体素养呢？从邓以蛰的论述上看，主要可被概括为二：审美态度与审美胸次。

1. 解衣盘礴、物我相忘的审美态度

邓以蛰认为，山水画乃表现生动与神的意境艺术，不在于主体通过画物之可见之性来讲究形似，而在于以心的玄解来妙得自然的真象或神明。对于山水画的创作本质，宋董广川有言曰：世之论画，谓其似也。若误形似，长说假画，非有得于真象者也；若谓等其神明，造其县（与玄同）解，自当脱去辙迹；且媲红配绿，求象后模写，卷界而为之耶？画至于此，是解衣盘礴，不能傴佝而趋于庭矣。邓以蛰对这段文字作了详备的解释，其中有：

如是，真象，玄解，妙得亦即物、心、画三者混而为一。物与心与画混一，乃逼近之至者矣。故解衣盘礴，物我相忘，正嘉陵江三百里，道子一日而就，王弇州所谓“盘礴时入心不能丝毫”者也，画之敏捷，所以求其逼近心意，不使丝毫差错。岂营营世念，卑躬折节，傴佝趋于庭者所能耶？既求逼近心中所寓之真象，则画时必须心地明澈，一尘不染，然后注精会神以赴之；苟兴会不至，则委置不顾。

这里所谓的“解衣盘礴，物我相忘”、“心地明澈，一尘不染”，无非是说超越功利的审美态度，若“营营世念，卑躬折节，傴佝趋于庭”，不能虚静，审美主体自然就兴会不至。这种理解正如文征明自题其画曰：

必须胸中廓然无一物，然后烟云秀色，与天地生生之气，自然凑泊笔下，幻出奇诡。若是营营世念澡雪未尽，即日对丘壑，日摹妙迹，到头只与髹彩圬墁之工争巧拙于毫厘也。

主体只有在心灵达到虚静状态才能对审美对象有着全面深刻的美感体验，才能无所为而为让自己的审美创造力达到极致，迁想妙得，创造出巧夺天工艺术佳作。

2. 澡雪精神、超尘出俗审美胸次

自谢赫以来，中国书画论家都主张气韵是生而知之、自然天授，与作家人品有着密切的联系。如宋郭熙的《图画见闻志》有云：“如其气韵，必在生知，固不可以巧密得，复不可以岁月到，默契神会，不知然而然也。……人品既已高矣，气韵不得不高，气韵既已高矣，生动不得不至，所谓神之又神，而能精焉。凡画必周气韵，方号世珍；不尔，虽竭巧思，止同众工之事，虽曰画而非画。”

张庚的《浦山论画》亦云：“气韵有发于墨者，有发于笔者，有发于意者，有发于无意者。发于无意者为上，发于意者次之，发于笔者又次之，发于墨者为下。何谓发于墨？轮廓既就，以墨点染渲晕而成在也；何谓发于笔？干燥皴擦，力透而光自浮是也。何谓发于意？走笔回墨，我欲其是，而得如是，疏密多寡，浓淡干润，各得其当是也。何谓发于无意？但其凝神注想，流盼运腕，初不意如是，而忽然如是是也。谓之足，则实未足；谓之未足，则又无可增加。独得笔情墨趣之外。盖天机之勃露也，惟静者能先知之。”

邓以蛰深深认同中国“画师贵乎人格之修养”的理论，认为创造气韵生动的作品，除了创作当时应有虚静的审美态度外，还需要一种天赋的才能。“气韵之至，又在天资素养，非可幸致或强能也。”这种天资素养密切相关着一种高妙的人品，“画为心画，欲画妙必须心妙，心妙必须人品妙，此乃必然一致之理”。所以文征明曾感叹道：“人品不高，用墨无法；乃知点墨落纸，大非细事。”山水意境乃以气韵观之表之，欲画妙则须气韵高，而气韵高则须人品高。

天资素养既关乎高妙的人品，而人品“亦有赖于熏陶”，由此气韵除了生而知之、自然天授之外，也有可习得之处。明董其昌在《画旨》中云：“画家六法，一曰气韵生动。气韵不可学，此生而知之，自然天授。然亦有学得处，读万卷书，行万里路，胸中脱去尘浊，自然丘壑内营，成立鄞鄂，随手写出，皆为山水传神。”读万卷书，行万里路，脱去胸中尘浊，也就是中国书画史上所谓的澡雪精神、超尘出俗的“养气”功夫。由此，邓以蛰认为高妙的画作都须渗透有书卷气，“画之雅俗系乎人之读书不读书也”。正如方亨咸论画曰：“绘事清事也，韵事也。胸中无几卷书，笔下有一点尘，便穷年累岁，刻画钻研，终一匠作耳。”

参考文献

朱光潜．朱光潜全集．安徽教育出版社，1994

宗白华．宗白华全集．安徽教育出版社，1994

王德胜．宗白华评传．商务印书馆，2001

叶朗．中国美学史大纲．上海人民出版社，1985

叶朗．美学原理．北京大学出版社，2009

朱良志．中国美学十五讲．北京大学出版社，2004

菲利普·罗斯·怀特．中华书局，2002

方东美．科学哲学与人生．上海商务印书馆，1936

方东美．方东美卷．河北教育出版社，1996

方东美．中国人生哲学．（台北）黎明文化事业公司，1982

方东美．原始儒家道家哲学．（台北）黎明文化事业公司，1993

牟宗三．中国哲学十九讲．（台北）学生书局，1983

M·怀特．分析的时代．商务印书馆，1981

方东美．方东美讲演集．（台北）黎明文化事业公司，1978

蒋国保，余秉颐．方东美思想研究．天津人民出版社，2004

梁燕城，傅佩荣．方东美学统与对儒道的后现代诠释．文化中国，2005（1）

宛小平．论方东美美学的方法和问题．载《中国文化的现代化与世界化》．和平出版社，1988

生命理想与文化类型——方东美新儒学论著辑要．中国广播电视出版社，1992

（德）海德格尔．诗·语言·思．文化艺术出版社，1991

黄克剑．方东美集．群言出版社，1993

董德福．生命哲学在中国．广东人民出版社，2001

后 记

本书是“全面推进高校素质教育与大学生文化素质教育基础建设”课题分课题，主要介绍朱光潜、宗白华、方东美和邓以蛰几位原籍安庆的20世纪的美学家的思想和生平。他们的经历和学术造诣让我们肃然起敬。我们是怀着一颗虔诚的心来编著这本书稿的。虽然这本书还有许多可以进一步完善的地方。

其中朱光潜、邓以蛰相关章节由何池友老师负责编著，宗白华、方东美相关章节由蔡洞峰老师负责编著。

在编著本书过程中，我们充分借鉴了相关的资料和作品，在此我们对相关著作者表示深深地谢意。我们还对这本书编著出版过程中提供支持帮助的相关领导和老师一并致谢！

本书不足之处，恳请读者朋友批评指正。

编 者

2010 年 10 月 7 日